智囊图书·建筑书系

全国土木工程类实用创新型规划教材

建筑施工组织与进度控制

JIANZHU SHIGONG ZUZHI YU JINDU KONGZHI

主　审　胡兴福

主　编　张俊友

副主编　闫永利　梁淑娟　刘　伟

编　者　郭玉珍　张　璞　张小利
　　　　唐艳娟　姜　峰　常　成
　　　　许鸿斌　闫超君　骆效荣
　　　　米　力

哈爾濱工業大學出版社

内容简介

本书分绪论和6个模块共7个部分，主要内容包括：绪论、施工准备工作、流水施工的原理、网络计划技术、施工组织总设计、单位工程施工组织设计和工程进度控制。为了适应工程建设管理领域的不断发展，在本书编写过程中，力求反映当前建筑施工与进度控制管理的先进水平，按照最新的国家规范、规程编写；遵循理论与实践相结合的原则，既深入阐述理论，又结合实际案例，使本书具有内容全面实用，方法科学先进，论述深入浅出，编写图文并茂，体例新颖独特的特点。

本书可作为普通高等院校及高职高专院校土木工程、建筑工程技术、工程监理及相关专业的专业教材或职业考试培训教材，也可供施工企业管理人员参考和使用。

图书在版编目(CIP)数据

建筑施工组织与进度控制/张俊友主编. —哈尔滨：哈尔滨工业大学出版社，2014.9

ISBN 978-7-5603-4780-6

Ⅰ.①建… Ⅱ.①张… Ⅲ.①建筑工程-施工组织-高等职业教育-教材②建筑工程-施工进度计划-高等职业教育-教材 Ⅳ.①TU72

中国版本图书馆CIP数据核字(2014)第121519号

责任编辑 何波玲
出版发行 哈尔滨工业大学出版社
社　　址 哈尔滨市南岗区复华四道街10号 邮编 150006
传　　真 0451-86414749
网　　址 http://hitpress.hit.edu.cn
印　　刷 天津市蓟县宏图印务有限公司
开　　本 850mm×1168mm 1/16 印张 15 字数 430千字
版　　次 2014年9月第1版 2014年9月第1次印刷
书　　号 ISBN 978-7-5603-4780-6
定　　价 32.00元

Preface 前言

“建筑施工组织与进度控制”是高等职业教育土建类专业的一门核心专业课程，它的主要任务是研究建筑施工技术、施工组织、施工进度控制的规律和方法。这门课程是学生毕业后从事现场组织施工、项目管理、工程监理等各个岗位工作必备的专业基础，也是满足学生、专业、学校可持续发展的需要。

本书通过“模块概述”简要介绍工程项目中与本模块有关的知识，本模块与整个工程项目的联系，本模块在工程项目中的意义。利用“工程导入”引出本模块能解决的实际工程问题，注重培养学生发现问题、分析和解决问题的能力，紧密结合职业岗位的能力需求，严格按照最新国家、行业制定的法规、规范和标准组织编写。通过“拓展与实训”完善“先培训、后就业”的教学原则，也加强了学历证书与执业资格认证之间的相互融通。

本书由绪论和6个模块组成，围绕建设项目中的单位工程和单项工程或建设项目群体工程，通过施工准备工作的深入学习，运用流水施工和网络计划技术手段，完成对施工对象的整体规划、安排和部署，实现工期、费用、资源的合理消耗，在保证工程质量的前提下，寻求实现目标的最优途径，针对工程进度控制的现实意义，在动态的管理过程中，对进度计划进行跟踪检查、调整和总结。

本书汇集全国许多地区从事职业教育的一线教师丰富的实践教学经验，以执业资格考试引导教学考核，全面地完善了教学，具有引出案例教学的趣味性，遵循规范、规程的权威性，方便指导施工的适用性，培养专业人员的职业性和针对实际工程解决问题的创新性等特点。

本书可作为高职高专院校土木工程、建筑工程技术、工程监理及相关专业的专业教材或职业考试培训教材，也可供施工企业管理人员参考和使用。

编　者

编审委员会

本书学习导航

简要介绍本模块与整个工程项目的联系，在工程项目中的意义，或者与工程建设之间的关系等。

模块概述

包括知识目标和技能目标，列出了学生应了解与掌握的知识点。

学习目标

课时建议

建议课时，供教师参考。

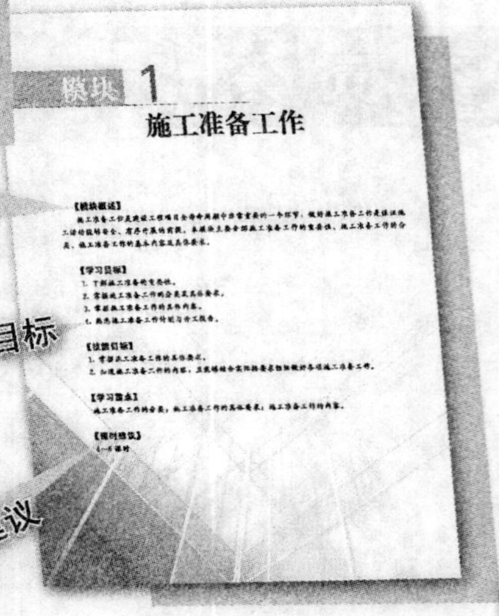
模块 1
施工准备工作
【模块概述】
【学习目标】
【技能目标】
【学习重点】
【课时建议】

各模块开篇前导入实际工程，简要介绍工程项目中与本模块有关的知识和它与整个工程项目的联系及在工程项目中的意义，或者课程内容与工程需求的关系等。

工程导入

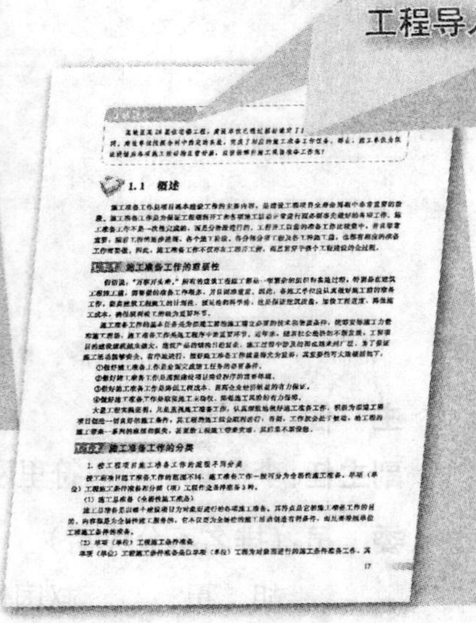
1.1 概述

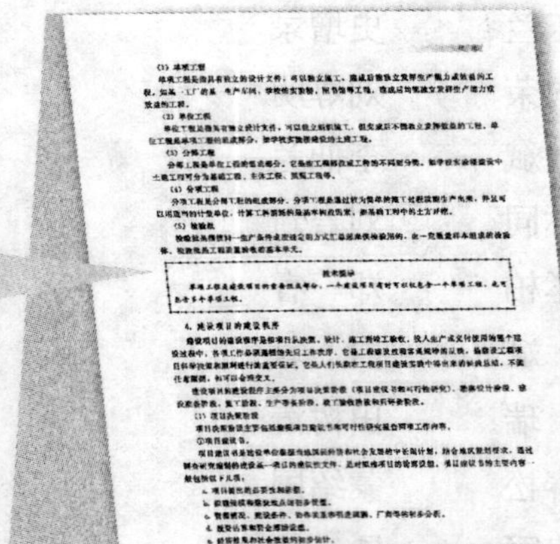

技术提示

言简意赅地总结实际工作中容易犯的错误或者难点、要点等。

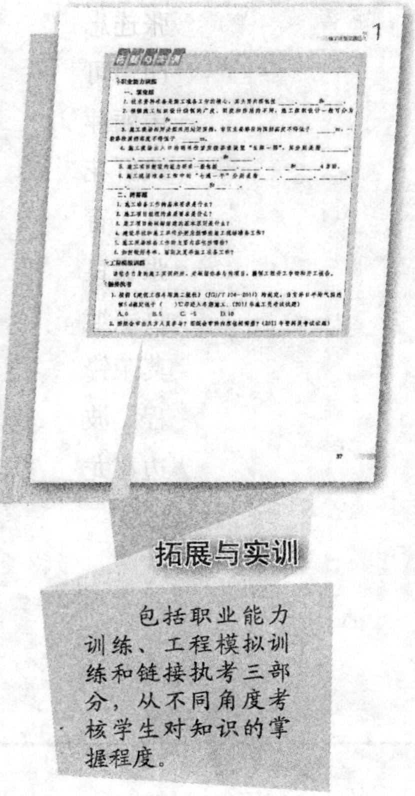

拓展与实训

包括职业能力训练、工程模拟训练和链接执考三部分，从不同角度考核学生对知识的掌握程度。

目录 Contents

模块5 单位工程施工组织设计

模块6　工程进度控制

绪论

【模块概述】

本模块主要介绍建筑施工组织与进度控制的研究对象和任务，对项目的含义、特征及分类做了简要介绍；重点讲述建设项目及其建设程序。对施工组织设计的含义、分类及作用做说明，并介绍施工组织设计的内容。

【学习目标】

1. 了解施工组织的研究对象和任务。
2. 掌握项目的含义、特征及分类。
3. 掌握建设项目、施工项目的含义及相对应的建设程序。
4. 熟悉施工组织设计的含义、作用、分类及内容。
5. 掌握施工组织设计的编制与执行。

【技能目标】

1. 掌握建设项目及其建设程序。
2. 掌握施工项目及其建设程序。
3. 熟悉不同类施工组织设计的内容。
4. 掌握施工组织设计的编制原则。

【学习重点】

建设项目及其建设程序；施工项目及其建设程序；施工组织设计的内容；施工组织设计的编制。

【课时建议】

4 课时

工程导入

某城市因地区经济发展需要，拟新建一火力发电厂，按照项目建设程序已完成项目建议书编制，并按要求报送至有关部门，且获得批准。那么，该项目在正式施工前还需经过哪些程序？

0.1 建筑施工组织与进度控制研究的对象和任务

建筑施工是指工程建设实施阶段的生产活动，是各类建筑物的建造过程，也可以说是把设计图纸上的各种线条在指定的地点变成实物的过程。它包括基础工程施工、主体结构施工、屋面工程施工、装饰工程施工等。建筑施工是各类建筑产品形成过程中非常重要的阶段，要按照客观规律科学地组织和有效地进行管理及控制。

0.1.1 建筑施工组织与进度控制的研究对象

建筑施工是一项涉及人员多、工种多、专业多、设备多及技术要求高的综合而又极其复杂的生产活动。它需要有建筑材料、施工机具和具有相关专业或工种施工经验及技术能力的劳动者等，并且需要把所有这些要素，按照建筑施工的技术规律和组织规律以及具体的设计文件和合同要求，在空间上按照一定的位置，在时间上按照先后顺序，在数量上按照科学方法合理组织起来，进行施工生产。它包括施工前对生产要素的规划和安排，比如施工条件的调查研究，施工规划方案的制定与择优选定等。同时也包括施工项目组织实施和具体施工过程中进行的指挥与协调，以及施工过程中对各种工作的检查、监督、控制、调节等。可见，建筑工程施工是一项复杂的系统工程。建筑施工组织就是指针对建筑工程施工的复杂性，研究工程建设的统筹安排与系统管理的客观规律，进而制定建筑工程施工最合理的施工组织方法的一门科学。

随着社会的不断发展，科技的进步以及土地资源等因素的制约，现代建筑产品的体型庞大，结构日趋复杂。因此，施工前必须精心规划、合理安排，施工过程中严格按要求精心组织施工，才能保证安全高质量地完成施工任务。

0.1.2 建筑施工组织与进度控制的任务

建筑施工组织与进度控制的基本任务是：在党和政府有关建筑施工方针政策的指导下，从施工的全局出发，根据工程的具体条件，以最优的方式解决施工组织的问题，对施工的各项活动做出全面的、科学的规划和部署，使人力、物力、财力、技术资源等得以充分和合理利用，达到安全、优质、低耗、高速地完成施工任务。

0.2 建设项目和基本建设程序

0.2.1 项目

1. 项目的含义

项目是指在一定的约束条件（如时间、费用、质量等）下，具有特定的明确目标和完整的组织结构的一次性任务或管理对象。

2. 项目的特征

由项目的含义可归纳出项目所具有的如下3个主要特征：

(1) 目标的明确性

首先，成果性目标要明确，如建造一栋教学楼同时可容纳学生上课的人数；其次，约束性目标要明确，如时间、资源及质量等方面的约束。

(2) 项目的整体性

项目建设包括多个阶段，各阶段紧密联系，各阶段的工作都对整个项目的完成产生影响。因此，在建设中必须将各个阶段的活动视为一个整体，缺少某些活动必将影响项目目标的实现。

(3) 项目的一次性（单件性）

项目最显著的特征就是项目的一次性，项目一旦开始，就必须按要求一次完成，其过程不可逆转，否则会造成重大的经济损失。项目的一次性对项目的组织实施及管理提出了严格的要求。

3. 项目的分类

①开发项目：资源开发及新产品开发。

②科学研究项目：基础研究、应用研究及科技攻关。

③工程项目：所有项目中数量最大的一类。

④航天项目。

⑤维修项目。

⑥咨询项目。

4. 工程项目的分类

(1) 按项目建设性质分类

工程项目按项目建设性质可大致分为基本建设项目和更新改造项目两大类。

①基本建设项目。

新建项目：是指根据国民经济和社会发展的近远期规划，按照规定的程序立项，从无到有，新开始建设的项目。若有的单位原有项目基础薄弱，规模较小，经扩大建设规模后，其新增加的固定资产价值超过原有固定资产价值3倍以上的，也视为新建项目。

扩建项目：是指企业为扩大原有产品的生产能力或效益，为增加新品种的生产能力而增建主要生产车间、独立的生产线或分厂的项目。

②更新改造项目。

改建项目：是指对现有厂房、设备和工艺流程进行技术改造或固定资产更新的过程。

恢复项目：是指企事业单位原有的建设项目，因自然灾害或人为原因使其全部或部分报废，需要进行投资重建来恢复生产能力和业务工作条件、生活福利设施等的建设项目。

迁建项目：是指原有企事业单位，根据自身生产经营和事业发展的要求，按照国家调整生产力布局的经济发展战略的需要或出于环境保护、安全生产及其他特殊要求，搬迁到异地而建设的项目。

(2) 按用途分类

①生产性项目：是指直接用于物质生产或为了满足物质生产需要，能够形成新的生产能力的建设工程项目。例如，工业、水利、交通、通信、商业等建设项目。

②非生产性项目：是指用于满足人民物质生活和文化生活需要，能够形成新的效益的建设工程项目。例如，国家各级党政机关、社会团体、企业管理机关的办公用房建设项目；住宅、公寓、别墅等居住工程项目；科学、教育、文化艺术、广播电视、卫生、博览、体育、社会福利、咨询服务、金融、保险等公共文化工程项目。

(3) 按专业分类

①建筑工程项目。

②公路工程项目。

③铁路工程项目。

④水利水电工程项目。

⑤市政公用工程项目。

⑥通信与广电工程。

⑦机电工程。

⑧矿业工程。

⑨港口与航道工程。

⑩民航机场工程。

(4) 按管理主体分类

①建设项目——管理主体是建设单位。

②施工项目——管理主体是施工单位。

③设计项目——管理主体是设计单位。

④监理项目——管理主体是监理单位。

(5) 按项目的建设阶段分类

按照项目的建设阶段，一般将建设项目划分为前期工作项目、预备项目、施工项目和建成投产项目。

①前期工作项目：项目建议书批准后，可行性研究报告批准前的项目称为前期工作项目。

②预备项目：可行性研究报告批准后，开工前的项目称为预备项目。

③施工项目：开始施工的项目称为施工项目。

④建成投产项目：竣工验收后交付使用的项目称为建成投产项目。

(6) 按项目的投入产出属性分类

按照项目的投入产出属性，可将项目分为经营性项目和公益性项目。

①经营性项目：是指有明确投入，建成之后可用于生产经营，创造经济效益，回收投资，并取得利润的建设项目。如高速公路、水电站、房地产开发等。

②公益性项目：是指有明确投入，建成之后能产生社会效益，但难以用于生产经营，创造经济效益。如防洪工程、水土保持工程、生态环境工程等。

0.2.2 建设项目

1. 建设项目的含义

建设项目是指需要一定量的投资，按照一定程序，在一定时间内完成，应符合质量要求，以形成固定资产为明确目标的特定性任务。建设项目的管理主体是建设单位。

2. 建设项目的约束条件

建设项目的完成具有一定的约束条件，主要如下：

①时间约束——建设项目有合理的建设工期目标。

②资源约束——建设项目有一定的投资总量目标。

③质量约束——建设项目有预期的生产能力（如高速公路的通行能力）、技术水平（如使用过程中的强度、平整度等）或使用效益。

3. 建设项目的分解

建设项目一般可分解为单项工程、单位工程、分部工程、分项工程及检验批。

(1) 单项工程

单项工程是指具有独立的设计文件，可以独立施工，建成后能独立发挥生产能力或效益的工程。如某一工厂的某一生产车间，学校的实验楼、图书馆等工程，建成后均能独立发挥生产能力或效益的工程。

(2) 单位工程

单位工程是指具有独立设计文件，可以独立组织施工，但完成后不能独立发挥效益的工程。单位工程是单项工程的组成部分，如学校实验楼建设的土建工程。

(3) 分部工程

分部工程是单位工程的组成部分。它是按工程部位或工种的不同而分类。如学校实验楼建设中土建工程可分为基础工程、主体工程、屋面工程等。

(4) 分项工程

分项工程是分部工程的组成部分。分项工程是通过较为简单的施工过程就能生产出来，并且可以用适当的计量单位，计算工料消耗的最基本构造因素。如基础工程中的土方开挖。

(5) 检验批

检验批是指按同一生产条件或按规定的方式汇总起来供检验用的，由一定数量样本组成的检验体。检验批是工程质量验收的基本单元。

技术提示

单项工程是建设项目的重要组成部分，一个建设项目有时可以仅包含一个单项工程，也可包含多个单项工程。

4. 建设项目的建设程序

建设项目的建设程序是指项目从决策、设计、施工到竣工验收、投入生产或交付使用的整个建设过程中，各项工作必须遵循的先后工作次序。它是工程建设过程客观规律的反映，是建设工程项目科学决策和顺利进行的重要保证。它是人们长期在工程项目建设实践中得出来的经验总结，不能任意颠倒，但可以合理交叉。

建设项目的建设程序主要分为项目决策阶段（项目建议书和可行性研究）、勘察设计阶段、建设准备阶段、施工阶段、生产准备阶段、竣工验收阶段和后评价阶段。

(1) 项目决策阶段

项目决策阶段主要包括编报项目建议书和可行性研究报告两项工作内容。

①项目建议书。

项目建议书是建设单位根据当地国民经济和社会发展的中长期计划，结合地区规划要求，通过调查研究编制的建设某一项目的建议性文件，是对拟建项目的轮廓设想。项目建议书的主要内容一般包括以下几项：

a. 项目提出的必要性和依据。

b. 拟建规模和建设地点的初步设想。

c. 资源情况、建设条件、协作关系和引进国别、厂商等的初步分析。

d. 投资估算和资金筹措设想。

e. 经济效果和社会效益的初步估计。

项目建议书编制完成后报送有关部门审批，经批准后，可进行可行性研究工作，但项目建议书不是项目的最终决策，并非项目建议书一经批准就表明项目非上不可，还需对拟建项目进行可行性论证，项目建议书是项目进行可行性研究的依据和基础。

②可行性研究。

可行性研究是在项目建议书被批准后，对项目在技术上和经济上是否可行所进行的科学分析和论证。可行性研究的主要内容一般为：

a. 建设项目提出的背景、必要性、经济意义和依据。

b. 拟建项目规模、建设地点、市场预测。

c. 技术工艺、主要设备、建设标准。

d. 资源、材料、燃料供应和运输及水、电条件。

e. 建设地点、场地布置及项目设计方案。

f. 环境保护、防洪等要求。

g. 劳动定员及培训。

h. 建设工期及进度建议。

i. 投资估算及资金筹措方式。

j. 经济效益和社会效益分析。

（2）勘察设计阶段

勘察设计阶段所做的主要工作是根据批准的可行性研究报告，对施工所处区域进行工程地质地形勘察以及设计文件的编制，主要包含勘察过程和设计过程。

①勘察过程。

对施工所处区域进行工程地质地形勘察是编制设计文件的前提和依据，不仅在设计之前需要进行大量的勘察工作，在设计之中也不可避免地进行勘察工作。对于复杂的工程一般分为初勘和详勘两个阶段。

②设计过程。

设计是工程建设的重要环节，设计的好坏不仅影响建设工程的投资效益和质量安全，其技术水平和指导思想对城市建设的发展也会产生重大影响。设计工作是由设计单位完成的，编制设计文件是一项复杂的工作，是在勘察工作的基础上，结合批准的可行性研究报告，将建设项目的具体要求逐步具体化成为指导施工的施工图纸及其说明书。设计过程一般划分为两个阶段，即初步设计阶段和施工图设计阶段，对于大型复杂项目，可根据不同行业的特点和需要，在初步设计之后增加技术设计阶段。

a. 初步设计。初步设计是设计的第一步，是针对批准的可行性研究报告所提出的内容进行初步的设计，制定出初步的实施方案，进一步论证项目在技术上的可行性和经济上的合理性，并依据项目的基本技术经济规定，编制项目总概算。

初步设计经主管部门审批批准后，建设项目被列入国家固定资产投资计划，方可进行下一步的施工图设计。另外，初步设计一经批准后，不得随意改变建设项目的建设规模、建设地点、主要工艺过程以及总投资等控制指标。如果初步设计提出的总概算超过可行性研究报告投资估算的10%以上或其他主要指标需要变动时，要重新报批可行性研究报告。

b. 技术设计。技术设计是在初步设计的基础上，根据更详细的调查研究资料，进一步确定建筑、结构、工艺及设备等方面的技术要求。技术设计是初步设计和施工图设计之间的设计阶段，是大型工程为更好地找出设计中的不足，解决初步设计尚未完全解决的具体技术问题而设置的一个设计阶段。

c. 施工图设计。建筑施工图就是建筑工程上所用的一种能够十分准确地表达出建筑物的外形轮廓、大小尺寸、结构构造和材料做法等的图样，施工图是房屋建筑施工的依据。施工图设计是在初步设计（技术设计）的基础上进一步具体化、明确化，完成建筑、结构、水、电以及施工现场场内道路等的全部施工图纸、工程说明书、结构计算书以及施工图预算等。在工艺方面，应具体确定各种设备的型号、规格以及各种非标设备的制作和安装等。

施工图一经审查批准，不得擅自进行修改，否则，必须重新报请原审批部门，由原审批部门委托审查机构审查后再批准实施。

(3) 建设准备阶段

建设准备主要是通过对工程施工所需的组织、技术以及物资等方面的准备，为工程施工的顺利、有序进行奠定基础。建设准备的主要内容包括组建项目法人、办理土地征用、拆迁、“七通一平”；组织材料、设备订货；办理建设工程质量监督手续；委托工程监理；准备必要的施工图纸；组织施工招投标，择优选定施工单位；办理施工许可证等。

按规定做好各项施工准备，是保证工程质量、降低工程成本、加快施工进度的重要保证。

(4) 施工阶段

建设工程具备了开工条件并取得施工许可证后方可开工。项目新开工时间，按设计文件中规定的任何一项永久性工程第一次正式破土开槽时间而定。不需开槽的以正式打桩作为开工时间。铁路、公路、水库等以开始进行土石方工程作为正式开工时间。

(5) 生产准备阶段

对于生产性建设项目，在其竣工投产前，建设单位应适时地组织专门班子或机构，有计划地做好生产准备工作。生产准备阶段所做的主要工作包括：招收、培训生产人员；组织有关人员参加设备安装、调试、工程验收；落实原材料供应；组建生产管理机构，健全生产规章制度等。生产准备是由建设阶段转入生产经营的一项重要工作。

(6) 竣工验收阶段

建设项目按设计文件要求，完成各项任务项目后，如果满足生产需求或具备使用条件，并符合其他竣工验收条件，就可进行竣工验收。竣工验收是指承包人按施工合同完成所有任务后，经自检合格并经监理单位检查验收合格后，由发包人组织，勘察、设计、施工、监理以及建设主管部门等参与，对工程的设计、施工等方面进行全面评估和鉴定的过程。项目竣工验收是全面考核建设成果、检验设计和施工质量的重要步骤，也是建设项目转入生产和使用的标志。验收合格后，建设单位编制竣工决算，项目正式投入使用。

(7) 项目后评价阶段

建设项目后评价是工程项目竣工投产、生产运营（或使用）一段时间以后，对项目的目标、执行过程、效益、作用和影响等进行系统的、客观的分析；通过项目实践活动检查总结，判定项目预期的目标是否达到，项目预期的效益是否实现以及项目投产后对各方面的影响等。通过对项目进行后评价达到肯定成绩、总结经验、吸取教训、提出建议及改进工作，使项目的决策者和建设者学习到更加科学合理的方法和策略，不断提高项目决策水平和投资效果，运用到未来的实践中。

0.2.3 施工项目

1. 施工项目的含义

施工项目属于工程项目的一种，具有项目的含义和特征。施工项目是以施工承包企业为管理主体，是施工企业自施工投标开始到保修期满为止全过程中完成的项目，它是一个建设项目或其中的单项工程或单位工程的施工任务。

技术提示

只有建设项目或其中的单项工程或单位工程的施工任务才称为施工项目，而分部工程或分项工程的结果不是建筑企业的最终产品，不能称为施工项目，而是施工项目的组成部分。

2. 施工项目的建设程序

一个施工项目的建成往往需要很长时间，需要经过多个阶段，并且项目建设过程中涉及的面很广，内外协作配合环节多，关系错综复杂，因此，在项目建设的过程中必须遵循必要的建设程序才能保证各项工作有条不紊的进行。施工项目的建设程序是指施工项目的各个阶段和各项工作的先后顺序。施工项目的具体建设程序大致分为：投标、中标、签约阶段；施工准备阶段；施工阶段；竣工验收、交付使用、工程结算阶段以及用后服务阶段。

(1) 投标、中标、签约阶段

进行项目投标是一个施工承包企业运作一个施工项目的开始，作为施工企业能够与项目建设单位签订施工承包合同是其最终目标。在这一阶段施工承包企业所做的工作主要如下：

①施工承包企业从经营战略的高度作出是否投标争取该项目的决策。

②施工承包企业若决定就该项目进行投标，开始就企业自身、市场以及现场等多方面的信息进行收集，为下一步编制高质量的投标书做准备。

③施工承包企业按建设单位提供的招标文件的要求，结合已收集到的各类信息，编制既能使企业自身盈利，又具有竞争力，可望中标的投标书。

④如果中标，施工承包企业接到中标通知书后，与项目发包单位就技术、经济等问题做进一步协商，最终达成协议，并依法签订施工承包合同。

(2) 施工准备阶段

施工准备阶段是施工项目建设程序中非常重要的一个环节，是组织施工的前提，是顺利完成建筑工程任务的关键。工程项目施工是一项非常复杂的生产活动，是施工承包企业任务最为繁重的一部分，整个施工过程历时较长。为了给建设单位交付高质量的产品，作为施工承包企业，与建设单位签订施工项目承包合同后，在正式施工前必须按要求做好必要的施工准备工作；如果在施工前缺乏统筹安排，施工准备工作做得不够到位，势必会给施工活动的正常进行带来较多不便。因此，施工前做好必要的施工准备工作，对于合理组织人力、物力，加快施工进度，保证建筑产品的质量，节约施工成本，提高企业经济效益具有十分重要的作用。作为施工承包企业，工程正式开工前所做的准备工作主要如下：

①组建项目经理部，授权项目经理，并根据工程建设的需要建立所需的各类工程组织与管理人员。

②收集与施工活动有关的各类资料，并编制切实可行的施工组织设计，用以指导施工准备工作和全过程的施工活动。

③根据工程实际，进行施工队伍的准备，同时做好必要的技术交底工作，为进场顺利开展施工做准备。

④根据合同条款，按要求做好施工现场准备工作（场地平整、“七通一平”、搭设临时设施等），使施工现场具备施工条件。

⑤做好必要的季节性施工准备。

⑥编写工程开工申请。

(3) 施工阶段

开工申请一经批复，项目便可进入建设实施阶段，按要求进行施工。整个建筑产品的建造过程历时较长，任务繁重，作为施工承包企业，必须严格按要求完成各项工作，为用户交付满意产品。施工承包企业在施工阶段主要进行如下工作：

①依据合同规定及施工组织设计的安排进行施工，完成合同规定的全部施工任务。

②做好各项控制工作，保证工程安全目标、质量目标、进度目标、成本目标等的实现。

③做好施工现场管理工作，实行文明施工。

④协调处理好与各协作单位的关系，做好合同变更及索赔相关事宜。

(4) 竣工验收、交付使用、工程结算阶段

工程项目的竣工验收是施工全过程的最后一道程序，是建设投资成果转入生产或使用的标志，也是全面考核投资效益，检验设计和施工质量的关键环节。当施工方按照批准的设计文件（初步设计、技术设计等）所规定的基本内容和施工图纸的基本要求完成全部施工任务后，且产品具备生产或使用条件，不论新建、改建、扩建还是迁建的项目，都应进行验收。作为施工方，应在自检合格后，由监理单位组织先进行工程预验收，在预验收过程中，如果发现存在一定的问题，项目监理部就存在的问题提出书面意见，作为工程施工方就预验收提出的具体问题进行限期整改；施工方整改完毕后，按有关文件要求编制《建设工程竣工验收报告》，提交项目监理部，由项目总监理工程师签署意见后，提交项目建设单位，最后由项目建设单位组织进行工程正式验收，验收合格后办理工程交付手续。

(5) 用后服务阶段

作为施工承包企业，用后服务阶段是整个施工项目全寿命周期的最后阶段。在交工验收后，施工承包企业按合同规定的责任期进行用后服务、回访与保修，其目的是保证使用单位正常使用。在该阶段施工承包企业主要进行以下工作：

①为保证工程正常使用而做必要的技术咨询和服务。

②进行工程回访，听取使用单位意见。总结经验教训，观察使用中发现的问题，进行必要的维护、维修和保修。

0.3 施工组织设计概论

一个建设项目的施工，可以有不同的施工顺序；每一个施工过程可以采用不同的施工方案；每一种构件可以采用不同的生产方式；每一种运输工作可以采用不同的方式和工具；现场施工机械、各种堆物、临时设施和水电线路等可以有不同的布置方案；开工前的一系列施工准备工作可以用不同的方法进行。不同的施工方案，其效果是不一样的。怎样结合工程的性质和规模、工期的长短、工人的数量、机械装备程度、材料供应情况、构件生产方式、运输条件等各种技术经济条件，从经济和技术统一的全局出发，从许多可能的方案中选定最合理的方案，对施工的各项活动做出全面的部署，编制出规划和指导施工的技术经济文件，这是施工人员开始施工前必须解决的问题。

0.3.1 施工组织设计的含义

施工组织设计是指针对拟建的工程项目，结合工程本身特点，从工程投标、签订承包合同、施工准备到竣工验收整个施工全过程，按照工程的要求，对所需的施工劳动力、施工材料、施工机具和施工临时设施，经过科学计算、精心对比及合理的安排后编制出的一套在人力和物力、时间和空间、技术和组织等方面进行合理施工的战略部署文件。

施工组织设计是工程施工的组织方案，是用以指导项目进行施工准备和组织施工的全面性技术经济文件，是现场施工的指导性文件。由于建筑产品的多样性，每项工程都必须单独编制施工组织设计，施工组织设计经审批通过后方可施工。

0.3.2 施工组织设计的作用

施工组织设计在施工的过程中起到了举足轻重的作用，所有施工的工作必须在施工组织设计的指导下展开，是指导施工的纲领性文件。其不仅具有理论意义，更具有实践意义，具体作用表现在以下几个方面：

①施工组织设计是施工准备工作的重要组成部分，是做好施工准备工作的主要依据和重要保证。

②施工组织设计是编制施工预算和施工计划的主要依据。

③施工组织设计是建筑施工企业合理组织施工和加强项目管理的重要依据。

④施工组织设计是检查工程施工进度、质量、成本三大目标的依据。

0.3.3 施工组织设计的分类

1. 根据施工组织设计编制的广度、深度和作用的不同分类

根据施工组织设计编制的广度、深度和作用的不同，施工组织设计可分为施工组织总设计、单位工程施工组织设计及分部（分项）工程施工组织设计（或称分部（分项）工程作业设计）。

(1) 施工组织总设计

施工组织总设计是以整个建设工程项目为对象（如一个工厂、一个机场、一个道路工程（包括桥梁）、一个居住小区等）而编制的。它是对整个建设工程项目施工的战略部署，是指导全局性施工的技术和经济纲要。用以对单位工程的施工组织进行总体性指导、协调和阶段性目标控制与管理。

(2) 单位工程施工组织设计

单位工程施工组织设计是以单位工程（如一段道路）为对象编制的，在施工组织总设计的指导下，由直接组织施工的单位根据施工图设计进行编制，用以直接指导单位工程的施工活动，是施工单位编制分部（分项）工程施工组织设计和季、月、旬施工计划的依据。单位工程施工组织设计根据工程规模和技术复杂程度不同，其编制内容的深度和广度也有所不同。对于简单的工程，一般只编制施工方案，并附以施工进度计划和施工平面图。

(3) 分部（分项）工程施工组织设计

分部（分项）工程施工组织设计是以分部（分项）工程为对象编制的，用以指导分部（分项）工程施工全过程的各项施工活动的技术、经济和组织的综合性文件。

施工组织总设计、单位工程施工组织设计及分部（分项）工程施工组织设计是同一工程项目不同广度、深度和作用的3个层次。施工组织总设计是对整个建设项目的全局性战略部署，其内容和范围比较概括；单位工程施工组织设计是在施工组织总设计的指导下，以施工组织总设计为依据，针对具体的单位工程编制的，是施工组织总设计的深化和具体化；分部（分项）工程施工组织设计是以施工组织总设计和单位工程施工组织设计为依据，针对具体的分部（分项）工程编制的，是单位工程施工组织设计的深化与具体。

2. 按施工组织设计编制阶段的不同分类

施工组织设计根据其编制阶段的不同，可分为投标性施工组织设计（简称标前施工组织设计）和实施性施工组织设计（简称标后施工组织设计）两类。投标性施工组织设计是为了满足编制投标书和签订工程承包合同的需要而编制的规划性文件。实施性施工组织设计是以整个建设项目或群体工程为对象编制的，是整个建设项目或群体工程施工的全局性、指导性文件。标前施工组织设计和标后施工组织设计的主要区别如下：

(1) 编制目的不同

标前与标后编制的施工组织设计其针对性是有明显区别的，标前施工组织设计编制的目的就是为了投标，主要是追求中标和达到签订承包合同的目的；标后施工组织设计编制的目的主要是针对签订合同的工程，在安全、工序、进度、资金、现场管理等施工过程中，如何提高施工效率，从而获得更好的经济效益。

（2）编制时间不同

标前施工组织设计是在投标书编制前着手编写的，由于受报送投标书的时间限制，编制标前施工组织设计的时间很短。而标后施工组织设计是在签约后开工前着手编写的，编制时间相对较长。

（3）服务范围不同

标前编制的施工组织设计，其服务的范围主要是标书评委会的评标人。标后编制的施工组织设计，其服务的范围是从施工准备直至工程竣工验收。因此，针对这种特点，要恰如其分地把握施工组织设计编写的不同点。要想在评标中得高分，标前施工组织设计就得严格按招标文件和评标办法的格式要求，依次对应条款按序编写。在写作手法上要条理清晰，陈述详略得当；而中标后的施工组织设计，在编写上要注重施工程序与工艺流程，要结合施工现场操作工人和项目部管理的水平，无论是新技术、新工艺、新材料等的应用，还是常规施工方法，均要编写出程序性和操作方法，便于指导施工和业主及监理工程师的现场监督、检查和工程结算。

（4）编制者不同

标前施工组织设计，一般主要由企业经营部门的管理人员编写，文字叙述规划性、客观性强。标后施工组织设计，一般主要由工程项目部的技术管理人员编写，文字叙述具体直观、作业性强。因此针对这种特点，要注重两类施工组织设计内容侧重点的叙述技巧。例如，标前施工组织设计对本工程拟采用的新工艺、新技术、新材料的应用，在文字叙述中既要有符合国家和建设行政主管部门推广新工艺、新技术、新材料等的方针、政策的论述，还要有保证工程质量或节约工程投资的对比计算方案，而对有些常规施工工序和施工方法，简明扼要，无须大篇幅渲染，切忌面面俱到。而标后的施工组织设计，对新工艺、新技术、新材料等的应用，侧重点在施工工序和施工方法上的详述，对主要工序和施工方法即使属于常规操作规程，也要陈述具体步骤，便于指导生产。对工程项目部而言，标后的施工组织设计，就是要在科学合理地组织各种施工生产要素上下功夫，从而保证施工活动能够安全、有秩序、高效率、科学合理地实施。

0.3.4 施工组织设计的内容

1. 施工组织设计的基本内容

施工组织设计的基本内容一般根据工程对象的实际特点、施工条件和技术水平等因素综合确定，一般包含以下几项：

（1）工程概况

本项目的性质、规模、建设地点、结构特点、建设期限、分批交付使用的条件、合同条件；本地区地形、地质、水文和气象情况；施工环境及施工条件等。

（2）施工部署及施工方案

根据工程情况，结合人力、材料、机械设备、资金、施工方法等条件，全面部署施工任务，合理安排施工顺序，确定主要工程的施工方案；对拟建工程可能采用的几个施工方案进行定性、定量的分析，通过技术经济评价，选择最佳方案。

（3）施工进度计划及各种资源需求量

施工进度计划反映了最佳施工方案在时间上的安排，并根据施工进度计划编制各种资源（人力、材料、施工机具、大型临时设施等）需求量计划。

（4）施工现场平面布置图

施工现场平面布置图是施工方案及施工进度计划在空间上的全面安排。它把投入的各种资源、材料、构件、机械、道路、水电供应、生产、活动场地及各种临时工程设施合理地布置在施工现场，使整个现场能有组织地进行文明施工。

(5) 主要技术经济指标

主要技术经济指标包括：工程质量措施、工期保证措施、降低工程成本措施、安全技术措施、环境保护措施、文明施工措施、冬雨季施工计划及措施，新技术、新材料、新工艺的应用等。

2. 不同类施工组织设计的内容

(1) 施工组织总设计的内容

①建设项目的工程概况。

②施工部署及其核心工程的施工方案。

③全场性施工准备工作计划。

④施工总进度计划。

⑤各项资源需求量计划。

⑥全场性施工总平面图设计。

⑦主要技术经济指标。

(2) 单位工程施工组织设计的内容

①工程概况及施工特点分析。

②施工方案的选择。

③单位工程施工准备工作计划。

④单位工程施工进度计划。

⑤各项资源需求量计划。

⑥单位工程施工总平面图设计。

⑦主要技术经济指标。

(3) 分部（分项）工程施工组织设计的内容

①工程概况及施工特点分析。

②施工方法和施工机械的选择。

③分部（分项）工程的施工准备工作计划。

④分部（分项）工程的施工进度计划。

⑤各项资源需求量计划。

⑥作业区施工平面布置图设计。

⑦主要技术经济指标。

不论哪一类施工组织设计，其编制内容相当广泛，编制任务量很大，在编制施工组织设计时必须突出“组织”二字，重点编好以下内容：首先是施工部署和施工方案，施工部署解决安排的问题，而施工方案解决选择的问题，在编制中努力做到安排和解决最优；其次是施工进度计划，这部分主要解决顺序和时间问题；最后是施工平面图，这部分主要解决空间和投资问题。

0.3.5 施工组织设计的编制与执行

当拟建工程中标后，施工单位必须结合工程特点等因素编制对应工程的施工组织设计。建设工程实行总承包和分包的，由总承包单位负责编制施工组织设计。分包单位在总承包单位的总体部署下，负责编制分包工程的施工组织设计。施工组织设计编制中要广泛征求各协作施工单位的意见。

对结构复杂、施工难度大以及采用新材料、新工艺和新技术的工程项目，要进行专业性的研究，必要时组织专门会议，邀请有经验的专业工程技术人员参加，集中群众智慧，为合理地编制施工组织设计奠定基础。

在施工组织设计编制过程中，要充分发挥各职能部门的作用，吸收他们参加编制和审定；充分利用施工企业的技术素质和管理素质，统筹安排、扬长避短，发挥施工企业的优势，合理地进行工序交叉配合的程序设计。

当比较完整的施工组织设计方案提出之后，要组织参加编制的人员及单位进行讨论，逐项逐条地研究，修改后确定，最终形成正式文件，并报送主管部门审批。

1. 编制施工组织设计的依据和原则

(1) 编制依据

①与工程建设有关的国家法律、地方法规和文件。

②经过审查的工程设计文件、招投标文件以及工程承包合同或协议书。

③国家现行的主要规范、规程、标准、有关技术规定和技术经济指标等。

④建筑工程所在地区行政主管部门的批件、建设单位或上级主管部门对施工的要求、施工企业主管部门下达的施工任务计划。

⑤建设地区的技术经济资料（地方工业、交通运输资源、水、电及人力等情况）。

⑥建设地区的自然条件资料（地质勘察报告、工程地质、地形、水文、气象等）。

⑦国家和上级的有关指示（工期要求、推广新结构、新技术等）。

⑧施工企业的生产能力、施工经验、机械设备状况、技术水平以及企业内部管理文件和制度。

(2) 编制原则

①认真贯彻、执行党和国家关于工程建设的程序，遵守现行有关法律、法规。

②采取有效措施，满足招标文件或施工合同中有关工程造价、质量、进度、安全、环境保护等方面的要求。

③遵循建筑施工工艺及技术规律，合理安排施工顺序和施工程序，在保证工程质量的前提下，加快施工进度，缩短工程建设工期。

建筑产品的特点之一是建筑产品建造及使用的地点一般是固定的，产品的这一特点决定建筑施工过程的流动性，另外，建筑产品生产的周期一般比较长，因而在建筑施工中，在保证施工安全及工程质量的前提下，适当安排前后相邻施工过程在同一施工作业面交错搭接地进行施工，对加快施工进度、缩短工程建设工期具有十分重要的意义。

在安排施工程序时必须考虑以下几点：

a. 要及时完成相关的准备工作，为正式施工创造良好条件。

b. 正式施工时应该先进行全场性的工作，然后再进行各个项目的施工。

c. 可供整个施工过程使用的建筑物要尽可能地提前建造，以便减少施工的临时设施，从而节约投资。

④在选择施工方案时，采用先进的施工技术，积极推广新材料、新设备、新工艺和新技术，努力为新结构的推行创造条件。

要注意结合工程特点和现场条件，使技术的先进适用性和经济合理性相结合，防止单纯追求先进而忽视经济效益的做法；还要符合施工验收规范、操作规程的要求和遵守有关防火、保安及环保等规定，确保工程质量和施工安全。施工方案的选择必须进行多方案比较。比较时应做到实事求是，在多个方案中选择最经济、最合理的；一切从实际出发，以数据来定方案，数据一定要准确，结论要有理、有力。

⑤对于那些必须进入冬、雨期施工的工程，应采取有效季节性施工措施，以增加全年的施工天数，提高施工的连续性和均衡性。

建筑施工周期长，多属露天作业，不可避免地受到天气和季节的影响，主要是冬、雨季的影响。因此，如何克服冬、雨季所造成的不利影响是关键的问题。其主要的措施有两条：一是在安排进度时，将受季节影响较大的施工项目安排在有利的天气进行；将受天气影响较小的项目安排在冬季、雨季进行；二是采取一定的措施，保证冬、雨期施工的施工质量与进度。

⑥必须注意根据地区条件和构件条件，通过技术经济比较，恰当地选择预制方案或现场浇筑方案。确定预制方案时，应贯彻工厂预制与现场预制相结合的方针，努力提高建筑工业化程度，进而改善劳动条件，减轻劳动强度，提高劳动生产率，但不能盲目追求装配化程度的提高。

⑦精心进行场地规划，科学合理地布置施工现场，尽量利用正式工程已有设施，以减少各种临时设施，节约施工用地，不占或少占农田；尽量利用当地资源，合理安排运输、装卸与储存作业，减少物资运输量，避免二次搬运。

⑧制订节约能源和材料措施。

⑨从各方面制订保证质量的措施，预防和控制影响工程质量的各种因素。

⑩要贯彻“安全第一，预防为主”的方针，建立健全各项安全管理制度，制订安全施工的措施，并在施工过程中经常地进行检查和督促。

2. 施工组织设计的执行、检查与调整

(1) 施工组织设计的执行

施工组织设计是针对具体工程在人力和物力、时间和空间、技术和组织等方面进行合理安排施工的指导性文件。这个文件的实际指导效果如何，必须通过实践去验证。施工组织设计执行的实质，就是把一个静态平衡方案放到不断变化的施工过程中，考核其效果和检查其优劣的过程，以达到预定的目标。为了充分发挥施工组织设计的指导性作用，保证施工活动的顺利进行，在施工组织设计执行前必须做好以下工作：

①做好施工组织设计的交底工作。经过审核并批准的施工组织设计，在项目开工前应组织参与施工的各类人员召开施工组织设计的交底工作会议，详细地讲解其内容、要求和施工的关键与保证措施，确保施工组织设计的顺利执行。

②制定有关贯彻施工组织设计的规章制度。施工组织设计贯彻的顺利与否，主要取决于施工企业的管理素质和技术素质及经营管理水平。而体现企业素质和水平的标志是企业各项管理制度的健全与否。实践经验证明，只有施工企业有了科学的、健全的管理制度，企业的正常生产秩序才能维持，才能确保生产安全，保证工程质量，提高劳动生产率。为此必须建立、健全各项管理制度，保证施工组织设计的顺利实施。

③推行项目经理责任制和技术经济承包责任制。为了更好地贯彻施工组织设计，应该推行技术经济承包制度，把施工过程中的技术经济责任同职工的物质利益结合起来。如开展节约材料奖、技术进步奖、工期提前奖、优良工程综合奖等，这对于全面贯彻施工组织设计是十分必要的。

④切实做好施工准备工作，为施工组织设计的执行提供条件。做好施工准备工作是保证工程顺利开工以及开工后均衡和连续施工的重要前提，同时也是顺利地贯彻施工组织设计的重要保证。拟建工程项目不仅在开工之前要做好一准备工作，而且在施工过程中的不同阶段也要做好相应的施工准备工作，这对于施工组织设计的贯彻执行是非常重要的。

(2) 施工组织设计的检查与调整

在施工组织设计执行的过程中，应按要求收集各种技术经济指标（如工程进度、工程质量、材料消耗、机械使用和成本费用等）的完成情况，并同计划规定的指标相对比。如果实际执行中与计划出现偏差，应做出及时判别，分析产生偏差的原因，并采取一定的措施加以纠正；如有必要，应对施工组织设计做出及时调整，以保证施工活动的有序开展。

【知识拓展】

施工组织设计应随主、客观条件的变化及时调整、修改不适用的内容，并请原审批部门同意后实施。

项目施工过程中当发生以下情况之一时，施工组织设计应进行修改：

①当工程设计有重大修改，并涉及工程地基基础、主体结构、装饰装修工程的重大变更时。

②当项目管理体系有重大调整时。

③当项目的主要施工方法进行重大调整时。

④当项目主要施工配置有重大调整时。

⑤当项目因故停工3个月以上，再次复工建设时。

⑥当项目周边的施工环境有重大改变时。

拓展与实训

职业能力训练

一、填空题

1. 项目的主要特征包括__________、__________和__________。

2. 建设项目的主要约束条件有__________、__________和__________。

3. 根据施工组织设计编制的广度、深度和作用的不同，施工组织设计一般可分为施工组织总设计、__________和__________。

4. 建设项目一般可分解为__________、__________、__________、__________和__________。

5. 工程项目按其管理主体一般可分为__________、__________、__________和__________。

二、简答题

1. 标前和标后施工组织设计的主要区别是什么？

2. 建设项目的建设程序通常包括哪几个阶段？

3. 施工组织设计的基本内容一般包含哪些？

4. 施工组织设计的编制原则是什么？

工程模拟训练

某学校拟新建一栋6层教学楼，学校所在地区某建筑工程公司承接该项施工任务，某监理公司负责监理。工程于2011年4月15日开工建设，2013年6月10日竣工。该教学楼工程竣工验收应如何组织？

链接执考

施工组织设计是用以指导项目进行（　　）的全面性技术经济文件。(2013年施工员考试试题)

A. 施工准备　　B. 正常施工　　C. 招标　　D. 施工准备和正常施工

模块 1

施工准备工作

【模块概述】

施工准备工作是建设工程项目全寿命周期中非常重要的一个环节，做好施工准备工作是保证施工活动能够安全、有序开展的前提。本模块主要介绍施工准备工作的重要性、施工准备工作的分类、施工准备工作的基本内容及具体要求。

【学习目标】

1. 了解施工准备的重要性。
2. 掌握施工准备工作的分类及具体要求。
3. 掌握施工准备工作的具体内容。
4. 熟悉施工准备工作计划与开工报告。

【技能目标】

1. 掌握施工准备工作的具体要求。
2. 知道施工准备工作的内容，且能够结合实际按要求组织做好各项施工准备工作。

【学习重点】

施工准备工作的分类；施工准备工作的具体要求；施工准备工作的内容。

【课时建议】

4～6 课时

工程导入

某地区某28层住宅楼工程，建设单位已通过招标选定了施工单位，双方并签订了施工合同。建设单位按照合同中约定的条款，完成了相应的施工准备工作任务。那么，施工单位为保证进场后各项施工活动的正常开展，应该做哪些施工现场准备工作呢？

1.1 概述

施工准备工作是项目基本建设工作的主要内容，是建设工程项目全寿命周期中非常重要的阶段。施工准备工作是为保证工程顺利开工和各项施工活动正常进行而必须事先做好的各项工作。施工准备工作不是一次性完成的，而是分阶段进行的。工程开工以前的准备工作比较集中，并且非常重要，随着工程的逐步进展，各个施工阶段、各分部分项工程及各工种施工前，也都有相应的准备工作需要做。因此，施工准备工作不仅存在工程开工前，而且贯穿于整个工程建设的全过程。

1.1.1 施工准备工作的重要性

俗话说："万事开头难。"所有的建筑工程施工都是一项繁杂的组织和实施过程，特别是在建筑工程施工前，需要做的准备工作很多，并且困难重重。因此，各施工单位应认真做好施工前的准备工作，提高建筑工程施工的计划性、预见性和科学性，这是保证建筑质量，加快工程进度，降低施工成本，确保顺利竣工的极为重要环节。

施工准备工作的基本任务是为拟建工程的施工建立必要的技术和物质条件，统筹安排施工力量和施工现场，施工准备工作是施工程序中的重要环节。近年来，随着社会经济的不断发展，工程项目的建设规模越来越大，建筑产品的结构日趋复杂，施工过程中涉及的面也越来越广泛，为了保证施工活动能够安全、有序地进行，做好施工准备工作就显得尤为重要，其重要性可大致概括如下：

①做好施工准备工作是全面完成施工任务的必要条件。

②做好施工准备工作是遵循建设项目建设程序的重要体现。

③做好施工准备工作是降低工程成本、提高企业经济效益的有力保证。

④做好施工准备工作是取得施工主动权、降低施工风险的有力保障。

大量工程实践证明，凡是重视施工准备工作，认真细致地做好施工准备工作，积极为拟建工程项目创造一切良好的施工条件，其工程的施工就会顺利进行；否则，工作就会处于被动，给工程的施工带来一系列的麻烦和损失，甚至给工程施工带来灾难，其后果不堪设想。

1.1.2 施工准备工作的分类

1. 按工程项目施工准备工作的范围不同分类

按工程项目施工准备工作的范围不同，施工准备工作一般可分为全场性施工准备、单项（单位）工程施工条件准备和分部（项）工程作业条件准备3种。

（1）施工总准备（全场性施工准备）

施工总准备是以整个建设项目为对象而进行的各项施工准备。其特点是它的施工准备工作的目的、内容都是为全场性施工服务的，它不仅要为全场性的施工活动创造有利条件，而且要兼顾单位工程施工条件的准备。

（2）单项（单位）工程施工条件准备

单项（单位）工程施工条件准备是以单项（单位）工程为对象而进行的施工条件准备工作。其特点是它的准备工作的目的、内容都是为单项（单位）工程的顺利施工创造有利条件，它不仅为该单项（单位）工程在开工前做好一切准备，而且要为分部分项工程做好施工准备工作。

（3）分部（项）工程作业条件准备

分部（项）工程作业条件的准备是以一个分部分项工程为对象而进行的作业条件准备。

2. 按拟建工程所处的施工阶段的不同分类

按拟建工程所处的施工阶段不同，施工准备工作一般可分为开工前的施工准备和各施工阶段前的施工准备两种。

（1）开工前的施工准备

开工前的施工准备是指在拟建工程正式开工之前所进行的一切施工准备工作。其目的是为拟建工程正式开工创造必要的施工条件。它既可能是全场性的施工准备，又可能是单项（单位）工程施工条件的准备。

（2）各施工阶段前的施工准备

各施工阶段前的施工准备是指在拟建工程开工之后，每个施工阶段正式开工之前所进行的一切施工准备工作。其目的是为各施工阶段正式开工创造必要的施工条件。如室外排水管道工程施工，一般可分为开挖沟槽、做基础、管道安装、质量检查以及土方回填等施工阶段，在不同施工阶段开工前，需做好对应的准备工作；另外，不同施工阶段的施工工艺、所需要的技术条件、物资条件、组织要求和现场布置等方面不同，对应施工阶段的施工准备工作内容也有一定的差异。总之，在每个施工阶段开工之前，都必须做好相应的施工准备工作，以保证不同施工阶段施工活动的顺利进行。

3. 按施工准备工作的主体分类

按照施工准备工作主体的不同分类，施工准备工作一般分为建设单位（业主）的施工准备和施工单位（承包商）的施工准备两类。

综上所述，不仅在拟建工程开工之前需要做好施工准备工作，而且随着工程施工的进展，在各施工阶段开工之前也要做好相应的施工准备工作。施工准备工作既要有阶段性，又要有连贯性，因此施工准备工作必须有计划、有步骤、分阶段地进行，要贯穿于拟建工程整个生产过程的始终。

1.1.3 施工准备工作的内容

工程项目施工准备工作涉及的面较广、内容较多，并且不同工程由于其自身特点等的不同，施工准备工作的内容也有差异。工程项目施工准备工作的主要内容一般可归纳为以下几个方面：原始资料的调查与收集、技术资料准备、资源准备、施工现场准备以及季节性施工准备等。

1.1.4 施工准备工作的基本要求

（1）施工准备工作应有组织、有计划、分阶段、有步骤地进行

首先，要建立施工准备工作的组织机构，明确相应管理人员。

其次，编制好施工准备工作计划表，保证施工准备工作按计划落实。施工准备工作计划见表 1.1。

表 1.1　施工准备工作计划表

序号	项目	施工准备工作内容	要求	负责单位	负责人	配合单位	起止时间		备注
							年 月 日	年 月 日	
1									
2									
3									

再次，施工准备工作应视工程的具体情况分阶段、有步骤地进行。如室外排水管道工程施工，一般可分为开挖沟槽、做基础、管道安装、质量检查以及土方回填等施工阶段，在进行施工准备时按不同施工阶段分步进行。

(2) 建立严格的施工准备工作责任制及相应的检查制度

施工准备工作涉及的项目较多，范围较广，时间较长，故施工准备工作必须有严格的责任制，使各项施工准备工作得以真正落实。在编制了施工准备工作计划以后，就要按计划将责任明确到有关部门或具体负责人，以便按计划要求的内容及完成时间进行工作。项目经理全权负责整个项目的施工准备工作，对施工准备工作进行统一部署，协调各方面关系，以使按施工准备工作计划按时完成施工准备工作的各项内容。

在施工准备工作实施的过程中，应定期检查，目的在于督促，检查中发现问题应及时解决。在施工准备工作实施的过程中，应定期进行检查，可按周、半月、月度进行检查。检查的目的是观察施工准备工作计划的执行情况，如果没有按计划要求完成，应进行分析，找出原因，排除障碍，加快施工准备工作进度或调整施工准备工作计划，把工作落实到实处。

(3) 严格按照项目基本建设程序办事，执行开工报告制度

当施工准备工作的各项内容完成后，满足开工条件时，项目经理部应向监理工程师报送开工报审表及开工报告等有关的资料，由总监理工程师签发，并报建设单位后，在规定的时间内开工。

(4) 施工准备工作必须贯穿于施工过程的始终

工程开工后，要随时做好作业条件的施工准备工作。施工能否顺利进行，与施工准备工作的及时性和完善性有着密不可分的关系。因此，企业各职能部门要面向施工现场，像重视施工活动一样重视施工准备工作，及时解决施工准备工作中的技术、供应、资金、管理等各种问题，以提供工程施工的保证条件。施工经理应抓好施工准备工作，加强施工准备二作的计划性，及时做好协调、平衡工作。

(5) 施工准备工作必须取得各协作相关单位的支持与配合

施工准备工作涉及的面很广，除了施工单位的自身努力外，必须取得与建设单位、设计单位、监理单位、交通运输单位、资源供应部门、各行政主管部门及服务部门等的大力支持与配合，才能使各项施工准备工作深入有效地实施，保证整个施工过程的顺利进行。

1.2 原始资料的调查与收集

原始资料的调查与收集是施工准备工作的重要内容之一，尤其是当施工企业进入一个新的地区，由于对地区的技术经济条件、施工所处区域的特征以及当地的社会情况等往往不太熟悉，此项工作就显得尤为重要。另外，为了编制符合实际、切实可行、高质量的施工组织设计，必须做好调查研究，了解当地实际情况。调查与收集原始资料的主要内容包括建设地区自然条件的调查、建设地区技术经济条件的调查以及参考资料的收集。

1.2.1 建设地区自然条件的调查

建设地区自然条件调查分析的主要内容有地区的气象资料、二程地质地形条件、工程水文资料以及施工所处区域的周围环境及障碍物等，调查的详细内容可归纳如下：

1. 气象资料

气象资料调查主要有当地的气温、降雨及风 3 项指标，不同指标对应的调查内容及调查的目的详见表 1.2，该资料主要由当地气象部门提供。

表 1.2 气象资料调查

序号	项目	调查内容	调查目的
1	气温	（1）全年、各月平均温度 （2）最高与最低温度以及对应的月份 （3）冬、夏季室外温度	（1）制定防暑降温的措施 （2）确定冬季施工措施 （3）估算全年正常施工天数
2	降雨	（1）雨季起止时间 （2）全年各月平均降水量 （3）全年雷暴天数 （4）日最大降水量	（1）制定雨期施工措施 （2）确定工地排水、预洪方案 （3）确定工地防雷设施 （4）估算雨天天数
3	风	（1）主导风向及频率（风玫瑰图） （2）≥8 级风的全年天数、时间	（1）确定临时设施的布置方案 （2）确定高空作业及吊装的技术安全措施

2. 工程地形、地质

摸清施工区域的地形、地质条件，对整个施工方案的制定具有十分重要的指导作用，其调查的主要内容及调查目的详见表 1.3。

表 1.3 工程地形、地质条件调查

序号	项目	调查内容	调查目的
1	地形	（1）区域地形图 （2）工程所处位置地形图 （3）建设地区城市规划图 （4）控制桩、水准点的位置 （5）工程所处位置地形特征	（1）选择施工用地 （2）合理布置施工现场总平面图 （3）便于场地平整及土方量计算 （4）摸清施工现场障碍物及数量
2	地质	（1）钻孔布置图 （2）地质剖面图：土层类型、厚度 （3）物理力学指标：天然含水量、孔隙率、塑性指数、渗透系数、压缩试验及地基土强度 （4）土质的稳定性：滑坡、流砂 （5）地基土破坏情况，钻井、古墓、防空洞及地下构筑物分布 （6）软弱土、膨胀土、湿陷性黄土分布情况以及最大冻结深度	（1）土方施工方法的选择 （2）地基处理方法的确定 （3）基坑（槽）开挖方案设计 （4）基础及地下结构施工方法 （5）拟定障碍物拆除方案
3	地震	地震等级及烈度大小	确定对地基、结构的影响，制定施工注意事项

3. 水文地质

工程水文地质条件调查的主要内容及调查目的详见表 1.4。

表 1.4 工程水文地质条件调查的主要内容及调查目的

序号	项目	调查内容	调查目的
1	地下水	(1) 最高、最低水位及时间 (2) 水流方向、流速及流量 (3) 水质分析以及水的化学成分 (4) 抽水试验测定水量	(1) 选择基础施工方案 (2) 确定施工排降水方法 (3) 判定侵蚀性介质及施工注意事项 (4) 分析施工使用地下水的可能性 (5) 便于取水工程施工
2	地面水	(1) 邻近的江河、湖泊等水源距施工所处位置的距离 (2) 水流方向、流速及流量 (3) 水质分析以及水的化学成分 (4) 抽水试验、测定水量	(1) 分析施工使用地面水的可能性 (2) 确定临时给水方案 (3) 确定工地防洪方案

4. 周围环境及障碍物

施工区域周围环境及障碍物调查的主要内容及调查的目的详见表 1.5。

表 1.5 施工区周围环境及障碍物调查

序号	项目	调查内容	调查目的
1	周围环境及障碍物	(1) 施工区域现有建筑物、构筑物、沟渠、水井、树木、土堆、电力架空线路、地下沟道、人防工程、上下水管道、埋地电缆、煤气及天然气管道、地下杂填坑、枯井等 (2) 邻近施工区域现有的建筑物、构筑物等及其坚固程度，邻近的名木、古树等	(1) 及时拆除 (2) 便于合理布置施工平面图 (3) 做好保护工作

1.2.2 建设地区技术经济条件调查

建设地区技术经济条件调查分析的主要内容包括：各施工单位的具体情况；当地可利用的地方材料状况；地方能源和交通运输状况；地方劳动力的技术水平状况；当地生活供应、教育和医疗卫生状况；当地消防、治安状况等。其详细内容可归纳如下：

1. 地方建筑材料及构件生产企业的调查

地方建筑材料及构件生产企业基本情况调查的主要内容详见表 1.6。

表 1.6 地方建筑材料及构件生产企业基本情况调查

序号	企业名称	产品名称	规格质量	生产能力	供应能力	出厂价格	运距	运输方式	单位产品运价	备注
1										
2										

2. 地方资源情况调查

地方资源情况调查的主要内容详见表 1.7。

表 1.7　地方资源情况调查

序号	材料名称	产地	储存量	质量	开采量	出厂价	运距	运费	单位产品运价	供应的可能性
1										
2										

3. 地区交通运输条件调查

建筑施工中，常用的交通运输方式有公路、铁路和航运 3 种。3 种不同运输方式对应调查内容，其资料主要由当地的公路、铁路及航运管理部门提供，主要用于确定施工所需材料和设备运输方式，进而制订施工运输计划，详细见表 1.8。

表 1.8　地区交通运输条件调查

序号	项目	调查内容	调查目的
1	公路	（1）主要材料产地至工地的公路等级，路面构造宽度及完好情况，允许最大载重量，途经桥涵等级及允许最大载重量 （2）当地专业运输机构及其附近村镇能提供的装卸、运输能力，汽车、畜力、人力车的数量及运输效率，运费、装卸费 （3）当地有无汽车修配厂，修配能力以及至工地距离、路况 （4）沿途架空电线高度	（1）选择施工运输方式 （2）拟定施工运输计划
2	铁路	（1）邻近铁路专用线、车站至工地的距离及沿途运输条件 （2）站场卸货长度、起重能力和储存能力 （3）装载单个货物的最大尺寸、质量的限制 （4）运费、装卸费和装卸力量	
3	航运	（1）货源、工地至邻近河流、码头渡口的距离，道路情况 （2）洪水、平水、枯水期时，通航的最大船只及号位，取得船只的可能性 （3）码头装卸能力，最大起重量，增设码头的可能性 （4）渡口的渡船能力，同时可载汽车、马车数，每日次数，能为施工提供的能力 （5）运费、渡口费、装卸费	

4. 地区给排水、供电与通信、供气等的调查

水、电与气是建筑施工中不可缺少的资源，相应的调查内容及调查目的详见表 1.9。

表 1.9　地区结排水、供电与通信、供气条件调查

序号	项目	调查内容	调查目的
1	给水排水	（1）工地用水与当地现有水源连接的可能性、可供水量，接管地点、管径、材料、埋深，水压、水质及水费，至工地距离，沿途地形、地物状况 （2）自选临时江河水源的水质、水量，取水方式，至工地距离，沿途地形、地物状况，自选临时水井的位置、深度、管径、出水量和水质 （3）利用永久性排水设施的可能性，施工排水的去向、距离和坡度，有无洪水影响，现有防洪设施状况	（1）通过经济比较确定施工及生活给水方案 （2）确定工地排水方案和防洪设施 （3）拟订供排水设施的施工进度计划

续表 1.9

序号	项目	调查内容	调查目的
2	供电通信	（1）当地电源位置，引入的可能性，可供电的容量、电源、导线截面和电费，引入方向，接线地点及其至工地距离，沿途地形、地物状况 （2）建设单位和施工单位自有的发、变电设备的型号、台数和容量 （3）利用邻近电信设施的可能性，增设电话设备和计算机等自动化办公设备和线路的可能性	（1）确定施工供电方案 （2）确定施工通信方案 （3）拟定供电、通信等设备的施工进度计划
3	供气	（1）蒸汽来源，可供蒸汽量，接管地点，管径、深埋，至工地距离，沿途地形、地物状况，蒸汽价格 （2）建设、施工单位自有锅炉的型号、台数和能力，所需燃料、水质标准以及投资费用 （3）当地或建设单位可能提供的压缩空气、氧气的能力，至工地距离	（1）确定施工及生活用气的方案 （2）确定压缩空气、氧气的供应计划

5. 地区社会劳动力和生活条件调查

建筑施工活动是劳动较为密集型的生产活动，作为建筑施工企业，为了取得更大的经济效益，当地的社会劳动力往往是其召集施工劳动力的主要来源。地区社会劳动力和生活条件调查的主要内容及调查目的详见表 1.10，摸清相关内容可为施工企业安排劳动力计划、布置施工现场临时设施提供依据。

表 1.10　地区社会劳动力和生活条件调查

序号	项目	调查内容	调查目的
1	社会劳动力	（1）少数民族地区的风俗习惯 （2）当地能提供的劳动力人数、技术水平和来源 （3）上述人员的生活安排	（1）拟定劳动力计划 （2）安排临时设施
2	周围房屋设施	（1）必须在工地居住的单身人数和户数 （2）能作为施工用的现有的房屋栋数，每栋面积，结构特征，总面积，位置，水、暖、电、卫设备状况 （3）上述建筑物的适宜用途，用作宿舍、食堂、办公室的可能性	（1）确定现有房屋为施工服务的可能性 （2）安排临时设施
3	周围生活服务	（1）主副食品供应、日用品供应、文化教育、消防治安等机构为施工提供的支援能力 （2）邻近医疗单位至工地的距离，可能就医的情况 （3）当地公共汽车、邮电服务情况 （4）周围是否存在有害气体、污染情况，有无地方病	安排职工生活基地，解除后顾之忧

6. 各施工单位情况调查

各施工单位情况调查的主要内容及目的详见表1.11。

表1.11　各施工单位情况调查

序号	项目	调查内容	调查目的
1	管理人员	(1) 管理人员总数、各工种人员人数及所占比例 (2) 工程专业技术人员的人数、专业情况及技术职称	(1) 了解施工单位的技术及管理水平 (2) 明确施工力量 (3) 规划分配施工任务 (4) 选择施工单位 (5) 为编制施工组织设计提供依据
2	施工人员（工人）	(1) 工人的总数、各专业工种的人数及能投入本工程的人数 (2) 专业分工及一专多能情况 (3) 工人的技术水平及技术等级	
3	施工机械	(1) 机械名称、型号、规格、台数及其新旧程度及能投入本工程台数 (2) 设备的总装配程度、技术装备率和动力装备率 (3) 拟增购的施工机械明细表	
4	施工经验	(1) 曾经施工过的主要工程项目（规模、结构、工期等） (2) 习惯采用的施工方法，曾采用过的先进施工方法 (3) 科研成果和技术更新情况	
5	主要指标	(1) 安全指标：安全事故频率 (2) 质量指标：产品优良率及合格率 (3) 劳动生产率指标：产值、产量、全员建安劳动生产率 (4) 利润成本指标：产值、资金利用率及降低成本情况 (5) 机械化程度、设备完好率、利用率和效率	

1.2.3 参考资料的收集

在编制施工组织设计时，为弥补原始资料的不足，还要借助一些相关的参考资料作为编制的依据。所以，在原始资料调查与收集中，除了做好建设地区自然条件与技术经济条件资料的调查与收集外，还应切实做好与施工有关参考资料的收集工作，以保证在施工组织设计编制中，各项内容更加完善、可行。常用的施工参考资料主要包括可利用的现有施工定额、施工手册、建筑施工常用数据手册、施工规范、相类似工程的施工组织设计实例以及平时施工所获得的实践经验等。

1.3 技术资料准备

技术资料准备也就是通常所说的室内准备，即内业准备，该项工作是施工准备的核心，是保证施工正常进行及建筑产品形成的基础。由于任何技术上的差错或隐患都可能引起人身安全和质量事故，造成生命、财产和经济的巨大损失，因此，必须认真地做好技术资料准备工作。技术资料准备的主要内容包含熟悉和审查设计图纸、编制中标后的施工组织设计及编制施工图预算和施工预算。

1.3.1 熟悉和审查设计图纸

1. 熟悉图纸

施工单位收到拟建工程的设计图纸和有关技术文件后，负责该工程的项目经理部组织有关工程技术人员认真熟悉图纸，明确设计意图。在熟悉图纸的过程中，发现问题应做出标记和记录，以便在图纸会审时提出。

2. 自审图纸

施工单位负责该工程的项目经理部组织有关的工程技术人员对其相应工种的有关图纸进行全面审查，了解和掌握图纸中的细节。在此基础上，总承包单位与外分包单位共同核对图纸中的差错，对设计图纸存在的疑问以及对设计图纸的有关建议做好记录。

3. 图纸会审

图纸会审是指工程各参建单位（建设单位、监理单位及施工单位）在收到设计单位施工图设计文件后，对图纸进行全面细致地熟悉与审查，审查出施工图中存在的问题及不合理情况并提交设计单位进行处理的一项重要活动。

图纸会审由建设单位组织并主持会议，同时做好记录，设计单位、施工单位和监理单位参加。对于重点工程，如有必要可邀请各主管部门参加，共同商讨。图纸会审的主要内容包括：

①图纸设计是否符合国家有关技术规范，且符合经济合理、美观适用的原则。

②图纸及说明是否完整、齐全、清楚，图中的尺寸、标高是否准确，图纸与说明之间是否存在矛盾。

③设计中的地震烈度设防是否符合当地要求。

④施工单位在技术上有无困难，能否确保质量和安全。

⑤地下与地上、土建安装、结构与装饰是否有矛盾，各种设备管道的布置对土建施工是否有影响。

⑥各种材料、配件、构件等采购供应是否有问题，规格、性质、质量等能否满足设计要求。

⑦地基处理及基础设计有无问题。

图纸会审时，首先是设计单位做图纸技术交底，施工单位在前期熟悉和自审图纸的基础上，提出施工图纸中存在的疑惑点或其他问题，与会其他单位发表意见，进行讨论，逐步解决已设计好的图纸中存在的问题，并形成一致意见。组织图纸会审的单位将各参会单位商讨后的一致意见汇总成文，各单位签发，形成图纸会审纪要，见表 1.12。图纸会审纪要是同施工图纸具有同等法律效力的技术性文件，可供指导施工使用，以及用作建设单位与施工单位进行工程结算的依据。

表 1.12 图纸会审纪要

<table>
<tr><td colspan="2">工程名称</td><td colspan="2"></td><td colspan="2">共 页 第 页</td></tr>
<tr><td>会审地点</td><td></td><td>记录整理人</td><td></td><td>日期</td><td></td></tr>
<tr><td rowspan="4">参加人员</td><td>建设单位</td><td colspan="4"></td></tr>
<tr><td>监理单位</td><td colspan="4"></td></tr>
<tr><td>设计单位</td><td colspan="4"></td></tr>
<tr><td>施工单位</td><td colspan="4"></td></tr>
<tr><td>序号</td><td>提出图纸问题</td><td colspan="4">图纸修订结果</td></tr>
<tr><td>1</td><td></td><td colspan="4"></td></tr>
<tr><td>2</td><td></td><td colspan="4"></td></tr>
<tr><td>3</td><td></td><td colspan="4"></td></tr>
<tr><td colspan="2">技术负责人：
建设单位（盖章）：</td><td colspan="2">技术负责人：
监理单位（盖章）：</td><td>技术负责人：
设计单位（盖章）：</td><td>技术负责人：
施工单位（盖章）：</td></tr>
</table>

通过图纸会审可以使各参建单位特别是施工单位熟悉设计图纸、领会设计意图、掌握工程特点及难点，找出需要解决的技术难题并拟定解决方案，从而将因设计缺陷而存在的问题消灭在施工之前。

4. 设计图纸的现场签证

在拟建工程施工的过程中，如果发现施工的条件与设计图纸的条件不符，或者发现图纸中仍然有错误，或者因为材料的规格、质量不能满足设计要求，或者因为施工单位提出了合理化建议，需要对设计图纸进行及时修订时，应遵循技术核定和设计变更的签证制度，进行图纸的施工现场签证。如果设计变更的内容对拟建工程的规模、投资影响较大时，要报请项目的原批准单位批准。在施工现场的图纸修改、技术核定和设计变更资料，都要有正式的文字记录，归入拟建工程施工档案，作为指导施工、竣工验收和工程结算的依据。

1.3.2 编制中标后的施工组织设计

编制施工组织设计是施工准备工作的重要组成部分，施工组织设计是指导施工现场全部生产活动的技术经济文件。建筑施工生产活动的全过程是非常复杂的，为了正确处理人与物、主体与辅助、工艺与设备、专业与协作、供应与消耗、生产与储存、使用与维修以及它们在空间布置、时间排列之间的关系，中标后施工单位在投标时已编制好的施工组织设计的基础上，根据拟建工程的规模、结构特点和建设单位的要求，在原始资料调查分析的基础上，根据图纸会审纪要的具体内容，按照编制施工组织设计的基本原则，以保证整个施工活动的顺利完成而进行编制。

由于建筑产品的多样性，建筑产品生产的地区性等特点，建筑工程没有一个通用定型的、一成不变的施工组织方法，所以，每个建筑工程项目都需要分别确定施工组织方法，也就是分别编制施工组织设计作为组织和指导施工的重要依据。

施工单位必须在规定的时间内完成施工组织设计的编制工作，编制完成后报送项目监理机构。总监理工程师在约定的时间内，组织各专业监理工程师对施工组织设计进行审查。经审查，如果符合要求，由总监理工程师批准，项目监理机构将审定批准后的施工组织设计报送建设单位；如果经审查，施工组织设计编写不符合要求，需要施工单位修改时，由总监理工程师签发书面意见，退回施工单位修改后再报审，总监理工程师组织各专业监理工程师再重新审定，直到符合要求。

施工单位应按照审定批准的施工组织设计组织施工，施工过程中如需对内容做变更，应在施工前将变更内容以书面形式报送项目监理机构，并重新审定。

1.3.3 编制施工图预算和施工预算

施工图预算是按照施工图确定的工程量、施工组织设计所拟定的施工方法、建筑工程预算定额及其取费标准，由施工单位编制的确定建筑安装工程造价的经济文件。它是施工企业签订工程承包合同、工程结算、银行拨付工程价款、进行成本核算、加强经营管理等方面工作的重要依据。

施工预算是根据施工图预算、施工图纸、施工组织设计或施工方案、施工定额等文件进行编制的企业内部经济文件。施工预算直接受施工图预算的控制。它是施工企业内部控制各项成本支出、考核用工、进行经济核算的依据。

施工图预算是甲、乙双方确定预算造价、发生经济联系的技术经济文件；而施工预算是施工企业内部控制各项成本支出、进行经济核算的依据。在施工过程中，应按照施工预算严格控制各项指标，以降低工程成本。

1.4 资源准备

施工资源按其内容不同可分为人力资源、物资资源、资金资源和技术资源。

1.4.1 人力资源准备

人力资源是工程施工得以正常进行的第一资源，是施工资源准备的首要内容。一项工程的施工能否顺利进行，任务完成的好坏，在很大程度上取决于承担该项目的人员的素质。施工现场的人员主要包括组织施工的施工管理人员和承担施工任务的具体操作者——施工队伍两大类。这些人员的选择和组合是否合理，将直接关系和影响到施工安全、工程质量、施工进度及工程成本等。因此，人力资源准备是开工前施工准备的一项重要内容。

1. 施工管理人员准备

(1) 施工项目经理的选定

①施工项目经理的含义。施工项目经理是受企业法定代表人委托和授权，对工程项目施工全过程全面负责的项目管理者，是建筑施工企业法定代表人在工程项目上的代表人。项目经理必须取得建造师执业资格才能上岗。

②施工项目经理的地位。施工项目经理是施工企业的宝贵资源，是高层次复合型人才，是决定施工项目组织与管理成败的关键人物，是施工项目实施阶段全面负责的管理者。施工项目经理是一种工作岗位，是施工项目管理的中心，占有举足轻重的地位。

a. 施工项目经理是施工项目目标的全面实现者，是施工项目实施过程中所有工作的负责人。负责施工项目生产要素合理投入、优化组合与动态管理，负责施工生产活动，实现施工项目目标，从而使企业获得经济效益。

b. 施工项目经理是协调各方关系的纽带。在施工活动进行过程中，施工项目经理代表企业协调与业主、监理单位、政府建设主管部门之间的关系，处理合同纠纷，使之相互紧密配合与协作，保证施工活动的正常有序进行。

c. 施工项目经理是各种信息的集散中心。在施工活动进行过程中，自下、自上、自外而来的信息，都要通过各种渠道汇集到施工项目经理处，而施工项目经理又要通过指令、计划和协议等对下、对外发布信息，对上反馈信息，通过信息的集散做好项目管理工作。

③施工项目经理的素质要求。

a. 职业道德。施工项目经理是施工项目实施过程中所有工作的总负责人和第一责任人，项目经理的职业道德对项目管理的目标能否如期实现具有决定性的影响。因此，作为项目经理应具有高尚的职业道德，强烈的使命感、责任感和忠诚度，作风正派，大公无私、以身作则、工作认真负责、不谋私利。

b. 知识结构。项目经理必须具备可以承担施工项目管理任务的专业知识、技术水平和能力结构。因为只有这样才能及时发现项目运行中的问题，准确地提出解决办法，果断决策，不断克服项目进展过程中的各种困难，最终实现项目目标。

c. 业务素质。在项目管理过程中，项目经理能合理组织人力、物力、财力、技术等资源，实现预期的目标控制；对施工过程中发生的问题能够做出正确的分析和判断并果断决策；能够协调处理好与施工有关的各方面关系，调动一切力量，形成合力。

d. 身心素质。施工项目经理应年富力强、精力充沛、身体健康。

④施工项目经理的能力要求。

a. 组织领导能力。施工项目经理是项目实施的最高领导者、组织者、责任者，在项目管理中起到决定性的作用。项目经理必须善于用人，能够团结人，凝聚人心。在组织决策中，不是把信任建立在地位所带来的权威之上，而是靠自身的感染力来影响大家，坚定人们的信念。一个施工项目能否干好、干得出色，决定因素是人。

b. 决策能力。施工项目经理必须具有较强的决策能力，能够在项目管理过程中针对具体的问题做出正确的分析和判断，并果断予以决策。

c. 沟通协调能力。在项目管理过程中，项目经理应沟通协调好各方面关系。一个方面，项目经理应与项目业主、监理、设计、当地政府有关部门、公司上层管理者以及相关部门建立良好的关系；另一方面，项目经理应经常与项目管理团队成员进行沟通交流，以增进了解，形成良好的内部工作氛围。

d. 人员开发能力。施工项目部属于有许多员工组成的一个组织团队，项目经理应是团队的组建者、信念的传播者。施工项目经理在完成日常项目管理任务的同时，还应对项目团队成员进行训练和培养，使他们通过参与项目来提升自身的价值。

(2) 施工项目经理部（施工项目部）的建立

①施工项目经理部的含义。施工项目经理部是由施工项目经理领导，以市场为指导、实行指标考核、责任经营管理的方式对施工项目进行管理的临时性管理机构。它随着合同的签订而成立，随着项目的结束而解体，受企业业务部门的指导，负责所承担的施工项目从开工到竣工全过程的管理工作。

②施工项目经理部设置的原则。

a. 功能齐全的原则。施工项目经理部在人员配置上能适应施工现场的技术、质量、安全、资金、劳务、物资以及机具等的需要。

b. 精干高效的原则。施工项目经理部要尽量压缩管理层，做到管理人员精干、一职多能、人尽其才，尽量避免人员重叠。

c. 管理跨度合理的原则。施工项目经理部人员管理跨度过大，人员少，资金投入小，导致管理不到位；管理跨度过小，人员增多，管理到位，但资金投入增大。因此，每一个施工管理层面的设置应保持适当的工作幅度，以使各层面管理人员在各自职责范围内对施工进行有效控制。

d. 弹性建制的原则。施工项目经理部是非固定的临时性管理组织，没有固定的管理人员，根据施工进展及业绩等情况，应及时对管理机构进行优化调整，确定人员进出，实行动态管理。

2. 施工队伍准备

施工队伍是进行工程施工的具体操作者，工程开工前，按照施工组织设计中已编制好的劳动资源需求计划，对各工种的人员进行合理的计划，并按照工程开工日期组织施工队伍进场。

进行施工队伍准备时需要注意以下几点：

①认真考虑各工种的特点，选择与之适应的施工队伍。

②技工和普工的比例应满足合理的劳动组织要求。

③坚持合理、精干高效的原则。

在选择施工队伍时，无论是什么工种，尽量遵循劳动力相对稳定的原则，以保证工程的质量以及劳动效率的提高。对于某些采用新结构、新工艺、新技术、新材料的工程，在工程开工前应将有关的施工管理人员和操作人员进行统一的专业技术培训，以更好地满足施工要求。

1.4.2 物资资源准备

物资资源是施工的物质基础，是建筑产品形成的最基本资源，也是工程能够得以连续施工的基本保证。施工所需要的物资主要包括建筑材料、构配件以及施工所需机具等，其种类繁多，规格型号复杂。因此，做好物资准备是一项较为复杂而又细致的工作，一般有如下几项主要工作：

1. 建筑材料的准备

①编制材料需用量计划。编制材料需用量计划主要是根据施工预算进行分析，按照施工进度计划要求，按材料名称、规格、使用时间、材料储备定额和消耗定额进行汇总，编制出材料需用量计划，为组织备料、确定仓库、场地堆放所需的面积和组织运输等提供依据。

②根据材料需用量计划做好材料的订货和采购工作。

③做好材料的运输和储备。材料的运输和储备应按工程进度分批进行。现场材料储备过多会增加保管费用，占用流动资金，增大场地堆放面积，对现场施工造成不便；材料储备过少，难以保证施工的连续性。

④做好材料的堆放和保管。材料进场后按照施工总平面布置图的具体位置，合理堆放，尽量避免二次搬运；进场后的材料根据其特点妥善保管，以防材料变质，影响使用。

2. 施工机具的准备

根据采用的施工方案，确定施工所用机具的类型、编制施工机具的需用量计划，根据施工现场平面布置图的要求将进场后的施工机具在规定的地点安置或存放。对于固定的施工机具要进行就位、搭防护棚、接电源、保养和调试等工作。为保证各类施工机具的正常安全使用，在开工之前必须对进场后的施工机具进行检查和试运转。

3. 预制构件及配件的加工与订货准备

施工所需的各种构、配件，应按施工组织设计所编制的用量计划提前做好预制加工或订货准备，在施工现场按照施工平面图的布置要求做好各种构、配件的堆放与保管工作。

4. 运输条件准备

建筑工程需要消耗大量的建筑材料，各种材料运输量大，按计划做好相应的运输条件准备，确保施工所需各种材料能够按时进场，以保证施工的连续性。

5. 强化施工物资价格管理

在施工过程中，应注意收集各种材料的市场价格信息，在保证各种物资质量并确保工程质量的前提下，进行材料的价格对比，按照物资采购原则，择优进货，以降低成本，提高经济效益。

1.4.3 资金资源准备

资金资源是工程建设的基本保障，在施工生产过程中，一方面表现为实物形式的物资活动，另一方面表现为价值形式的资金活动。现在的工程一般规模较大，相应投资也大，如果没有足够的资金准备，一旦工程开工，在施工过程中如果资金跟不上，将会造成很大的损失。资金资源准备主要是指根据选定的施工方案、施工进度计划、当地的劳动力以及物资价格，同时结合未来市场预期编制施工资金计划。

1.4.4 技术资源准备

技术资源是工程项目达到预期施工目标的有力手段，主要包括劳动者操作技能、劳动者素质、试验检验、科研攻关、管理程序和方法等。

①针对工程施工难点，组织项目部工程技术人员以及施工队伍中的骨干力量，进行类似的工程考察学习。

②做好专业工程技术培训，提高对新工艺、新材料等使用的适应能力。

③强化质量意识，抓好质量教育，增强质量观念。

④全面、细致地做好施工组织设计的技术交底工作。

⑤切实做好施工安全、消防、环境保护、节约能源等知识的教育。

⑥组织好科研攻关。

对于施工中采用一些带有试验性质的新材料等，在使用前应组织有关设计、科研等单位进行相关试验测试，明确材料有关性能参数后再加以使用。

1.5 施工现场准备

施工现场是参加建筑施工的全体人员为安全、优质、低成本和高速度完成施工任务而进行工作的活动空间，主要是为施工活动的顺利进行提供有利的条件。做好施工现场准备工作是保证工程按计划开工和各项施工活动顺利进行的重要环节。施工现场准备工作的主要内容包括：拆除障碍物、做好施工场地测量控制网的建立、做好“七通一平”及搭设临时设施。

1.5.1 施工现场准备工作的分工及其内容

施工现场准备工作的各项内容由建设单位和施工单位共同完成，只有当建设单位和施工单位的施工现场准备工作就绪时，施工现场就具备了施工条件。建设单位和施工单位施工现场准备工作的具体分工如下：

(1) 建设单位的施工现场准备工作

①办理土地征用、拆迁补偿及平整场地。

②将施工所需水、电、电信线路从施工场外接至指定地点。

③开通施工场地与所在城区公共道路的通道，以满足施工运输的需要。

④向承包人提供施工场区工程地质和地下管线资料，并对资料的真实准确性负责。

⑤办理施工许可证以及其他施工所需证件（规划部门颁发的《建设用地规划许可证》和《建设工程规划许可证》以及国土管理部门颁发的《国有土地使用证》等）和临时用地、停水、停电、中断道路交通、爆破作业等的申请批准手续。

⑥将规划部门给定的坐标控制点，以书面形式交给承包人，进行现场交验。

⑦协调处理施工场地周围的地下管线和领近建筑物、构筑物（包括文物保护建筑）、名木古树的保护工作，承担有关费用。

上述施工现场准备工作，承发包双方可在合同专用条款约定内部分工作由施工单位来完成，发生的费用由建设单位承担。

【知识拓展】

申请施工许可证的条件：

①已经办理该工程用地批准手续。

②在城市规划区的建筑工程，已取得规划许可证。

③需要拆迁的，其拆迁进度符合施工要求。

④已经确定建筑施工企业。

⑤有满足施工需要的施工图纸及技术资料。

⑥有保证工程质量和安全的具体措施。

⑦建设资金已经落实。

a. 建筑工期不足一年的，到位资金原则上不少于工程合同价的 50%，建筑工期超过一年的，到位资金原则上不少于工程合同价的 30%。

b. 建设单位应当提供银行出具的到位资金证明，有条件的可以实行银行付款保函或者其他第三方担保。

⑧法律、行政法规规定的其他条件。如需要进行消防设计的建筑工程，建设单位应当将其消防设计图纸报送公安消防机构审核，未经审核或审核不合格的，建设行政主管部门不得发给施工许可证。

(2) 施工单位的施工现场准备工作

①根据工程需要，提供和维修非夜间施工使用的照明、围栏设施，并负责安全保卫。

②按合同专用条款约定的要求，向工程发包人提供施工现场办公和生活的房屋及附属设施，发包人承担由此发生的费用。

③按合同专用条款约定做好施工场地地下管线和领近建筑物、构筑物（包括文物保护建筑）、名木古树的保护工作。

④保证施工场地清洁，符合环境卫生管理的有关规定。

⑤建立测量控制网。

⑥做好工程用地范围内的“七通一平”，其中平整场地由建设单位完成，但是建设单位可按合同专用条款的约定要求施工单位完成，发生的费用由建设单位承担。

⑦搭设供施工现场生产和生活用的临时设施。

1.5.2 拆除障碍物

施工现场的一切地上、地下障碍物，在工程开工前如需拆除都应拆除。这项工作由建设单位来完成，但建设单位也可委托施工单位完成，发生的费用由建设单位承担。拆除障碍物这项工作无论是由建设单位来完成还是由施工单位来完成，在正式拆除前一定要摸清现场情况，尤其要注意施工现场的地下各种管线，以防止拆除过程各类事故的发生。

对于房屋的拆除，一般只要把水源、电源切断后就可进行拆除，若采用爆破的方法，须经有关部门批准，由专业的作业人员来完成。对于电力、通信线路以及市政给排水、燃气、热力等管线的拆除，事先应与有关部门取得联系，办理相关手续，由专业人员来完成。如果施工现场内有树木，须经园林部门批准后方可拆除。

1.5.3 建立测量控制网

施工过程中，保证施工现场坐标控制点的稳定、正确，是施工过程中进行测量控制的前提，是保证建筑物施工质量的先决条件，尤其是在城区建设，建筑物周围障碍物多，视线条件差，给测量控制带来一定的难度，施工时应根据建设单位提供的由规划部门给定的永久性坐标控制点和高程，按建筑总图上的要求，进行施工现场控制网点的测量，建立测量控制网，并设立施工现场永久性坐标桩，为施工过程中的测量控制提供条件。

1.5.4 “七通一平”

1. 平整场地

按照建筑施工总平面图的要求，首先拆除场地上妨碍施工的建筑物或构筑物，然后根据建筑总平面图规定的标高要求，进行挖（填）土方的工程量计算，确定平整场地的施工方案，组织人力或机械进行场地平整工作。

2. 路通

施工现场的道路是组织物资运输的动脉。拟建工程开工前，必须按照施工总平面图的要求，修建必要的临时性道路，以保证施工所需各种建筑材料、机械、设备和构件等能够按时进场。为节约临时工程费用，缩短施工准备工作的时间，尽量利用原有道路设施或拟建永久性道路（如厂区公路等）。

3. 给水通

水是施工现场进行生产、生活以及消防不可缺少的。拟建工程开工之前，必须按照施工总平面图的要求，接通各种用水的管线。施工现场各种临时用水管线的铺设，既要方便各用水点正常用水，又要尽可能缩短管线长度。布置施工临时给水管线时尽可能与永久性的给水系统结合起来。

4. 排水通

做好施工现场的排水工作，对于保证施工能够顺利进行具有重要的意义，尤其是在雨季，特别要做好基坑周围的挡土支护工作，防止坑外雨水流入坑内，同时做好基坑内的排水准备工作。

这里的排水也包含施工现场污水的排放，施工过程中产生的污水，如果直接排放，会影响到城市的环境卫生。有些污水其中污染物含量高，不符合直接排放，需要经过处理后才能排放。

5. 电力通

电是施工现场的主要动力来源。拟建工程开工前，要按照施工组织设计的要求，接通电力设施，确保施工现场动力设备的正常运行。

6. 电讯通

拟建工程开工前，要按照施工组织设计的要求，接通电讯设施，确保施工现场通讯设备的正常运行。

7. 燃气通

施工现场如需燃气，应按施工组织设计的要求做好相应的工作，以保证施工能够顺利进行。

8. 热力通

施工过程中如需热力，则必须按要求做好相应的准备工作，确保热力供应畅通，保证施工活动的正常开展。

1.5.5 搭设临时设施

施工现场所需的生产（钢筋加工棚、配电房、搅拌机操作棚等）和生活（办公楼、宿舍、食堂、厕所等）用的临时设施，应按施工平面布置图的要求进行搭设，不得乱搭乱建，并尽量利用施工现场或附近的原有设施（包含需要拆迁但可以供施工暂时利用的建筑物或构筑物），以节约投资，同时宜采用移动式、装配式临时建筑。

对于指定的施工用地周围应用围墙围挡起来，并在主要出入口设置标牌。

【知识拓展】

(1) 施工现场生活设施布置

①职工生活设施要符合卫生、安全、通风、照明等要求。

②职工的膳食、饮水供应等应符合卫生要求。炊事员必须有卫生防疫部门颁发的体检合格证。生熟食分别存放，炊事员要穿白工作服，食堂卫生要定期清扫检查。

③施工现场应设置符合卫生要求的厕所，有条件的应设水冲厕所，并由专人清扫管理。现场应保持卫生，不得随意大小便。

④生活区应设置满足使用要求的淋浴设施和管理制度。

⑤生活垃圾应及时清理，不能与施工垃圾混放，并设专人管理。

⑥职工宿舍要考虑到季节性的要求，冬季应有保暖、防煤气中毒措施；夏季应有消暑、防蚊虫叮咬措施，保证施工人员的良好睡眠。

⑦宿舍内床铺及各种生活用品放置要整齐，通风良好，并要符合安全疏散的要求。

⑧生活设施的周围环境要保持良好的卫生条件，道路周围、院区平整，并要设置垃圾箱和污水池，不能随意乱倒乱泼。

(2) 围挡设置的具体要求

①围挡必须沿工地四周连续设置，不得有缺口。围挡要坚固、平稳、严密、整洁和美观。

②围挡的高度：市区主要路段不宜低于2.5 m，一般路段不低于1.8 m。

③围挡材料应选用砌体、金属板材等硬质材料，禁止使用彩条布、安全网等易变形材料。

(3) 标牌设置

施工现场出入口明显位置必须设置“五牌一图”，即：工程概况牌、安全生产制度牌、文明施工制度牌、环境保护制度牌、消防保卫制度牌及施工现场平面布置图，标明工程项目名称、建设单位、设计单位、施工单位、监理单位、工程概况及开、竣工日期等。标牌规格统一、位置合理、字迹端正、线条清晰、表示明确，并固定在现场内主要进出口处，严禁将“五牌一图”挂在外脚手架上。

1.6 季节性施工准备

建筑工程的施工大多数属于露天作业，受气候的影响比较大，因此，在冬期、雨期以及夏季施工中，必须结合具体条件，做好相应的施工准备工作，才能保证安全、按期、保质的完成施工任务。

1.6.1 冬期施工准备

(1) 冬期施工阶段界定

根据《建筑工程冬期施工规程》(JGJ/T 104—2011) 的规定，当室外日平均气温连续5 d稳定低于5 ℃即进入冬期施工；当室外日平均气温连续5 d稳定高于5 ℃即解除冬期施工。

(2) 冬期施工准备工作

冬期施工由于受到施工条件及环境等不利因素的影响，容易导致工程质量事故的发生，且质量事故多呈滞后性。为确保施工安全、保证工程质量、顺利完成冬期施工任务，应做好以下施工准备工作：

①做好组织准备，成立冬期施工领导小组。

②针对冬期施工做好施工组织设计编制工作。冬期施工由于条件的特殊性，在编制施工组织设计时，应合理安排进度计划，尽量安排易保证工程质量、费用增加较少的项目（如室内装饰装修等）在冬期施工，以保证施工的连续性。

③进入冬期施工前，施工技术人员向有关班组做好冬期施工的技术交底，全面进行图纸复查，查对其是否能适应冬期施工要求。

④加强对参加施工的所有管理人员和施工作业人员的培训，使之了解冬期施工的重要性及应注意的事项，做好专门的技术培训工作（如外掺剂的使用等）。

⑤做好冬期施工所用设备、机具、材料等的准备。

⑥做好与冬期施工有关的保温防冻工作。如施工现场临时供水管道、混凝土施工等的保温防冻工作。

⑦强化施工企业和施工现场的安全管理。认真制定针对性强的冬期施工安全措施，开展冬期施工安全生产及防火知识的宣传、教育和培训，提高作业人员的自我防范意识和安全操作技能。

1.6.2 雨期施工准备

雨期施工由于受到施工条件及环境等不利因素的影响，容易导致工程质量以及安全事故的发生。例如，如果施工现场的水泥或混凝土在雨期没有得到很好的保护，受到雨淋或受潮，就会导致含水量增加，进而影响工程质量；再如，基坑槽壁的支撑防护工作，如果准备工作不到位，一旦受到降雨的影响，更容易引起塌方，进而引发安全事故的发生。因此，做好雨期施工准备工作，对于保证工程质量，确保施工安全具有十分重要的意义。雨期一般应做好以下准备工作：

①与当地气象部门保持联系，随时关注当地的气象信息。

②编制施工组织设计时，合理安排项目施工。晴天施工条件好，多完成室外作业，做好主体工程，为雨天创造工作面，多留一些室内工作在雨期施工。尽量把不适于雨天作业的工程，如大型土方工程、屋面防水工程等，抢在雨期到来之前完成。

③做好施工现场周围的防洪排涝以及施工现场的排水工作。现场排水工作，须在进行整个现场的“七通一平”时进行统一的规划。雨期到来前，要进行有组织的检查，疏通道路边沟，加强管理，防止堵塞。施工现场的道路、设施必须做到排水通畅，尽量做到雨停水干。要防止地面水排入地下室、基础及地沟内。另外，要准备抽水设备（如水泵等），及时处理低洼、基坑中的积水，以免影响工程质量。

④做好运输道路的维护及物资储备。降雨来临前，应对现场的临时道路进行修整，加铺碎石、炉渣等，同时对道路横剖面加大坡度以利于排水，保证运输道路畅通。另外，提前做好施工所需物资的储备工作，以保证施工的连续性。

⑤准备必要的防雨器材，做好雨期施工现场物资以及所用施工机具、设备等的保护工作。防止材料或机具受雨淋而影响正常使用。

⑥在雨期前应做好现场房屋的防雨及排水工作。

⑦加强技术及施工安全管理。认真编制和贯彻雨期施工技术措施和安全措施，做好雨期施工期间职工的安全教育和检查，防止各类安全事故的发生。

1.6.3 夏季施工准备

夏季是一年中天气变化最剧烈、最复杂的时期，夏季施工一方面面临高温、多雨、台风等天气导致施工作业条件环境恶劣；另外，施工人员易疲劳、易中暑、容易导致注意力分散。尤其是中暑，是夏季最容易发生的，如在高危场所工作，即使是轻微的中暑，也可能造成较大事故的发生；在高温环境下，更容易引发触电、食物中毒等安全事故。因此，做好夏季施工准备工作，对于保证施工的连续性、确保人身安全具有重要意义，通常应做好以下准备工作：

(1) 切实做好夏季施工项目的施工方案编制工作

针对夏季施工气温高、干燥快等特点，在编制夏季施工项目施工方案的同时制定必要的技术措施。如混凝土在高温环境下凝结硬化速度加快，所以在混凝土的拌制时应尽量选择低热混凝土，同时在运输以及浇筑过程中严格控制时间，并且做好混凝土浇筑后的养护工作，以免影响混凝土的施工质量。

(2) 做好现场防雷装置的准备

夏季不仅气温高，并且是雷雨多发的季节，尤其是现在建筑物高度不断增大，导致高空作业多。在施工现场做好防雷装置的准备对于保证施工人员的安全以及施工现场用电设备的安全运行具有重要意义。

(3) 做好施工人员防暑降温工作的准备

①合理安排和调节作息时间避开高温时段施工，有条件有安全保障的项目可开展夜间施工作业。

②保证饮水的供应，或熬煮绿豆汤、供应冷饮等饮品为职工清凉解渴降暑，严格防止中暑事件发生。

③食堂排气通风要良好，要合理安排一些有利于防暑降温的膳食。

④职工宿舍应保证通风散热良好，有条件的项目应安装风扇或空调，要保证职工足够的休息和睡眠。

⑤项目部应配置基本防暑降温药物和医务卫生人员。若施工现场有人员发生中暑，应立即将其撤离高温场所，医务人员根据中暑轻重，确定休息、治疗或送医院急救，严格防止中暑死亡事故发生。

1.7 施工准备工作计划与开工报告

1.7.1 施工准备工作计划

为使各项施工准备工作有序按时完成，保证后续施工活动的正常开展，在施工准备工作开始前，必须根据各项施工准备工作的具体内容，编制相应的施工准备工作计划，明确各准备工作完成时限、完成责任单位及责任人等，并严格按照已制定的施工准备工作计划开展工作。施工准备计划详见表 1.1。

1.7.2 开工报告

当各项施工准备工作按计划实施，并具备工程项目开工条件时，施工单位应向监理单位报送工程开工申请表及开工报告申请开工。单位工程开工令由总监理工程师征得建设单位同意后签发，分部（项）工程开工令可由总监理工程师代表建设单位签发并通报建设单位。开工申请表及开工报告经同意后，施工单位即可开始施工。工程开工申请表及开工报告详见表 1.13 及表 1.14。

表 1.13　工程开工申请表

工程名称：　　　　　　　　　　　　　编号：

致：　　　　　　　　　　　　　　　　　　　　　　　　　　　　(监理单位)

我方承担的________工程，已完成了以下各项工作，具备了开工条件，特此申请开工，请核查并签发工程开工令。

附：开工报告

承包单位（公章）：________
项目经理：________
日期：________

审查意见：

项目监理机构（公章）：________
总监理工程师：________
日期：________

表 1.14　工程开工报告

编号：

工程名称		建设单位	
工程地点		设计单位	
结构类型		施工单位	
建筑面积		监理单位	
计划开工时间	年　月　日	合同工期	
计划竣工时间	年　月　日	合同编号	

施工准备工作情况	施工许可证办理情况	
	图纸预审和会审情况	
	主要物资、设备准备情况	
	施工组织设计审批情况	
	施工现场“七通一平”完成情况	
	工程预算编审情况	
	施工队伍进场情况	
	其他准备工作	

上述施工准备工作已完成，工程定于　　年　　月　　日正式开工，请建设、监理单位予以审核，特此报告。

施工单位：________（公章）

项目经理：________（签字）　　日期：

审核意见	建设单位： 负责人（签字）：________（公章） 日期：________	监理单位： 负责人（签字）：________（公章） 日期：________

拓展与实训

职业能力训练

一、填空题

1. 技术资料准备是施工准备工作的核心，其主要内容包括______、______和______。

2. 根据施工组织设计编制的广度、深度和作用的不同，施工组织设计一般可分为________、________和________。

3. 施工现场四周必须采用封闭围挡，市区主要路段的围挡高度不得低于________m，一般路段围挡高度不得低于________m。

4. 施工现场出入口的明显位置应按要求设置"五牌一图"，其分别是指________、________、________、________、________和________。

5. 施工项目经理的能力要求一般包括______、______、________和________4方面。

6. 施工现场准备工作中的"七通一平"分别是指_______、_________、________、______、________、________、________和________。

二、简答题

1. 施工准备工作的基本要求是什么？
2. 施工项目经理的素质要求是什么？
3. 施工项目经理部组建的基本原则是什么？
4. 建设单位和施工单位分别应做哪些施工现场准备工作？
5. 施工现场准备工作的主要内容包括哪些？
6. 如何做好冬季、雨期及夏季施工准备工作？

工程模拟训练

请结合自身的施工实训经历，并根据你参与的项目，编制工程开工申请和开工报告。

链接执考

1. 根据《建筑工程冬期施工规程》（JGJ/T 104—2011）的规定，当室外日平均气温连续5 d稳定低于（　　）℃即进入冬期施工。（2011年施工员考试试题）

A. 0　　B. 5　　C. −5　　D. 10

2. 图纸会审由几方人员参与？图纸会审的内容包括哪些？（2011年资料员考试试题）

模块 2

流水施工的原理

【模块概述】

本模块的主要内容包括流水施工的概念和特点、流水施工的基本参数和组织方式等。本模块知识的学习为后面章节做重要铺垫。

本模块从概念、特点入手，结合典型例题循序渐进由浅入深展开流水施工的组织方法的讲述，最后的习题训练便于学生对理论知识的理解和吸收。

【学习目标】

1. 通过流水施工与平行、依次、搭接施工的比较，掌握流水施工的概念，理解流水施工的优势所在。
2. 熟悉流水施工的主要参数及其确定方法。
3. 了解流水施工的分类，熟悉流水施工的表达方式。
4. 了解流水施工的组织形式。
5. 熟练掌握流水施工的计算方法。

【技能目标】

1. 熟练掌握流水施工主要参数及其确定方法。
2. 能运用流水施工进行不同情况下的施工组织。
3. 能独立绘制流水施工进度计划表。

【学习重点】

流水施工参数分类、流水施工主要参数及其确定方法、流水施工的组织方式。

【课时建议】

6～8 课时

工程导入

某 4 幢房屋的基础工程有 4 个施工过程：基槽挖土（2 d）、混凝土垫层（1 d）、钢筋混凝土基础（3 d）及回填土（1 d），每幢为一个施工段。如何组织施工使得各施工班组能连续、均衡地施工；如何充分地利用工作面使得工作面上无空闲或空闲少；如何组织施工使得资源使用均衡和总工期短。

2.1 流水施工的基本概念

流水作业是分工协作进行产品批量生产的组织方法，分工与批量是流水作业组织的前提，协作是流水作业组织最终的表现形式。其本质在于，通过多件同型产品提供的作业面，使原来在一件产品上必须按顺序作业的各加工工序，可在多件同型产品上实现平行作业。这种以分工为基础的科学协作方式，大大提高了生产力，被广泛地运用于工业产品的生产组织。实践证明，作为组织生产的有效方法，流水作业原理也同样适用于建筑工程施工，即以众多的施工段作为“批量”产品、以施工队组沿施工段的流动施工代替工业产品的流动。

2.1.1 流水施工的基本原理

建筑工程的流水施工组织方式是将拟建工程项目的建造过程划分成若干个施工过程，同时将拟建项目在平面上划分成若干个劳动量大致相等的施工段，在竖向上划分成若干个施工层，按照施工过程分别建立相应的专业工作队；各施工段按一定的时间间隔依次开始施工，各工作队按一定的时间间隔依次在各施工段上工作；当施工段足够多（施工段数≥施工队组数）时，形成各工作施工队组在不同施工段上平行施工的局面；在流水线的末端，不断生产出一个个完成了各道工作的施工段，直到完成全部施工任务。

在组织建筑安装工程施工中，常见的有平行施工、依次施工、搭接施工和流水施工等组织方式。

2.1.2 流水施工与平行、依次、搭接施工的比较

为了说明建筑工程中采用流水施工的优越性，可将流水施工同其他施工方式进行比较。现以 4 幢房屋的基础工程为例（挖土、垫层、钢筋混凝土基础、回填），采用 4 种施工方式进行效果分析。

例如，某 4 幢房屋的基础工程有 4 个施工过程：基槽挖土（2 d）、混凝土垫层（1 d）、钢筋混凝土基础（3 d）、回填土（1 d），每幢为一个施工段。现分别采用平行、依次、搭接和流水施工方式组织施工。

1. 平行施工组织方式

平行施工组织方式是将同类的工程任务，组织几个工作队，在同一时间不同空间上，完成同样的施工任务的施工组织方式。一般在拟建工程任务十分紧迫、工作面允许和资源保证供应的条件下，可采用平行施工组织方式。如果按照平行施工组织方式组织上述 4 幢房屋的基础工程施工，其施工进度、工期和劳动力需求量动态曲线如图 2.1 所示。

由图 2.1 可以看出，平行施工组织方式具有以下特点：

①充分地利用了工作面，争取了时间，可以缩短工期。

②工作队不能实现专业化生产，不利于改进工人的操作方法和施工机具，不利于提高工程质量和劳动生产率。

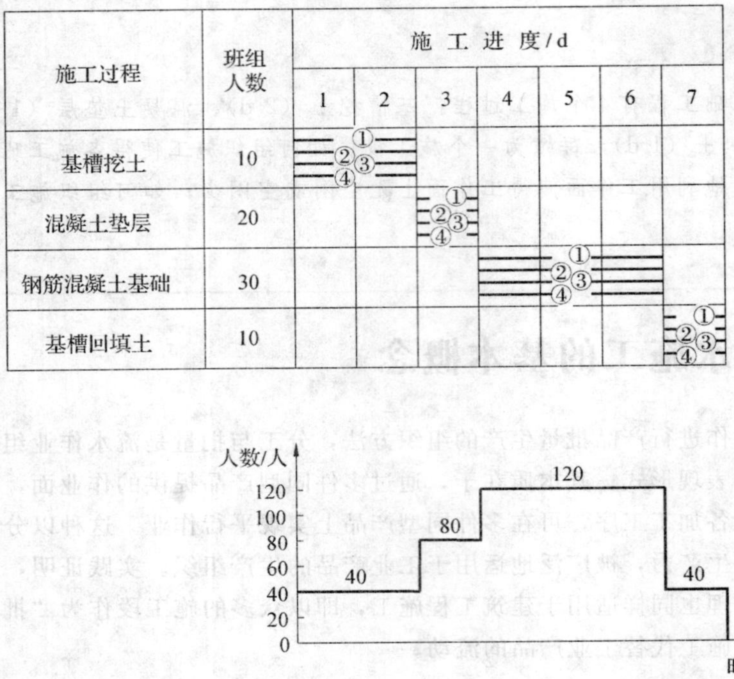

图 2.1　平行施工

③如采用专业工作队施工，则工作队及其工人不能连续作业。

④单位时间投入施工的资源量成倍增长，现场临时设施也相应增加。

⑤施工现场组织、管理复杂。

2. 依次施工组织方式

依次施工组织方式是按照建筑工程内部各分项、分部工程内在的联系和必须遵循的施工顺序，不考虑后续施工过程在时间上和空间上的相互搭接，而依据顺序组织施工的方式。依次施工往往是前一个施工过程完成后，下一个施工过程才开始，一个工程全部完成后，另一个工程的施工才开始。如果按照依次施工组织方式组织上述 4 幢房屋的基础工程施工，其施工进度、工期和劳动力需求量动态曲线如图 2.2 和 2.3 所示。

由图 2.2 和 2.3 可以看出，依次施工组织方式具有以下特点：

①由于没有充分利用工作面去争取时间，所以工期长。

②工作队不能实现专业化施工，不利于改进工人的操作方法和施工机具，不利于提高工程质量和劳动生产率。

③如采用专业工作队施工，则工作队及工人不能连续作业。

3. 搭接施工组织方式

搭接施工是指对施工项目中的各个施工过程，按照施工顺序和工艺过程的自然衔接关系进行安排的一种方法。如果按照搭接施工组织方式组织上述 4 幢房屋的基础工程施工，其施工进度、工期和劳动力需求量动态曲线如图 2.4 所示。

技术提示

搭接施工是最常见的组织方式，它既不是将 m 段施工过程依次进行施工，也不是平行施工，而是陆续开工、陆续竣工，同时把各施工过程最大限度地搭接起来。因此，前后施工过程之间安排紧凑，充分利用工作面，有利于缩短工期，但有些施工过程会出现不连续现象。如图 2.4 中，基槽挖土、混凝土垫层、基槽回填土等施工过程中工人作业有间断。

施工过程	班组人数	施工进度/d																											
		1	2	3	4	5	6	7	8	9	10	11	12	13	14	15	16	17	18	19	20	21	22	23	24	25	26	27	28
基槽挖土	10		①							②							③							④					
混凝土垫层	20			①							②							③							④				
钢筋混凝土基础	30					①							②							③							④		
基槽回填土	10							①							②							③							④

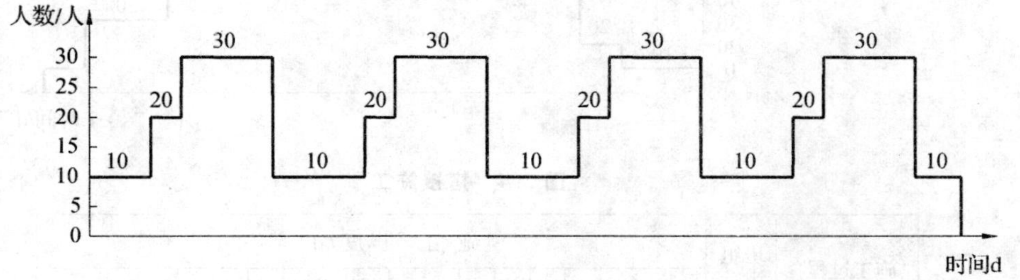

图 2.2　依次施工（按施工段）

施工过程	班组人数	施工进度/d																											
		1	2	3	4	5	6	7	8	9	10	11	12	13	14	15	16	17	18	19	20	21	22	23	24	25	26	27	28
基槽挖土	10		①		②		③		④																				
混凝土垫层	20									①	②	③	④																
钢筋混凝土基础	30														①			②			③			④					
基槽回填土	10																									①	②	③	④

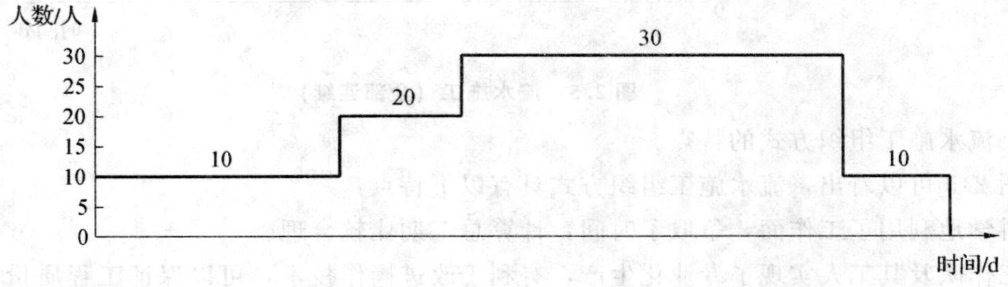

图 2.3　依次施工（按施工过程）

4. 流水施工组织方式

流水施工组织方式是指将拟建工程的整个建造过程分解为若干个不同的施工过程，按照施工过程成立相应的专业工作队，采取分段流动作业，并且相邻两专业队最大限度地搭接平行施工的组织方式。如果按照流水施工组织方式组织上述 4 幢房屋的基础工程施工，其施工进度、工期和劳动力需求量动态曲线如图 2.5 所示。

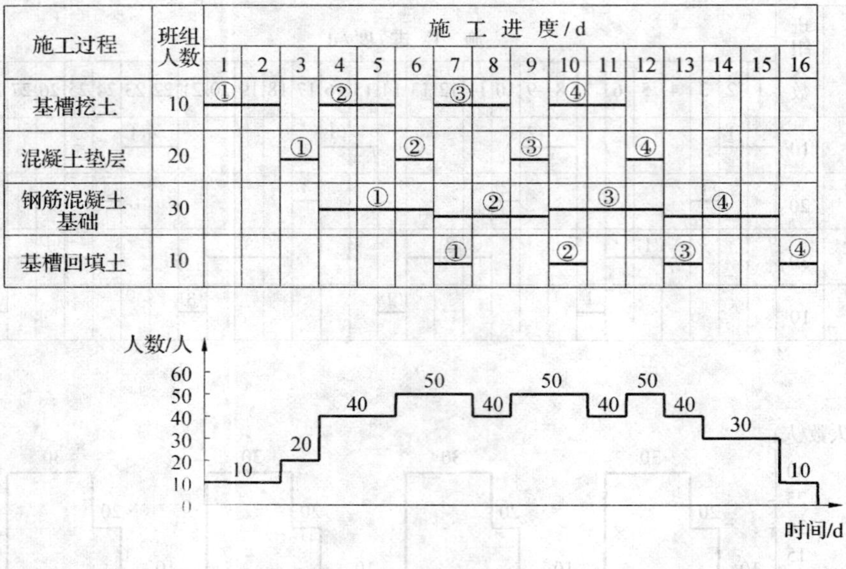

图 2.4　搭接施工

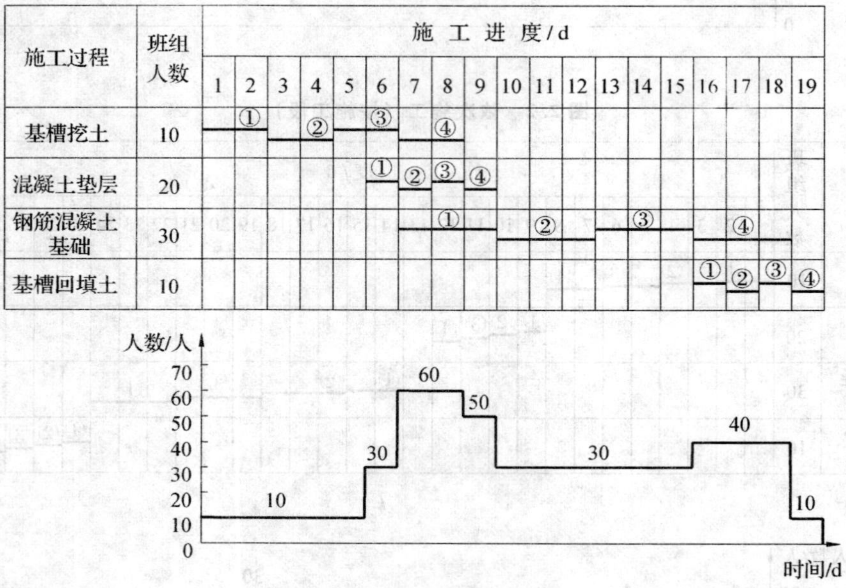

图 2.5　流水施工（全部连续）

（1）流水施工组织方式的特点

由图 2.5 可以看出，流水施工组织方式具有以下特点：

①科学地利用了工作面，争取了时间，计算总工期比较合理。

②工作队及其工人实现了专业化生产，有利于改进操作技术，可以保证工程质量和提高劳动生产率。

③工作队及其工人能够连续作业，相邻两个专业工作队之间，实现了最大限度地、合理地搭接。

④每天投入的资源量较为均衡，有利于资源供应的组织工作。

⑤为现场文明施工和科学管理创造了有利条件。

技术提示

流水施工是指所有的施工过程按一定的时间间隔依次投入施工，各个施工过程陆续开工、陆续竣工，使同一施工过程的施工班组保持连续、均衡施工，不同施工过程尽可能平行搭接施工的组织方式。流水施工各施工班组能连续、均衡地施工，前后施工过程尽可能平行搭接施工，比较充分地利用了工作面。

(2) 流水施工的技术经济效益

通过对上述 3 种施工组织方式的对比分析，不难看出流水施工在工艺划分、时间排列和空间布置上都是一种科学、先进和合理的施工组织方式，必然会给相应的项目经理部带来显著的技术经济效益。主要表现在以下几点：

①流水施工的节奏性、均衡性和连续性，减少了时间间歇，使工程项目尽早地竣工，能够更好地发挥其投资效益。

②工人实现了专业化生产，有利于提高技术水平，工程质量有了保障，也减少了工程项目使用过程中的维修费用。

③工人实现了连续作业，便于改善劳动组织、操作技术和施工机具，有利于提高劳动生产率，可以降低工程成本，增加承建单位利润。

④以合理劳动组织和平均先进劳动定额指导施工，能够充分发挥施工机械和操作工人的生产效率。

⑤流水施工高效率，可以减少施工中的管理费，资源消耗均衡，可以减少物资损失，有利于提高承建单位经济效益。

2.1.3 流水施工的基本条件和表达方式

1. 流水施工的基本条件

(1) 划分施工段

根据流水施工的需要，将拟建工程尽可能地划分为劳动量大致相等的若干个施工段（区），也可称为流水段（区）。建筑工程组织流水施工的关键是将建筑单件产品变成多件产品，以便成批生产。由于建筑产品体形庞大，通过划分施工段（区）就可将单件产品变成“批量”的多件产品，从而形成流水作业的前提。没有“批量”就不可能也没必要组织任何流水作业。每一个段（区），就是一个假定“产品”。

(2) 划分施工过程

把拟建工程的整个建造过程分解为若干个施工过程。划分施工过程的目的是对施工对象的建造过程进行分解，以便于逐一实现局部对象的施工，从而使施工对象整体得以实现。也只有这种合理的分解，才能组织专业化施工和有效协作。

(3) 每个施工过程组织独立的施工班组

在一个流水分部中，每个施工过程尽可能组织独立的施工班组，其形式可以是专业班组，也可以是混合班组，这样可使每个施工班组按施工顺序依次地、连续地、均衡地从一个施工段转移到另一个施工段进行相同的操作。

(4) 主要施工过程必须连续、均衡地施工

主要施工过程是指工程量较大、作业时间较长的施工过程。对于主要施工过程必须连续、均衡地施工，对其他次要施工过程，可考虑与相邻的施工过程合并，如果不能合并，为缩短工期，可安排间断施工。

(5) 不同施工过程尽可能组织平行搭接施工

不同施工过程之间的关系，关键是工作时间上有搭接和工作空间上有搭接。在有工作面的条件下，除必要的技术和组织间歇时间外，应尽可能组织平行搭接施工。

2. 流水施工的表达方式

流水施工的表达方式主要有横道图和网络图两种，如图 2.6 所示。

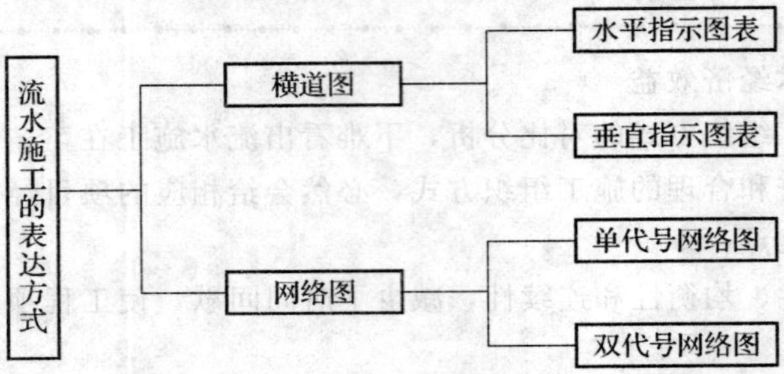

图 2.6　流水施工表达方式示意图

2.2　流水施工的主要参数

流水施工参数是指描述流水施工进度计划图表特征和各种数量关系的参数。组织流水施工，应在研究生产对象特点和施工条件的基础上，通过确定一系列的流水参数，对各施工过程在时间上和空间上的开展情况及相互依存关系进行组织安排。流水施工参数按其性质的不同，一般可分为工艺参数、空间参数和时间参数 3 大类。

2.2.1　工艺参数

在组织流水施工时，用以表达流水施工在施工工艺上的开展顺序及其特性的参量，称为工艺参数。具体地说是指在组织流水施工时，将拟建工程项目的整个建造过程分解成的各施工过程的种类、性质和数目的总称。通常，它包括施工过程和流水强度两种，如图 2.7 所示。

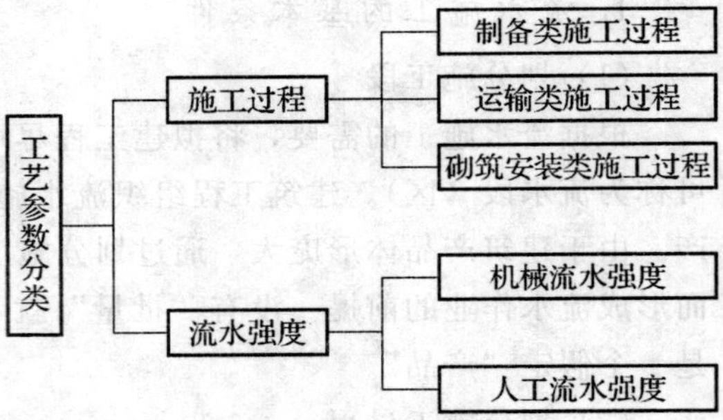

图 2.7　工艺参数分类示意图

1. 施工过程

在工程项目施工中，施工过程所包含的施工范围可大可小，既可以是分项工程，又可以是分部工程，也可以是单位工程，还可以是单项工程。施工过程的数目以 n 表示，它是流水施工的基本参数之一。根据工艺性质不同，它可分为制备类施工过程、运输类施工过程和砌筑安装类施工过程 3 种。

【知识拓展】

对建筑工程而言，施工过程分类详解如下。

(1) 制备类施工过程

制备类施工过程是指为了提高建筑产品的装配化、工厂化、机械化和加工生产能力而形成的施工过程，如砂浆、混凝土、构配件和制品的制备过程。它一般不占有施工项目空间，也不影响总工期，不列入施工进度计划，只在它占有施工对象的空间并影响总工期时，才列入施工进度计划，如在拟建车间、试验室等场地内预制或组装的大型构件等。

(2) 运输类施工过程

运输类施工过程是指将建筑材料、构配件、设备和制品等物资，运到建筑工地仓库或施工对象加工现场而形成的施工过程。它一般不占有施工项目空间，不影响总工期，通常不列入施工进度计划，只在它占有施工对象空间并影响总工期时，才必须列入施工进度计划，如随运随调方案的运输过程。

(3) 砌筑安装类施工过程

砌筑安装类施工过程是指在施工项目空间上，直接进行加工，形成最终建筑产品的过程：如地下工程、主体工程、屋面工程和装饰工程等施工过程。它占有施工对象空间，影响着工期的长短，必须列入项目施工进度计划表，而且是项目施工进度计划表的主要内容。通常，砌筑安装类施工过程，可按其在工程项目施工过程中的作用、工艺性质和复杂程度不同进行分类，如图 2.8 所示。

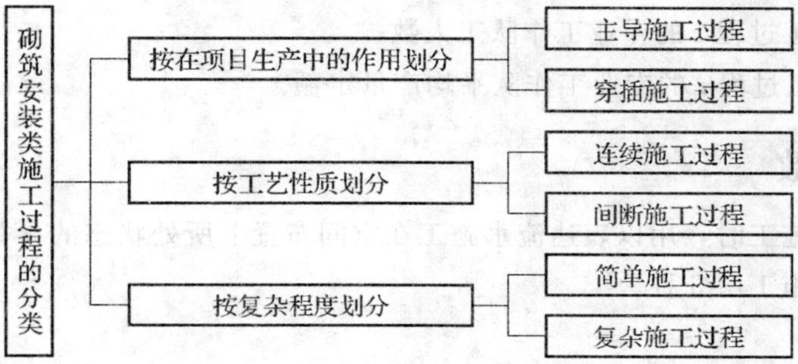

图 2.8 砌筑安装类施工过程分类示意图

①主导施工过程和穿插施工过程。主导施工过程是指对整个工程项目起决定作用的施工过程，在编制施工进度计划时，必须重点考虑，例如砖混住宅的主体砌筑等施工过程。而穿插施工过程则是与主导施工过程相搭接或平行穿插并严格受主导施工过程控制的施工过程，如安装门窗、脚手架等施工过程。

②连续施工过程和间断施工过程。连续施工过程是指一道工序接着一道工序连续施工，不要求技术间歇的施工过程，如主体砌筑等施工过程。而间断施工过程则是指由材料性质决定，需要技术间歇的施工过程，如混凝土需要养护、油漆需要干燥等施工过程。

③复杂施工过程和简单施工过程。复杂施工过程是指在工艺上由几个紧密相连的工序组合而形成的施工过程。如混凝土工程是由筛选材料、搅拌、运输、振捣等工序组成。而简单施工过程则是指在工艺上由一个工序组成的施工过程，它的操作者、机具和材料都不变，如挖土和回填土等施工过程。

上述施工过程的划分，仅是从研究施工过程某一角度考虑的。事实上，有的施工过程既是主导的，又是连续的，同时还是复杂的施工过程，如主体砌筑工程施工过程。而有的施工过程，既是穿插的，又是间断的，同时还是简单的施工过程，如装饰工程中的油漆工程等施工过程。因此，在编制施工进度计划时，必须综合考虑施工过程的各个方面特点，以便确定其在进度计划中的合理位置。

(4) 施工过程数目 (n) 的确定

施工过程数目，主要依据项目施工进度计划在客观上的作用、采用的施工方案、项目的性质和建设单位对项目建设工期的要求等进行确定。其具体确定方法和原则详见本书模块 5“单位工程施工组织设计”的部分内容。

2. 流水强度

某施工过程在单位时间内所完成的工程量称为该施工过程的流水强度。流水强度一般以 V_i 表示。

（1）机械作业流水强度

$$V_i = \sum_{i=1}^{x} R_i \cdot S_i \tag{2.1}$$

式中 V_i——某施工过程 i 的机械作业流水强度；

R_i——投入施工过程 i 的某种施工机械台数；

S_i——投入施工过程 i 的某种机械产量定额；

x——投入施工过程 i 的施工机械种类数。

（2）人工作业流水强度

$$V_i = R_i \cdot S_i \tag{2.2}$$

式中 V_i——某施工过程 i 的人工作业流水强度；

R_i——投入施工过程 i 的专业工作队工人数；

S_i——投入施工过程 i 的专业工作队平均产量定额。

2.2.2 空间参数

在组织项目流水施工时，用以表达流水施工在空间布置上所处状态的参数称为空间参数。它包括工作面、施工段和施工层3种。

1. 工作面

某专业工种工人在从事建筑产品施工生产加工过程中，所必须具备的活动空间称为工作面。它的大小是根据相应工种单位时间的产量定额、建筑安全工程施工操作规程和安全规程等的要求确定的。工作面确定合理与否，直接影响专业工种工人的生产效率。因此，必须认真对待，合理确定。

【知识拓展】

建筑工程中常见工种的工作面参考数据见表2.1，供编制住宅楼工程施工进度计划参考。

表2.1 常见工种的工作面参考数据

工作项目	每个技工的工作面	说明
砖基础	7.6 m/人	以37墙计，2砖乘以0.8，3砖乘以0.55
砌砖墙	8.5 m/人	以24墙计，1.5砖乘以0.71，2砖乘以0.57
混凝土柱、墙基础	8 m^3/人	机械搅拌、机械振捣
混凝土设备基础	7 m^3/人	机械搅拌、机械振捣
现浇钢筋混凝土柱	2.45 m^3/人	机械搅拌、机械振捣
现浇钢筋混凝土梁	3.2 m^3/人	机械搅拌、机械振捣
现浇钢筋混凝土墙	5 m^3/人	机械搅拌、机械振捣
现浇钢筋混凝土楼板	5.3 m^3/人	机械搅拌、机械振捣
预制钢筋混凝土柱	3.6 m^3/人	机械搅拌、机械振捣
预制钢筋混凝土梁	3.6 m^3/人	机械搅拌、机械振捣
预制钢筋混凝土屋架	2.7 m^3/人	机械搅拌、机械振捣
混凝土地坪及面层	40 m^2/人	机械搅拌、机械振捣
外墙抹灰	16 m^2/人	
内墙抹灰	18.5 m^2/人	
卷材屋面	18.5 m^2/人	
防水水泥砂浆屋面	16 m^2/人	
门窗安装	11 m^2/人	

2. 施工段

为了有效地组织流水施工，通常把拟建工程项目在平面上划分成若干个劳动量大致相等的施工段落称为施工段。施工段的数目以 m 表示，它是流水施工的基本参数之一。

(1) 划分施工段的目的

一般情况下，一个施工段内只安排一个施工过程的专业工作队进行施工。在一个施工段上，只有当前一个施工过程的工作队提供足够的工作面后，后一个施工过程的工作队才能进入该段从事下一个施工过程的施工。

划分施工段是组织流水施工的基础。就建筑产品生产的单件性特点而言，它不适于组织流水施工，但是，建筑产品体形庞大的固有特征又为组织流水施工提供了空间条件——可以把一个体形庞大的“单件产品”划分成具有若干个施工段、施工层的“批量产品”，使其满足流水施工的基本要求，在保证工程质量的前提下，为专业工作队确定合理的空间活动范围，使其按流水施工的原理集中人力和物力，迅速地、依次地、连续地完成各段的任务，为相邻专业工作队尽早地提供工作面，达到缩短工期的目的。

(2) 划分施工段的原则

施工段的划分，在不同的分部工程中可以采用相同或不同的划分方法。在同一分部工程中最好采用统一的段数，但也不能排除特殊情况。如在工业厂房的预制工程中，柱和屋架的施工段划分就不一定相同；对于多栋同类型房屋的施工，允许以栋号为施工段组织大流水施工。

施工段划分的数目要适当，数目过多势必减少工人数而延长工期，数目过少又会造成资源供应过分集中，不利于组织流水施工。因此，为了使施工段划分的科学合理，一般应遵循以下原则：

①同一专业工作队在各个施工段上的劳动量应大致相等，其相差幅度不宜超过10%～15%。

②为了充分发挥工人（或机械）的生产效率，不仅要满足专业工程对工作面的要求，而且要使施工段所能容纳的劳动力人数（或机械台数）满足劳动组织优化要求。

③施工段数目多少，要满足合理流水施工组织要求，即有时应使 $m \geqslant n$。

④为了保证项目结构完整性，施工段分界线应尽可能与结构自然界线相一致，如温度缝和沉降缝等处。如果必须将分界线设在墙体中间时，应将其设在门窗洞口处，这样可以减少留槎，便于修复墙体。

⑤对于多层建筑物，既要在平面上划分施工段，又要在竖向上划分施工层。保证专业工作队在施工段和施工层之间有组织、有节奏、均衡和连续地进行流水施工。

【知识拓展】

为了便于讨论施工段数目 m 与施工过程数目 n 之间的关系，现举例说明。

【例 2.1】 某二层现浇钢筋混凝土工程，结构主体施工中对进度起控制性的有支模板、绑钢筋和浇混凝土 3 个施工过程，每个施工过程在一个施工段上的持续时间均为 2 d，当施工段数目不同时，流水施工的组织情况也有所不同。

①取施工段数目 $m=4$，$n=3$，$m>n$。施工进展情况如图 2.9 所示，各专业工作队在完成第一施工层的 4 个施工段的任务后，都连续地进入第二施工层继续施工。从施工段上专业工作队的作业情况来看，从第一层第一施工段完成所有 3 个施工过程到第二层第一施工段开始作业之间存在一段空闲时间，相应地，其他施工段也存在这种闲置情况。

由图 2.9 可以看出，当 $m>n$ 时，流水施工呈现出的特点是：各专业工作队均能连续施工；施工段有闲置，但这种情况并不一定有害，它可以用于技术间歇和组织间歇时间。

在项目实际施工中，若某些施工过程需要考虑技术间歇等，则每层的最少施工段数为

$$m_{\min} = n + \frac{\sum Z}{K} \tag{2.3}$$

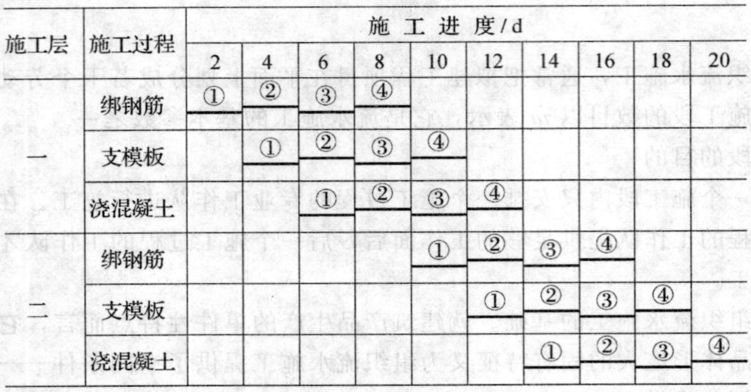

图 2.9　$m>n$ 时流水施工进展情况

式中　$m_{\min}$——每层需划分的最少施工段数；

n——施工过程数或专业工作队数；

$\sum Z$——某些施工过程要求的技术间歇时间的总和；

K——流水步距。

如果流水步距 $K=2$，当第一层浇筑混凝土结束后，要养护 4 d 才能进行第二层的施工。为了保证专业工作队连续作业，至少应划分的施工段数为

$$m_{\min}=n+\frac{\sum Z}{K}=3+4/2=5$$

按 $m=5$、$n=3$ 绘制的流水施工进度如图 2.10 所示。

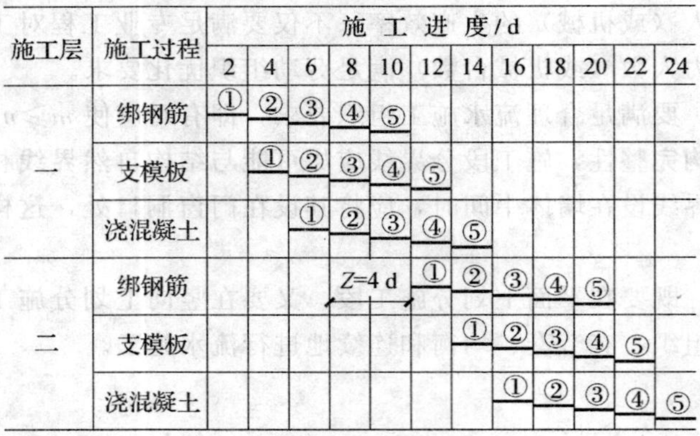

图 2.10　$m=5$、$n=3$ 时流水施工进度图

②取施工段数目 $m=3$，$n=3$，$m=n$。施工进度如图 2.11 所示。可以发现，当 $m=n$ 时，流水施工呈现出的特点是：各专业工作队均能连续施工，施工段不存在闲置的工作面。显然，这是理论上最为理想的流水施工组织方式，如果采取这种方式，要求项目管理者必须提高施工管理水平，不能允许有任何时间上的拖延。

③取施工段数目 $m=2$，$n=3$，$m<n$。施工进度如图 2.12 所示，各专业工作队在完成第一施工层第二施工段的任务后，不能连续地进入第二施工层继续施工，这是由于一个施工段只能给一个专业工作队提供工作面，所以在施工段数目小于施工过程数的情况下，超出施工段数的专业工作队就会因为没有工作面而停工。从施工段上专业工作队的作业情况来看，从第一层第一施工段完成所有 3 个施工过程到第二层第一施工段开始作业之间没有空闲时间，相应地，其他施工段也紧密衔接。

施工层	施工过程	施工进度/d							
		2	4	6	8	10	12	14	16
一	绑钢筋	①	②	③					
	支模板		①	②	③				
	浇混凝土			①	②	③			
二	绑钢筋				①	②	③		
	支模板					①	②	③	
	浇混凝土						①	②	③

图 2.11　$m=n$ 时流水施工进展情况

施工层	施工过程	施工进度/d						
		2	4	6	8	10	12	14
一	绑钢筋	①	②					
	支模板		①	②				
	浇混凝土			①	②			
二	绑钢筋				①	②		
	支模板					①	②	
	浇混凝土						①	②

图 2.12　$m<n$ 时流水施工进展情况

由此可见，当 $m<n$ 时，流水施工呈现出的特点是：各专业工作队在跨越施工层时，均不能连续施工而产生窝工，施工段没有闲置。但特殊情况下，施工段也会出现空闲，以致造成大多数专业工作队停工。因一个施工段只供一个专业工作队施工，这样，超过施工段数的专业工作队就因无工作面而停止。在图 2.12 中，支模板工作队完成第一层的施工任务后，要停工 2 d 才能进行第二层第一段的施工，其他队组同样也要停工 2 d，因此，工期延长了。这种情况对有数幢同类型建筑物的工程，可通过组织各建筑物之间的大流水施工来避免上述停工现象的出现；但对单一建筑物的流水施工是不适宜的，应加以杜绝。

从上面的 3 种情况可以看出，施工段数的多少直接影响工期的长短，而且要想保证专业工作队能够连续施工，必须满足

$$m \geqslant n \tag{2.4}$$

应该指出，当无层间关系或无施工层（如某些单层建筑物、基础工程等）时，则施工段数不受式（2.3）和式（2.4）的限制，可按前面所述划分施工段的原则进行确定。

3. 施工层

在组织流水施工时，为了满足专业工种对操作高度和施工工艺的要求，将拟建工程项目在竖向上划分为若干个操作层，称为施工层。施工层一般以 j 表示。

施工层的划分，要按工程项目的具体情况，根据建筑物的高度、楼层来确定。如砌筑工程的施工层高度一般为 1.2 m，室内抹灰、木装饰、油漆、玻璃和水电安装等，可按楼层进行施工层划分。

2.2.3 时间参数

在组织流水施工时，用以表达流水施工在时间排列上所处状态的参数称为时间参数。它包括流水节拍、流水步距、平行搭接时间、技术间歇时间、组织间歇时间和流水工期 6 种。

1. 流水节拍

在组织流水施工时，每个专业工作队在各个施工段上完成各自的施工过程所必需的持续时间均称为流水节拍。流水节拍以 t_i^j 表示，它是流水施工的基本参数之一。

流水节拍数值大小，可以反映流水速度快慢、资源供应量大小。根据流水节拍数值特征，一般流水施工又分为等节拍专业流水、成倍节拍专业流水和无节奏专业流水等施工组织方式。

影响流水节拍的因素主要有项目施工中采用的施工方案、各施工段投入的劳动力人数或施工机械台数、工作班次以及该施工段工程量的多少。为避免工作队转移时浪费工时，流水节拍在数值上应为半个班的整数倍。其数值可按下列各种方法确定。

(1) 定额计算法

根据各施工段的工程量、能够投入的资源量（工人数、机械台数和材料量等）进行计算：

$$t_i^j=\frac{Q_i^j}{S_i^jR_i^jN_i^j}=\frac{Q_i^jH_i^j}{R_i^jN_i^j}=\frac{P_i^j}{R_i^jN_i^j} \tag{2.5}$$

式中 t_i^j——某专业工作队 j 在第 i 施工段的流水节拍；

Q_i^j——某专业工作队 j 在第 i 施工段要完成的工程量；

S_i^j——某专业工作队 j 的计划产量定额；

R_i^j——某专业工作队 j 投入的工人数或机械台数；

H_i^j——某专业工作队 j 的计划时间定额；

N_i^j——某专业工作队 j 的工作班次；

P_i^j——某专业工作队 j 在第 i 施工段的劳动量或机械台班数量。

计划产量定额和计划时间定额最好是项目经理部的实际水平。

(2) 经验估算法

经验估算法是根据以往的施工经验进行估算的计算方法。一般为了提高其准确程度，往往先估算出该流水节拍的最长、最短和正常（即最可能）3 种时间，然后据此求出期望时间，作为某专业工作队在某施工段上的流水节拍。因此，本法也称为 3 种时间估算法。其计算公式为

$$t_i^j=\frac{a_i^j+4c_i^j+b_i^j}{6} \tag{2.6}$$

式中 t_i^j——某施工过程在某施工段上的流水节拍；

a_i^j——某施工过程在某施工段上的最短估算时间；

b_i^j——某施工过程在某施工段上的最长估算时间；

c_i^j——某施工过程在某施工段上的正常估算时间。

这种方法多适用于采用新工艺、新方法和新材料等没有定额可循的工程，详见本书模块 3 网络计划技术部分内容。

(3) 工期计算法

对某些施工任务在规定日期内必须完成的工程项目，往往采用倒排进度法，具体步骤如下：

①根据工期倒排进度，确定某施工过程的工作延续时间。

②确定某施工过程在某施工段上的流水节拍。若同一施工过程的流水节拍不等，则用估算法；若流水节拍相等，则按下式进行计算：

$$t_j=\frac{T_j}{m_j} \tag{2.7}$$

式中 t_j——某施工过程流水节拍；

T_j——某施工过程的工作持续时间；

m_j——某施工过程的施工段数。

2. 流水步距

在组织项目流水施工时，相邻两个专业工作队在保证施工顺序、满足连续施工、最大限度搭接和保证工程质量要求的条件下，相继投入施工的最小时间间隔称为流水步距。流水步距以 $K_{j,j+1}$ 表示，它是流水施工基本参数之一。在施工段不变的情况下，流水步距越大，工期越长，若有 n 个施工工程，则有（$n-1$）个流水步距。每个流水步距的值是由相邻两个施工过程在各施工段上的流水节拍值而确定的。

3. 平行搭接时间

在组织流水施工时，有时为了缩短工期，在工作面允许的前提下，如果前一个专业工作队完成部分施工任务后，能够提前为后一个专业工作队提供工作面，使后者提前进入前一个施工段，因而两者在同一施工段上平行搭接施工，这个平行搭接的时间称为相邻两个专业工作队之间的平行搭接时间，并以 $C_{j,j+1}$ 表示。

4. 技术间歇时间

在组织流水施工时，除要考虑专业工作队之间的流水步距外，有时根据建筑材料或现浇构件的工艺性质，还要考虑合理的工艺等待时间，这个等待时间称为技术间歇时间，并以 $Z_{j,j+1}$ 表示。如现浇混凝土构件养护时间、抹灰层和油漆层的干燥硬化时间等。

5. 组织间歇时间

在组织流水施工时，由于施工技术或施工组织原因而造成的间歇时间，称为组织间歇时间，并以 $G_{j,j+1}$ 表示。如回填土前地下管道检查验收、施工机械转移和砌砖墙前墙身位置弹线以及其他作业前准备工作。

在组织流水施工时，项目经理部对技术间歇和组织间歇时间可根据项目施工中的具体情况分别考虑或统一考虑。但两者的概念、内容和作用是不同的，必须结合具体情况灵活处理。

6. 流水工期 T

流水工期 T 是指一个流水施工过程中，从第一个施工过程（或工作队）开始进入流水施工，到最后一个施工过程（或工作队）施工结束所需的全部时间。

2.2.4 流水施工的分类

1. 流水施工按范围划分进行分类

根据流水施工组织的范围划分，流水施工通常可分为：

（1）分项工程流水施工

分项工程流水施工也称为细部流水施工，它是指一个专业班组使用同一生产工具依次连续不断地在各施工段中完成同一施工过程的工作。如内装饰工程中抹灰班组依次在各施工段上连续完成抹灰工作等均为细部流水施工。在项目施工进度计划表上，它是一条标有施工段或工作队编号的水平进度指示线段或斜向进度指示线段。

（2）分部工程流水施工

分部工程流水施工是指为完成分部工程而组建起来的全部细部流水施工的总和，即若干个专业班组依次连续不断地在各施工段上重复完成各自的工作，随着前一个专业班组完成前一个施工过程之后，接着后一个专业班组来完成下一个施工过程，依此类推，直到所有专业班组都经过了各施工段，完成了分部工程为止。如某现浇钢筋混凝土工程是由绑扎钢筋、安装模板、浇筑混凝土3个细部流水施工所组成。在项目施工进度计划表上，它由一组施工段或工作队编号的水平进度指示线段或斜向进度指示线段来表示。

(3) 单位工程流水施工

单位工程流水施工是指为完成单位工程而组织起来的全部专业流水施工的总和，即所有专业班组依次在一个施工对象的各施工段中连续施工，直至完成单位工程为止。例如，多层框架结构房屋，它是由基础分部工程流水施工、主体分部工程流水施工以及装修分部工程流水施工所组成，单位工程就是各分部工程流水施工的总和。在项目施工进度计划表上，它是若干组分部工程的进度指示线段，并由此构成一个单位工程施工进度计划。

(4) 群体工程流水施工

群体工程流水施工也称为大流水施工，它是指在若干单位工程之间组织的流水施工。它反映在项目施工进度计划上，是一个项目施工总进度计划。

流水施工之间的相互关系示意图如图2.13所示。

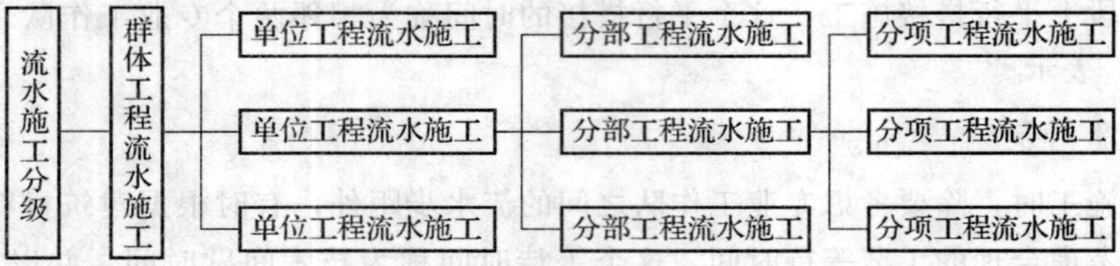

图2.13 流水施工之间的相互关系示意图

2. 流水施工按节奏规律不同特点进行分类

建筑工程的流水施工主要是依靠各个专业施工队的协调配合，彼此按照一定的步调从一个施工段转移到下一个施工段，形成一种节奏性的活动来完成工程对象的有关施工任务，这就是流水施工的节奏性。根据其节奏规律的不同，流水施工可分成有节奏流水施工和无节奏流水施工两大类，如图2.14所示。

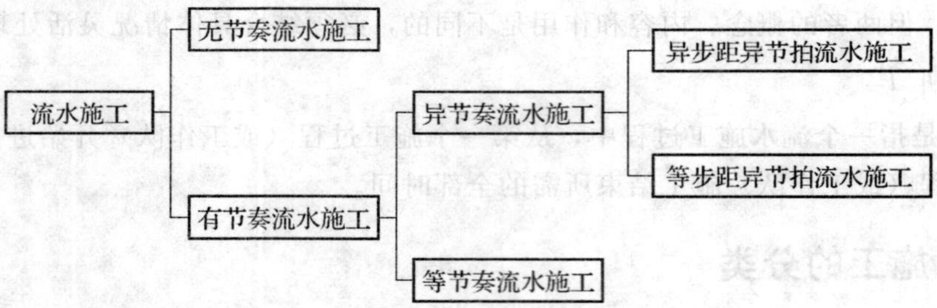

图2.14 流水施工的分类图

(1) 有节奏流水施工

流水施工的节奏性主要决定于流水节拍。根据各施工过程流水节拍的不同特点，有节奏流水施工又分成为等节奏流水施工和不等节奏流水施工。

①等节奏流水施工的特点是组入流水的各施工过程本身的和彼此的流水节拍都相等，故又称为全等节拍流水施工。

②不等节奏流水施工（又称为异节奏流水施工）的特点是组入流水的每一施工过程本身在各施工段的流水节拍都相等，但各施工过程之间彼此的流水节拍则全部或部分不相等。

由于各施工过程的流水节拍一般皆取整数，当彼此之间成整数倍时，则这种不等节奏流水施工称为成倍节拍流水施工。

(2) 无节奏流水施工

当组入流水的部分或全部施工过程本身在各施工段的流水节拍不相等时，则称为无节奏流水施工，又称为无固定节拍流水施工。

2.3 表达流水施工的图表形式

流水施工的表达方法有 3 种，即水平图表（横道图）、垂直图表（斜线图）和网络图。网络图表示方法可参看本书后面的有关章节，这里仅介绍前两种方法。

2.3.1 流水施工的水平横道计划图

横道图也称为水平图，由横、纵坐标两个方向的内容组成，图表顶部的横坐标表示施工进度，即流水施工的持续时间，图表左侧的纵坐标表示展开流水施工的施工过程、专业队伍的名称、编号和数目。呈梯形分布的水平线段表示流水施工的展开情况，水平线段的左侧端点表示工作开始施工的瞬间，水平线段的右侧端点表示工作在该施工段上结束的瞬间，水平线段的长度代表该工作在该施工段上的持续时间。横道图表示法具有绘图简单、形象直观、使用方便等优点，因此被广泛用于表达施工进度计划，如图 2.15 所示。

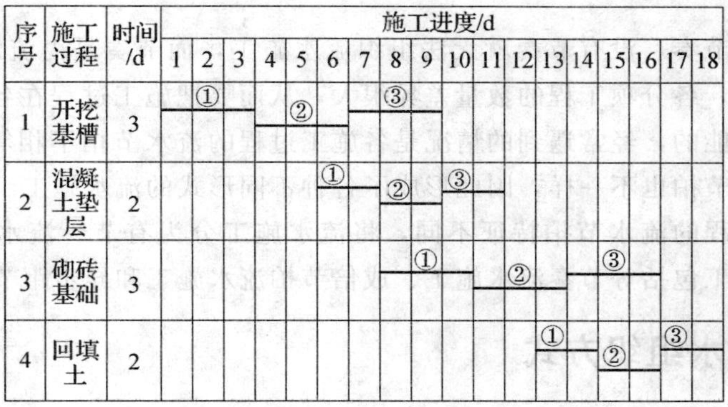

图 2.15 横道图

技术提示

在横道图绘制过程中，施工进度的单位可根据施工项目的具体情况和图表的应用范围来确定，可以是日、周、月、旬、季或年等，日期可以按自然数的顺序排列，还可以采用奇数或偶数的顺序排列，也可以采用扩大的单位数来表示，如以 5 d 或 10 d 为基数进行编排，以简洁、清晰为标准。

2.3.2 流水施工的垂直横道计划图

垂直图也称为垂直指示图表，是以水平方向表示各施工过程在各个施工段上的持续时间，垂直方向表示各个施工段，各条斜线分别表示各个施工过程的施工情况，斜线的左下方表示该施工过程开始施工的时间，斜线的右上方表示该施工过程的结束时间，斜线间的水平距离表示相邻施工过程开工的时间间隔。

垂直图可以直观地从施工段的角度反映出各施工过程的先后顺序以及时空状况，通过比较各条斜线的斜率可以看出各施工过程的施工速度，如图 2.16 所示，但编制实际工程进度计划不如横道图方便，所以垂直图的实际应用不及水平图普遍。

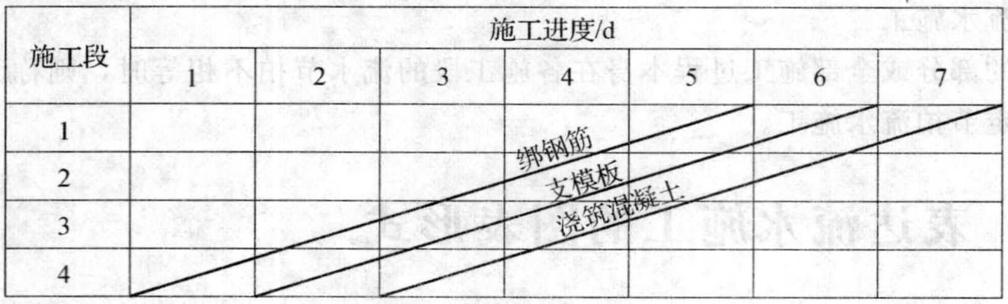

图 2.16　垂直图

2.3.3 流水施工的网络计划图

网络图是由节点和箭线组成的，用来表示工作之间的先后顺序和逻辑关系的、形状似网的图形。常见的有双代号网络图和单代号网络图两种，在实际工程中，多用双代号网络图加时间坐标组合而成的时标网络来表示工程的进度计划。网络图和横道图、斜线图相比，其优势在于它可以利用计算机进行时间参数的计算、优化和调整，所以有更好的应用前景。

2.4　流水施工的组织方式

流水施工的前提是节奏，没有节奏就无法组织流水施工，而节奏是由流水施工的节拍决定的。由于建筑工程的多样性，各分项工程的数量差异很大，从而要把施工过程在各施工段的工作持续时间都调整到一样是不可能的，经常遇到的情况是各施工过程的流水节拍不相等，甚至一个施工过程在各个施工段上的流水节拍也不一样，因此形成了各种不同形式的流水施工。

通常根据各施工过程的流水节拍特征不同，将流水施工分为有节奏流水施工和无节奏流水施工，其中有节奏流水施工包括等节奏流水施工、成倍节拍流水施工和异步距节拍流水施工。

2.4.1 等节奏流水组织方式

1. 等节奏流水施工

等节奏流水施工也称为全等节拍流水施工，是指在流水施工过程中，同一施工过程在各个施工段上的流水节拍均相等，不同施工过程的流水节拍也彼此相等的一种流水施工方式。也可以说，等节奏流水施工是指所有施工过程在各施工段上的流水节拍全部相等的一种流水方式，又可称为固定节拍流水施工。它是一种比较理想、简单的流水组织方式，这种方式并未得到普遍使用。

2. 等节奏流水施工的特点

①同一施工过程的流水节拍相等，不同施工过程的流水节拍也相等，即 $t_1=t_2=t_3=\cdots=t_n=$ 常数。

②各施工过程之间的流水步距彼此相等，且等于流水节拍，即 $K_{i,i+1}=K_{i-1,i}=t$。

③各施工过程的施工速度相等，均等于 mt。

3. 等节奏流水施工组织步骤

①确定施工顺序，分解施工过程。

②确定施工起点流向，划分施工段。

划分施工段时，其数目 m 的确定如下：

a. 无层间关系或无施工层时，可取 $m=n$。

b. 有层间关系或施工层时，施工段数目分下面两种情况确定。

(a) 无技术和组织间歇时，取 $m=n$。

(b) 有技术和组织间歇时，为了保证专业工作队能够连续施工，应取 $m>n$。

③根据等节拍专业流水要求，确定流水节拍 t 的数值。

④确定流水步距。

⑤计算流水施工的工期。

⑥绘制流水施工进度图表。

4. 等节奏流水施工工期的计算

根据等节奏流水施工的特点，流水施工工期可按下式计算：

$$T_L = (mj+n-1)\ t+\Sigma t_j-\Sigma t_d \qquad (2.8)$$

式中 T_L——流水施工工期；

m——施工段数；

j——施工层数；

n——施工过程数；

t——流水节拍；

Σt_j——某一施工层内技术间歇之和；

Σt_d——所有搭接时间之和。

【例 2.2】 某分部工程划分为 A、B、C、D 4 个施工过程，分 3 段组织施工，流水节拍均为 4 d，试组织全等节拍流水施工。

解 由题可知，$m=3$ 段，$n=4$ 个，$j=1$ 层，$t=4$ d，$\sum t_j=0$，$\sum t_d=0$。则流水施工工期为 $T_L=(mj+n-1)\ t+\sum t_j-\sum t_d=(3\times1+4-1)\times4+0+0=24$ d。

绘制的施工进度计划如图 2.17 所示。

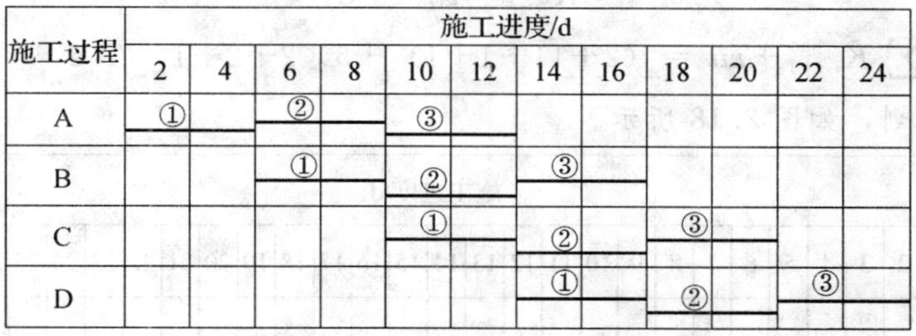

图 2.17 施工进度计划

技术提示

各施工过程的各个施工段如果要求有间歇时间或搭接时间，流水步距应相应减去或加上。流水步距是指任意两个相邻施工班组开始投入施工的时间间隔，这里的“相邻施工班组”并不一定是指从事不同施工过程的施工班组。因此，步距的数目并不是根据施工过程数来确定，而是根据班组之和来确定。

2.4.2 异节奏流水组织方式

异节奏流水施工是指同一施工过程在各个施工段上的流水节拍相等，不同的施工过程之间流水节拍不一定相等的一种流水施工方式。异节奏流水施工又可分为异步距异节拍流水施工和等步距异节拍流水施工两种。

1. 异步距异节拍流水施工

(1) 异步距异节拍流水施工的特点

①同一施工过程的流水节拍相等。

②不同施工过程的流水节拍不完全相等且没有任何整数倍的关系（这一特征是区别成倍节拍流水施工的关键所在）。

③一般流水步距因流水节拍的不同而不同，它们之间有一定的函数关系。

④施工过程数就是专业施工队伍数。

（2）主要流水参数的确定

①确定流水步距。

当 $t_i \leqslant t_{i+1}$ 时：$K_{i,i+1}=t_i+(t_j-t_d)$

当 $t_i > t_{i+1}$ 时：$K_{i,i+1}=mt_i-(m-1)t_{i+1}+(t_j-t_d)$

②计算流水工期。

$$T_L=\sum K_{i,i+1}+mt_n+\sum t_j-\sum t_d \tag{2.9}$$

式中　$\sum K_{i,i+1}$——所有施工过程间的流水步距之和；

t_n——最后一个施工过程的流水节拍。

【例 2.3】 某装饰工程有楼地面工程（$t_{地}=2$ d），天棚、墙面抹灰工程（$t_{抹}=3$ d），门窗安装工程（$t_{门}=1$ d），涂料工程（$t_{涂}=1$ d），油漆玻璃（$t_{油}=2$ d）5 个施工过程，共有 5 层，且楼地面完工后需停歇 2 d 才能够进行抹灰工程，抹灰完成后需养护 1 d 才能进行门窗安装，每一个施工过程只有一个工作队，试组织流水施工。

解　确定流水步距：

$$K_{地,抹}=t_{地}=2\text{ d}$$

$$K_{抹,门}=mt_{抹}-(m-1)t_{门}=5\times3-(5-1)\times1=11\text{ d}$$

$$K_{门,涂}=t_{门}=1\text{ d}$$

$$K_{涂,油}=t_{涂}=1\text{ d}$$

总工期：$T_L=\sum K_{i,i+1}+mt_n=(2+11+1+1)+5\times2+2+1=28$ d

绘制施工进度计划，如图 2.18 所示。

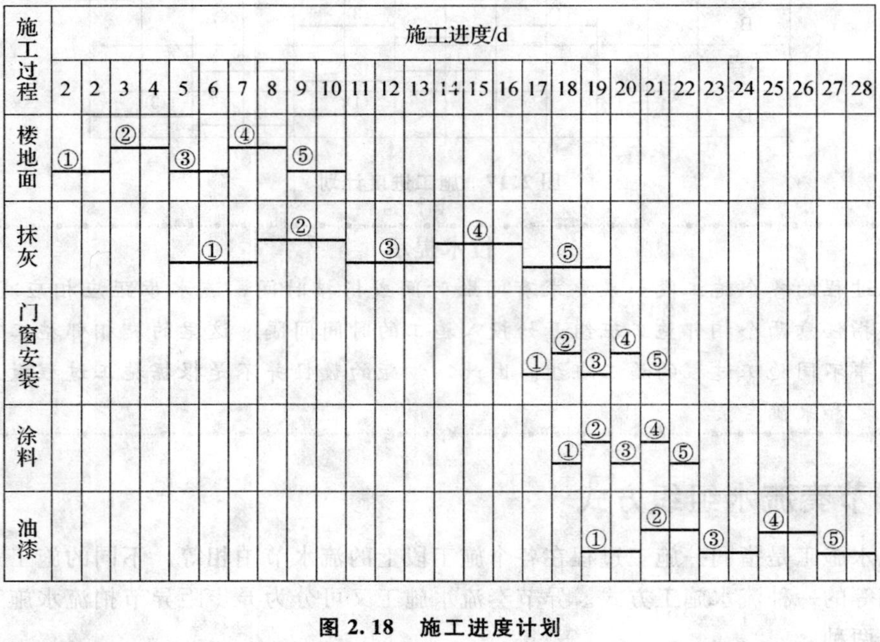

图 2.18　施工进度计划

（3）异步距异节拍流水施工的组织方法

首先将拟建工程按通常做法划分成若干个施工过程，并进行调整，可只列出主要施工过程，对某些次要施工过程进行适当合并，然后根据从事主导施工过程的班组人数计算其流水节拍，或根据合同规定工期，采用倒排进度法确定主导施工过程的流水节拍，再以其为最大流水节拍确定其他施工过程的流水节拍和施工班组人数，最后绘制施工进度计划。

2. 等步距异节拍流水施工

等步距异节拍流水施工也称为成倍节拍流水，是固定节拍流水施工的一个特例。在组织固定节拍流水施工时，可能遇到非主导施工过程所需劳动力、施工机械超过了施工段上工作面所能容纳的数量的情况，这时非主导施工过程只能按施工段所能容纳的劳动力或者机械数量来确定流水节拍，从而可能会出现某些施工过程的流水节拍为其他施工过程的流水节拍的倍数，即形成有两个或两个以上的专业施工队伍在同一施工段内流水作业，从而形成成倍节拍流水的情况。

成倍节拍流水施工是指同一施工过程在各个施工段上的流水节拍相等，不同的施工过程之间的流水节拍不完全相等，但各个施工过程的流水节拍之间存在公约数关系的整数倍的流水施工方式。

(1) 成倍节拍流水施工的特征

①同一施工过程的流水节拍相等，不同施工过程的流水节拍之间存在公约数关系。

②流水步距彼此相等，且等于各流水节拍的最大公约数，即为最小的流水节拍。

③专业工作队数大于施工过程数，即 $n_1>n$。

④能够连续作业，施工段没有空闲，使流水施工在时间和空间上都连续。

(2) 成倍节拍流水施工的计算

计算成倍节拍流水的工期，需要确定的流水参数有流水节拍 t、流水步距 K、工作队的数量 D、施工段数 m 和施工工期 T。

计算步骤如下：

①确定所有流水节拍中最小的流水节拍 $t_{\min}$。

②确定专业工作队数目 $D_i=t_i/t_{\min}$，并求 $\sum D$。其中 D_i 表示施工过程 i 的工作对数目，t_i 表示施工过程 i 的流水节拍；

③计算流水工期。

$$T_L=(mj+\sum D-1)t_{\min}+\sum t_j-\sum t_d \tag{2.10}$$

④绘制流水施工指示图。

【例 2.4】 某工程由 A、B、C 3 个施工过程组成，分 4 个施工段组织施工，各施工过程的流水节拍分别为 $t_A=2$ d、$t_B=4$ d、$t_C=8$ d。试组织成倍节拍流水施工，并绘制施工进度计划。

解 由题意可知，流水步距 $k=t_{\min}=2$ d，$j=1$。

各施工过程的专业队组数如下：

$$D_A=\frac{t_A}{t_{\min}}=\frac{2}{2}=1$$

$$D_B=\frac{t_B}{t_{\min}}=\frac{4}{2}=2$$

$$D_C=\frac{t_C}{t_{\min}}=\frac{8}{2}=4$$

专业施工队组总数： $\sum D=1+2+4=7$

流水工期为

$$\begin{aligned}T_L&=(mj+\sum D-1)t_{\min}\\&=(4\times1+7-1)\times2\\&=20\text{ d}\end{aligned}$$

施工进度计划如图 2.19 所示。

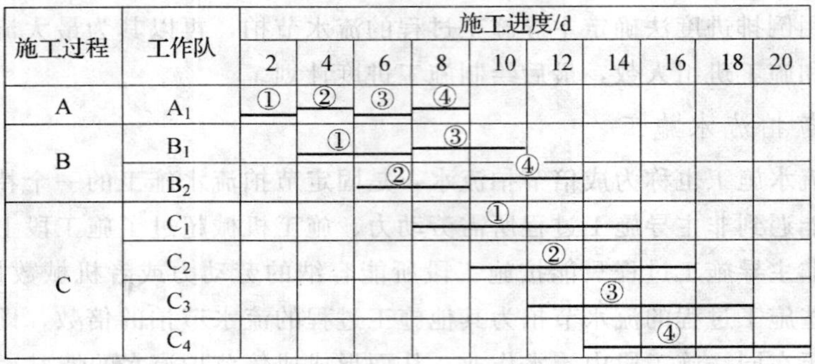

图 2.19　施工进度计划

(3) 成倍节拍流水施工的组织方法

首先将拟建工程的建造过程划分为若干个施工过程，并将其在平面上划分成若干个施工段，空间上划分施工层，然后计算和确定主导工程和其他施工过程的流水节拍，使之成为不等节拍流水，并采用增减施工班组人数的方法来调整各施工过程的流水节拍，以确保每个施工过程的流水节拍均为其中最小流水节拍的整数倍，再按整数倍关系组织相应的施工班组数目，并按成倍节拍流水的要求安排各施工队先后进入流水施工，最后绘制施工进度计划。

技术提示

如果施工中无法按照成倍节奏特征相应增加班组数，每个施工过程都只有一个施工班组，即使具备成倍节拍流水特征的工程，也只能按照不等节拍流水组织施工。同样一个工程，如果组织成倍节奏流水，则工作面充分利用，工期较短；如果组织一般流水，则工作面没有充分利用，工期长。因此，在实际工程中，视具体情况分别选用。

2.4.3 无节奏流水组织方式

在项目实际施工中，通常每个施工过程在各个施工段上的工程量彼此不等，各专业工作队的生产效率相差很大，导致大多数的流水节拍也彼此不相等，不可能组织等节拍流水施工或异节拍流水施工。在这种情况下，往往利用流水施工的基本概念，在保证施工工艺、满足施工顺序要求的前提下，按照一定的计算方法，确定相邻工作队之间的流水步距，使其在开工时间上最大限度地合理搭接起来，形成每个专业工作队都能连续作业的流水施工方式，这种施工方式称为无节奏流水施工，是流水施工的普遍形式。

无节奏流水施工又称为分别流水施工，是指相同或者不同的施工过程的流水节拍不完全相等的一种流水施工方式。由于没有固定节拍、成倍节拍的时间约束，所以进度安排上既灵活又自由，它是在工程实践中最常见、应用较普遍的一种流水施工方式。

1. 无节奏流水施工的特点

①同一施工过程在各个施工段上的流水节拍不完全相等，不同施工过程之间的流水节拍也不完全相等，各施工过程在各施工段上的流水节拍完全自由。

②大多数情况下，各施工过程之间的流水步距均不相等，流水步距与流水节拍的大小及相邻施工过程在相应施工段的流水节拍之差有关。

③每个施工过程在每个施工段上均由一个专业施工队独立进行施工，专业工作队数等于施工过程数。

④各专业工作队都能连续施工，但施工段可能空置。

2. 无节奏流水施工的计算

(1) 确定流水步距

无节奏流水施工的流水步距一般采用“累加数列法”来计算，即“累加求和、错位相减，取最大差作为相邻两个施工过程的流水步距”的方法。这种方法是潘特考夫斯基首先提出的，所以又称为潘特考夫斯基法。这种方法概括为：首先把每个施工过程在各个施工段上的流水节拍依次累加，得出各施工过程流水节拍的累加数列，再将两相邻施工过程的累加数列的后者向后错一位并分别相减，最后取其中的最大者即为这两个相邻施工过程之间的流水步距。其具体的计算步骤如下：

①求各施工过程流水节拍的累加数列。

②相邻两施工过程的累加数列进行错位相减求得差数列。

③在差数列中取最大值求得流水步距。

(2) 计算流水施工工期

$$T_L = \sum K_{i,i+1} + T_n + \sum t_j - \sum t_d \tag{2.11}$$

式中 T_n——最后一个施工过程的持续时间；其他符号含义同式 (2.8)。

【例 2.5】 某项目经理部拟承建一工程，该工程有 A、B、C、D、E 5 个施工过程，施工时在平面上划分了 4 个施工段，每个施工过程在各施工段上的流水节拍见表 2.2。规定施工过程 B 完成后，其相应施工段至少要养护 2 d，施工过程 D 完成后，其相应施工段要留有 1 d 的准备时间。为了尽早完工，允许施工过程 A 与 B 之间搭接 1 d，试组织流水施工。

表 2.2 某工程项目的施工过程及其流水节拍

施工过程 \ 施工段	一	二	三	四
A	3	2	2	4
B	1	3	5	3
C	2	1	3	5
D	4	2	3	3
E	3	4	2	1

解 根据题意，该工程只能组织无节奏流水施工：

(1) 计算各施工过程流水节拍的累加数列

A：3，5，7，11

B：1，4，9，12

C：2，3，6，11

D：4，6，9，12

E：3，7，9，10

(2) 确定流水步距

$K_{A,B}$：

3	5	7	11	
−)	1	4	9	12
3	4	3	2	−12

$K_{A,B}$=max (3，4，3，2，−12) =4 d

$K_{B,C}$：

1	4	9	12	
−)	2	3	6	11
1	2	6	6	−11

$K_{B,C}$=max (1，2，6，6，−11) =6 d

$K_{C,D}$：

2	3	6	11	
−)	4	6	9	12
2	−1	0	2	−12

$K_{C,D}=\max(2,\ -1,\ 0,\ 2,\ -12)=2\ \text{d}$

$K_{D,E}$：

4	6	9	12	
−)	3	7	9	10
4	3	2	3	−10

$K_{D,E}=\max(4,\ 3,\ 2,\ 3,\ -10)=4\ \text{d}$

(3) 计算流水工期

$$T_L=\sum K_{i,i+1}+T_n+\sum t_j-\sum t_d=(4+6+2+4)+(3+4+2+1)+2+1-1=28\ \text{d}$$

(4) 绘制施工进度计划，如图 2.20 所示。

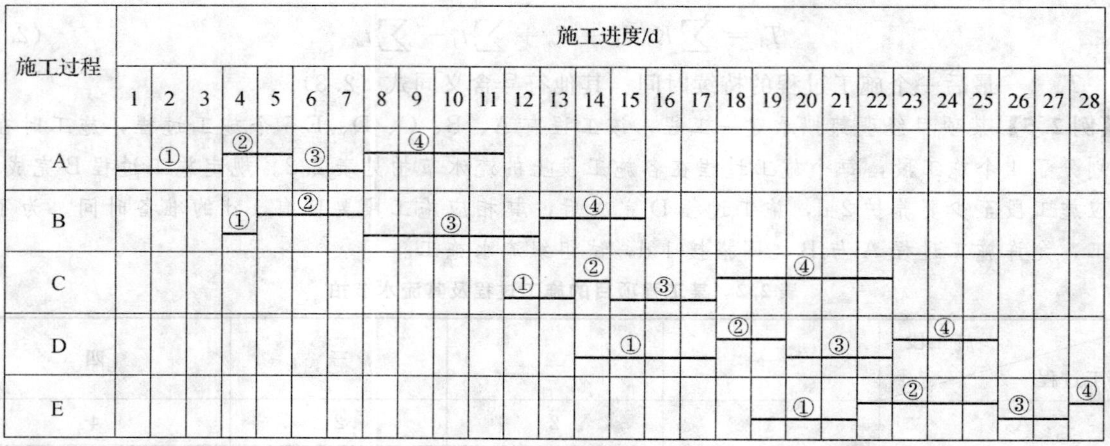

图 2.20 施工进度计划

拓展与实训

职业能力训练

一、填空题

1. 根据建筑产品的特点，建筑施工作业可以采用多种方式，通常所采用的组织旋工方式有________、________和________3 种。

2. 流水施工的参数，按其性质的不同，一般可分为________、________和________3 种。

3. 某个施工专业工作队在一个施工段上工作的持续时间称为________。

4. 相邻两个施工过程（或专业工作队）投入同一施工段开始工作的时间间隔称为________。

5. 在流水施工中，如果有 n 个施工过程，则流水步距就有________个。

6. 根据各施工过程流水节拍间的关系，有节奏流水又可分为________和________。

7. 施工段是组织流水施工时将施工对象在________划分为若干个劳动量大致相等的施工区段。

8. 施工工艺参数包括________和________。

9. 手工操作过程的流水强度计算公式为________。

10. 空间参数一般包括________、________和________。

二、单项选择题

1. 工程项目最有效的科学组织方法是（　　）。
   A. 平行施工　　B. 顺序施工　　C. 流水施工　　D. 依次施工
2. 建设工程组织流水施工时，其特点之一是（　　）。
   A. 由一个专业工作队在各施工段上完成全部工作
   B. 同一时间只能有一个专业队投入流水施工
   C. 各专业工作队按施工顺序应连续、均衡地组织施工
   D. 现场的组织管理简单，工期最短
3. 下列参数中，属于时间参数的是（　　）。
   A. 施工过程数　　B. 施工段数　　C. 流水步距　　D. 流水强度
4. 流水施工中，表达流水施工的时间参数包括（　　）。
   A. 施工过程数和流水强度　　B. 施工过程数和流水步距
   C. 流水节拍和流水步距　　D. 施工过程数和施工段数
5. 相邻两个施工过程进入同一施工段开始工作的时间间隔称为（　　）。
   A. 流水节拍　　B. 流水步距　　C. 工艺间歇　　D. 流水间歇
6. 现有 A、B、C 3 个施工过程，流水节拍分别为 2 d、4 d、6 d，组织成倍节拍流水施工，流水步距应为（　　）。
   A. 2 d　　B. 3 d　　C. 4 d　　D. 6 d
7. 某施工段的工程量为 200 m^3，施工队的人数为 25 人，日产量 0.8 m^3/人，则该队在该施工段的流水节拍为（　　）。
   A. 8 d　　B. 10 d　　C. 12 d　　D. 15 d
8. 下列关于成倍节拍流水的叙述中，错误的是（　　）。
   A. 各施工过程的流水节拍同为某一常数的倍数
   B. 施工队数多于施工过程数
   C. 不同施工过程之间的流水步距均相等
   D. 个别施工队不能连续施工
9. 下列关于无节奏流水施工的叙述，错误的是（　　）。
   A. 施工段可能有空闲
   B. 不同施工过程之间在各段上的节拍可能不等
   C. 施工队数多于施工过程数
   D. 每个施工队在每个施工层内都能连续作业
10. 当房屋有层间关系且分段又分层时，为保证工作队连续作业而工作面又不空闲，施工段数 m 和施工过程数 n 应满足（　　）。
   A. $m<n$　　B. $m\geqslant n$　　C. $m\leqslant n$　　D. $m\neq n$

三、简答题

1. 等节拍流水的基本特点有哪些？
2. 施工段划分应遵循哪些原则？
3. 流水施工有哪几种类型？
4. 无节奏流水施工有哪些特点？
5. 试述等节拍流水施工的组织方法。
6. 试述无节奏流水施工的组织方法。

链接执考

1. 下列关于横道图说法正确的是（　）。[2011年全国二级建筑师试题（单选题）]

A. 横道图无法表达工作间的逻辑关系

B. 可以确定横道图计划的关键线路和关键工作

C. 只能用手工方式对横道图计划进行调整

D. 横道图计划适用于大的进度计划系统

2. 关于建设工程项目进度计划说法正确的是（　）。[2012年全国二级建造师考题（多选题）]

A. 项目进度计划系统是项目进度控制的依据

B. 项目进度计划系统在项目实施前应建立并完善

C. 项目各参与方可以编制多个不同的进度计划系统

D. 项目进度计划系统中各计划应注意联系与协调

E. 项目进度计划系统可以由多个不同周期的进度计划组成

模块 3

网络计划技术

【模块概述】

网络计划技术是20世纪50年代后期发展起来的一种科学的计划管理方法，是项目时间进度管理中采用的最核心的项目管理技术，同时在项目资源与成本的优化方面也有广泛的应用。它以缩短工期、提高效率、节约劳力、降低消耗为目标，采用优化技术进行时间、费用和资源的平衡，获取最佳计划方案，能在一定的人力、物力、投资情况下，以最短的时间和最省的资源、最佳的经济效益，完成产品的生产或工程项目任务。

本模块从网络计划技术的概念、含义入手，逐步介绍网络计划的类型、绘制方法、时间参数的计算、关键线路的确定以及网络计划的优化。

【学习目标】

1. 在了解横道计划与网络计划区别与联系的基础上，进一步了解网络计划的分类、优化。
2. 熟悉双代号网络计划的绘图规则、绘制方法和基本应用。
3. 掌握双代号网络计划的相关概念、时间参数计算以及早时标网络计划的应用。
4. 熟悉单代号网络计划的概念，了解单代号网络计划绘制方法、时间参数计算。
5. 熟悉网络计划的控制。

【技能目标】

1. 具备熟练计算网络计划时间参数的能力。
2. 能够识读并绘制一般单位工程、分部工程的双代号网络计划。
3. 能够对于简单的网络计划进行检查与调整，为今后很好地适应工作打下良好的基础。

【课时建议】

10～12课时

工程导入

某钢筋混凝土独立基础工程按照施工工艺一般划分为土方开挖、混凝土垫层、绑扎钢筋、支基础摸板、浇筑基础混凝土、养护、拆模、回填土等施工过程，施工中组织流水施工，划分为3个施工段，如何用网络计划图表示？

3.1 网络计划技术概述

3.1.1 网络计划的原理

网络计划是指利用网络图形来表示项目（或计划）中各项工作的进行顺序及其相互关系，确定各项工作所需的时间和资源（人力、物力和财力）等数据，即用网络计划建立起项目的数学模型，在此基础上对项目进行分析和计算，调整和优化，并对项目实施进行控制的计划管理方法。

3.1.2 网络计划技术的起源与发展

网络计划技术是一种科学的计划管理方法，通常也称为网络计划，是一种以网状图形表示一项计划或一个工程开展顺序的工作流程图。它是随着现代科学技术和工业生产的发展而产生的。20世纪50年代，为了适应科学研究和新的生产组织管理的需要，国外陆续出现了一些计划管理的新方法。1956年，美国杜邦公司研究创立了网络计划技术的关键线路方法（缩写为CPM），并试用于一个化学工程上，取得了良好的经济效果。1958年，美国海军武器部在研制“北极星”导弹计划时，应用了计划评审方法（缩写为PERT）进行项目的计划安排、评价、审查和控制，获得了巨大成功。20世纪60年代初期，网络计划技术在美国得到了推广，一切新建工程全面采用这种计划管理新方法，并开始将该方法引入日本和西欧其他国家。随着现代科学技术的迅猛发展、管理水平的不断提高，网络计划技术也在不断发展和完善。目前，它已广泛地应用于世界各国的工业、国防、建筑、运输和科研等领域，已成为发达国家盛行的一种现代生产管理的科学方法。

我国对网络计划技术的研究与应用起步较早，1965年，著名数学家华罗庚教授首先在我国的生产管理中推广和应用这些新的计划管理方法，并根据网络计划统筹兼顾、全面规划的特点，将其称为统筹法。30多年来，网络计划技术作为一门现代管理技术已逐渐被各级领导和广大科技人员所重视。改革开放以后，网络计划技术在我国的工程建设领域也得到迅速的推广和应用，尤其是在大中型工程项目的建设中；对其资源的合理安排、进度计划的编制、优化和控制等应用效果显著。目前，网络计划技术已成为我国工程建设领域中正在推行的项目法施工、工程建设监理、工程项目管理和工程造价管理等方面必不可少的现代化管理方法。

1992年，国家技术监督局和建设部先后颁布了中华人民共和国国家标准《网络计划技术》（GB/T 13400.1、13400.2、13400.3—1992）3个标准和中华人民共和国行业标准《工程网络计划技术规程》（JGJ/T—121—99），而2010年对《网络计划技术》（GB/T 13400.1、13400.2、13400.3—1992）3个标准进行修订并完成了《网络计划技术第2部分：网络图画法的一般规定》（GB/T 13400.2—2009）和《网络计划技术第3部分：在项目管理中应用的一般程序》（GB/T 13400.3—2009），于2010年发布实施。《网络计划技术第1部分：常用术语》（GB/T 13400.1—2012）由中华人民共和国国家质量监督检验检疫总局和中国国家标准化管理委员会发布，于2013年6月1日起实施。这些标准使工程网络计划技术在计划的编制与控制管理的实际应用中有了一个可遵循的、统一的技术标准，保证了计划的科学性，对提高工程项目的管理水平发挥了重大作用。

3.1.3 网络计划技术的特点

网络计划技术的基本模型是网络图。网络图是由箭线和节点组成的，用来表示工作流程的有向、有序的网状图形。所谓网络计划，是用网络图表达任务构成、工作、顺序，并加注时间参数的进度计划。与甘特横道计划相比，网络计划具有如下优点：

①网络图把工程实施过程中的各有关工作组成了一个有机的整体，能全面而明确地反映出各项工作之间的相互制约和相互依赖的关系。

②能进行各种时间参数的计算。

③能在名目繁多、错综复杂的计划中找出决定工程进度的关键工作和关键线路，便于计划管理者集中力量抓主要矛盾，确保进度目标的实现。

④能从许多可行方案中，比较、优选出最佳方案。

⑤可以合理地进行资源安排和配置，达到降低成本的目的。

⑥能够利用电子计算机，可以编程上机，并能够对计划的执行过程进行有效的监督与控制。

网络计划技术既是一种计划方法，又是一种科学的管理方法，它可以为项目管理者提供许多信息，有利于加强管理，取得质量、成本、时间的全面效果。

网络计划的缺点是它不像横道图那么直观明了。但是，带有时间坐标的网络计划图可以弥补其不足。

3.1.4 网络计划技术的分类

网络计划种类繁多，可以从不同的角度进行分类：

①按代号的不同区分，可以分为双代号网络计划和单代号网络计划。

②按有无时间坐标的限制区分，可以分为标注时间网络计划和时间坐标网络计划。

③按目标的多少区分，可以分为单目标网络计划和多目标网络计划。

④按编制对象区分，可以分为局部网络计划（以一个分部工程或一个施工段为对象编制的）、单位工程网络计划（以一个单位工程或单体工程为对象编制的）和综合网络计划（以一个建设项目为对象编制的）。

⑤按工作之间逻辑关系和持续时间的确定程度区分，可以分为肯定型网络计划和非肯定型网络计划。肯定型网络计划即工作之间的逻辑关系及各工作的持续时间都是肯定的（如关键线路法：CPM）。非肯定型网络计划，即工作之间的逻辑关系和各工作的持续时间之中有一项以上是不肯定的，如计划评审技术（PERT）、图示评审技术（GERT）等。本模块只介绍确定型网络计划。

3.1.5 网络计划的表示方法

网络计划的表示方法通常有两种：一种是双代号网络图，另一种是单代号网络图。

1. 双代号网络图

用箭线及其两端节点的编号表示工作的网络图称为双代号网络图（图 3.1）。

2. 单代号网络图

以节点及其编号表示工作，以箭线表示工作之间的逻辑关系的网络图称为单代号网络图（图 3.2）。

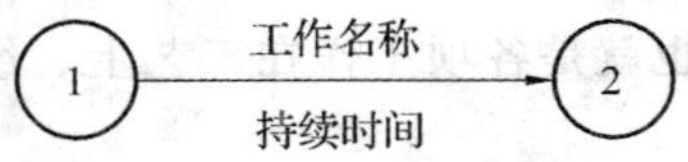

图 3.1 双代号网络图表示方法

图 3.2 单代号网络图表示方法

3.1.6 网络计划中的符号

1. 双代号网络图的基本符号

双代号网络图的基本符号是箭线和节点。

(1) 箭线

①箭线表示一项工作，工作名称通常标注在箭线的上方。

②箭线表示一项工作，而工作一般要占用一定的时间和消耗一定的资源（如浇筑混凝土梁），也有的工作只占用时间而不消耗资源（如油漆干燥），还有的既不占用时间也不消耗资源的工作（虚工作），用虚箭线表示。工作占用的时间用数字标注在箭线的下方，而消耗的资源另作说明。

③箭线带有方向性（属有向图），箭尾表示工作的开始，箭头表示工作的结束。

④箭线可以画成直线、折线或斜线。

(2) 节点

网络图中箭线端部的圆圈就是节点，也可以写作结点。

①节点表示前面工作结束和后面工作开始的瞬间，所以它不占用时间也不消耗资源。

②箭尾节点表示该工作的开始，箭头节点表示该工作的结束。

③根据节点在网络图中的位置不同可以分为起点节点、中间节点和终点节点。

2. 单代号网络图的基本符号

单代号网络图的基本符号也是箭线和节点。

①箭线：表示相邻工作之间的逻辑关系（工作开展的先后关系）。

②节点：表示工作，它的含义类似于双代号网络图中的箭线。

3.1.7 网络计划中的其他概念

1. 工作、紧前工作、紧后工作及平行工作

(1) 工作

工作也称为工程、活动、工序。它是根据工程计划任务粗细程度划分确定的。

(2) 紧前工作

紧排在本工作之前的工作称为本工作的紧前工作。

(3) 紧后工作

紧排在本工作之后的工作称为本工作的紧后工作。

(4) 平行工作

与本工作同时进行的工作称为本工作的平行工作。

2. 内向箭线和外向箭线

(1) 内向箭线

箭头指向某节点的箭线称为某节点的内向箭线。

(2) 外向箭线

由某节点引出，指向其他节点的箭线称为某节点的外向箭线。

3. 逻辑关系

工作之间相互制约或依赖的关系称为逻辑关系，也就是各项工作在工艺上、组织上要求的先后顺序关系，包括工艺逻辑关系和组织逻辑关系。

(1) 工艺逻辑关系

工艺逻辑关系是指生产工艺上客观存在的先后顺序关系，或是非生产性工作之间由工作程序决

定的先后顺序关系。这种关系由施工工艺、方法所定的先后顺序，一般不可变。

（2）组织逻辑关系

组织逻辑关系是指在不违反工艺关系的前提下，人为安排工作的先后顺序关系。

4．虚工作

在双代号网络图中，为了正确地表示各工作之间的逻辑关系，有时需引入虚工作。虚工作是没有具体工作内容，不消耗资源和时间，只表示工作间逻辑关系的以虚箭线表示的工作。其表达方式可垂直方向向上或向下，也可水平方向向右。虚工作起着联系、区分和断路作用。

【知识拓展】

虚工作的作用：

①联系作用：甲工程与乙工程之间有联系（图 3.3）。

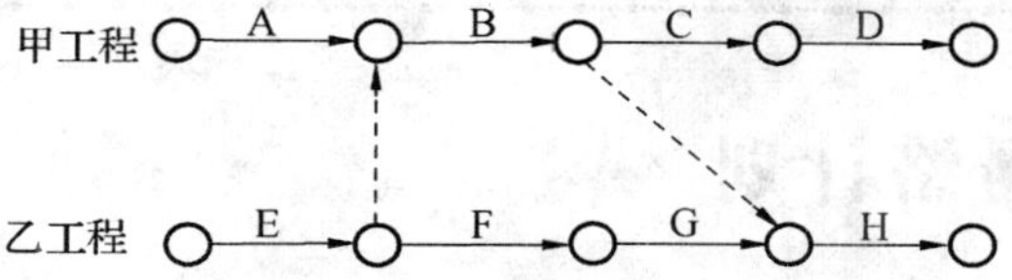

图 3.3　虚工作联系两个工程

②区分作用：两个（或两个以上）工作同时开始、同时结束（图 3.4）。

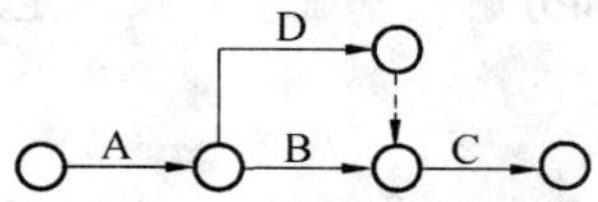

图 3.4　虚工作区分两个工作

③断路作用：断开没有逻辑关系的工作，连接有逻辑关系的工作（图 3.5）。A 完成后进行 D、B，C 完成后进行 D。通过设置虚工作断开了 C 和 B 的逻辑关系，连接 A 和 D 的逻辑关系。

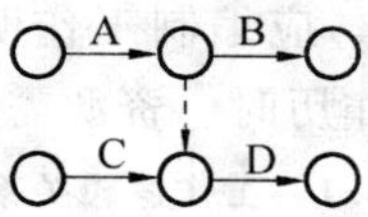

图 3.5　虚工作断开两个工作的联系

技术提示

两项工作之间无论有多少虚工作都不改变其原有的逻辑关系。

5．线路、关键线路和关键工作

（1）线路

网络图中从起点节点开始，顺着箭线方向连续通过一系列箭线与节点，最后到达终点节点的通路称为线路。

（2）关键线路和关键工作

线路上各项工作持续时间的总和称为该线路的长度，也是完成这条线路上所有工作的计划工期。网络图中最长的线路称为关键线路（或主要矛盾线路）。位于关键线路上的工作称为关键工作。

关键工作完成的快慢直接影响整个计划工期的实现，关键线路用粗箭线、双箭线或彩色线表示，以突出其重要性。

技术提示

关键线路在网络图中有时不止一条，可能同时存在几条关键线路，即这几条线路上的持续时间相同。

关键线路并不是一成不变的，在一定条件下，关键线路和非关键线路可以互相转化。当采用了一定的技术组织措施，压缩了关键线路上各工作的持续时间，就有可能使关键线路发生转移，使原来的关键线路变成非关键线路，而原来的非关键线路变成关键线路。

位于非关键线路的工作除关键工作外，其余称为非关键工作，它有机动时间（即时差）。非关键工作也不是一成不变的，它可以转化为关键工作。利用非关键工作的机动时间可以科学地、合理地调配资源和对网络计划进行优化。

3.2 绘制网络计划

3.2.1 网络图的绘制程序

绘制网络图是在对任务进行分析和分解的基础上，按规定或要求的画法画出网络图的过程。该过程一般分为以下两步：

1. 任务的分解

网络图是按工作间的逻辑关系绘制的。所以，在绘制网络图之前，应根据工程实际把项目任务细分为工作，这一过程就是工程任务的分解。

把一项任务分解成工作（或工序）后，分析并确定各工作在工艺和组织方面的相互联系及相互制约关系；确定工作的先后顺序，明确各工作的所有紧前、紧后工作以及各工作之间的搭接关系；确定该工序的持续时间等。为了方便起见，应编制工作明细表，工作明细表主要包含内容工作序号、工作名称、工作代号、逻辑关系、工作历时、资源需要量等，见表3.1。

表3.1　工作逻辑关系表

工作序号	工作名称	工作代号	紧前工作	紧后工作	资源需要量	……

2. 画网络图

在网络计划法中，单代号网络图表示工作间的各种逻辑关系非常方便，绘图简单，应用较广；双代号网络图仅能表示工作间的紧前、紧后关系，应用有一定的局限性。但目前我国许多中小型项目大多采用双代号表示法，具体采用哪种形式绘图应根据工程具体规定或要求决定。

3.2.2 网络图的绘制

网络图必须正确地表述整个项目或计划的工艺流程和各工作开展的先后顺序以及它们之间相互制约、相互依赖的约束关系。因此，在绘制网络图时就得遵循一定的准则要求。

1. 网络图的绘制规则

(1) 双代号网络图的绘制规则

双代号网络图用○表示节点，以箭线表示工作。在箭线上面标工作名称，在箭线下面标工作持续时间。

节点表示一项工作的开始和结束时间，是两项工作的交接点，它是紧前工作结束、紧后工作开始的标志，在这里节点可以认为是一个时刻，故其不消耗资源，不占用时间和空间。

《工程网络计划技术规程》(JGJ/T 121—1999) 中规定双代号网络图绘制的基本规则为：

①网络图必须正确表达工作间的逻辑关系，同时尽量去掉多余的虚工作。

②所有箭线方向必须由左到右，时间必须由现在到将来，严禁出现循环回路。

③节点之间严禁出现双向箭头或无箭头的连线。

④严禁出现没有箭头或没有箭尾的箭线。

⑤箭线尽量避免交叉。

⑥进入某事项的工作虽然可有多条，但由同一事项进入该事项的工作只能有一条。如遇此情况，必须引入虚工序予以消除。

⑦只应有一个起点节点和一个终点节点。如果一项任务出现多个起点节点或终点节点，可引入虚工作予以消除。

⑧网络图中的节点必须编号，编号时应遵循箭头节点的编号大于箭尾节点的编号，一个网络图中，所有节点不能出现重复编号。

(2) 单代号网络图的绘制规则

建设部颁布的《工程网络计划技术规程》(JGJ/T 121—1999) 中规定单代号网络图绘制的基本规则为：

①网络图必须正确表述已定的逻辑关系。

②严禁出现循环回路。

③严禁出现双箭头或无箭头的连线。

④严禁出现没有箭尾节点和没有箭头节点的箭线。

⑤箭线不宜交叉，当交叉不可避免时可采用过桥法和指向法绘制。

⑥只应有一个起点节点和一个终点节点，当网络图中有多项起点节点或多项终点节点时应在网络图的两端分别设置一项虚工作，作为该网络图的起点节点和终点节点。

2. 网络图中常见逻辑关系的表示方法

在网络图中，根据施工顺序和施工组织的要求，正确地反映各项工作之间的相互制约和相互依赖关系。表 3.2 是网络图中各工作逻辑关系表示方法。

表 3.2 网络图中各工作逻辑关系表示方法

序号	工作之间的逻辑关系	双代号表示方法	单代号表示方法
1	A、B、C 3 项工作依次进行	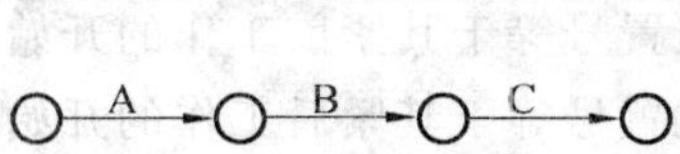	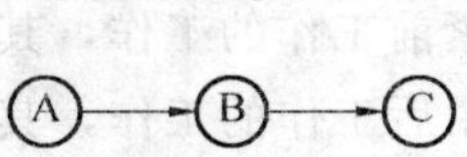
2	A 工作完成后同时开始 B、C 两项工作	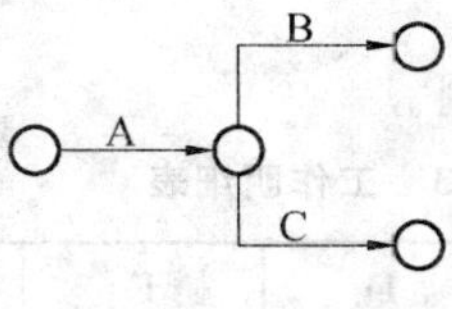	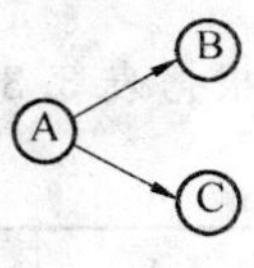

续表 3.2

序号	工作之间的逻辑关系	双代号表示方法	单代号表示方法
3	A、B 工作完成后进行 C 工作	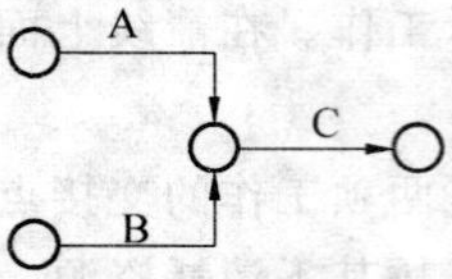	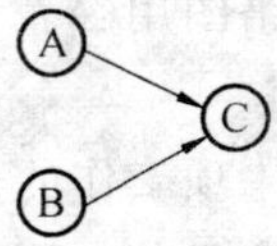
4	A、B 工作完成后同时进行 C、D 工作	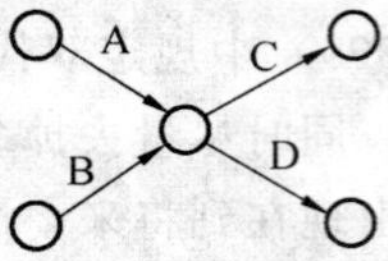	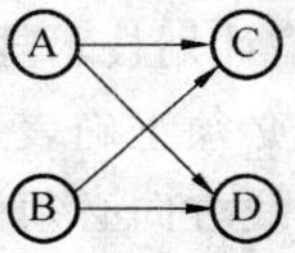
5	A 工作完成后进行 C 工作，A、B 工作完成后进行 D 工作	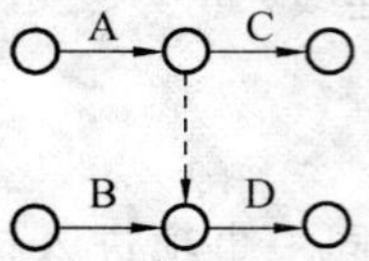	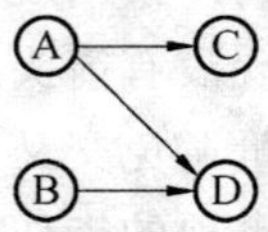
6	A、B 工作完成后进行 C 工作，B、D 工作完成后进行 E 工作	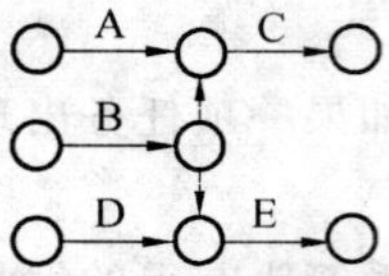	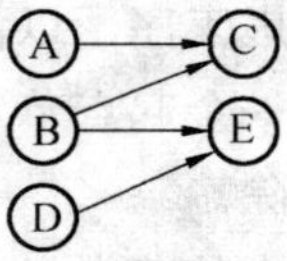
7	A 工作完成后进行 C 工作，A、B 工作完成后进行 D 工作，B 工作完成后进行 E 工作	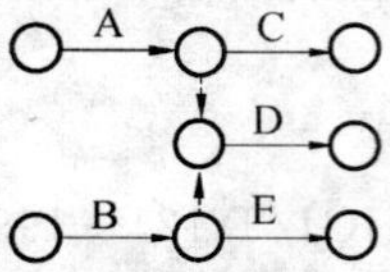	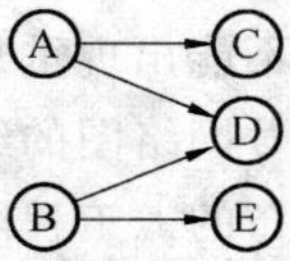
8	A、B 两项工作先后进行，各分 3 段进行	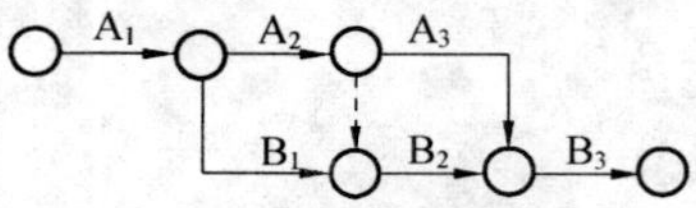	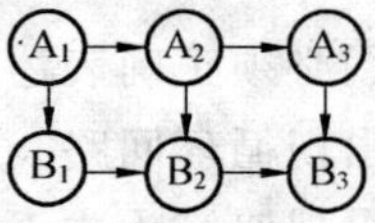

3. 网络图的绘制方法

(1) 双代号网络图的节点位置法绘图步骤

①提供逻辑关系表，一般只要提供每项工作的紧前工作。

②确定各工作紧后工作。

③确定各工作开始节点位置号和完成节点位置号。

④根据节点位置号和逻辑关系绘出初始网络图。

⑤检查、修改、调整，绘制正式网络图。

(2) 双代号网络图的节点位置号确定规则

①无紧前工作的工作，其开始节点位置号为 0。

②有紧前工作的工作，其开始节点位置号等于其紧前工作的开始节点位置号的最大值加 1。

③有紧后工作的工作，其结束节点位置号等于其紧后工作的开始节点位置号的最小值。

④无紧后工作的工作，其结束节点位置号等于网络图中各个工作的结束节点位置号的最大值加 1。

【例 3.1】 根据表 3.3 绘制双代号网络计划。

表 3.3 工作明细表

工作名称	A	B	C	D	E	F	G	H
紧前工作	—	A	B	B	B	D、E	C、E	F、G

(1) 绘制矩阵图（工作逻辑关系表）：横向1为紧前工作，竖向1为紧后工作（见表3.4）。

(2) 确定各工作起止节点位置号（见表3.5）。

(3) 绘制网络图（图3.6）。

表3.4　工作逻辑关系表

	A	B	C	D	E	F	G	H
A								
B	1							
C		1						
D		1						
E		1						
F				1	1			
G			1		1			
H						1	1	

表3.5　节点位置号表

	A	B	C	D	E	F	G	H
紧前工作	—	A	B	B	B	D、E	C、E	F、G
紧后工作	B	C、D、E	G	F	F、G	H	H	—
开始节点号	0	1	2	2	2	3	3	4
结束节点号	1	2	3	3	3	4	4	5

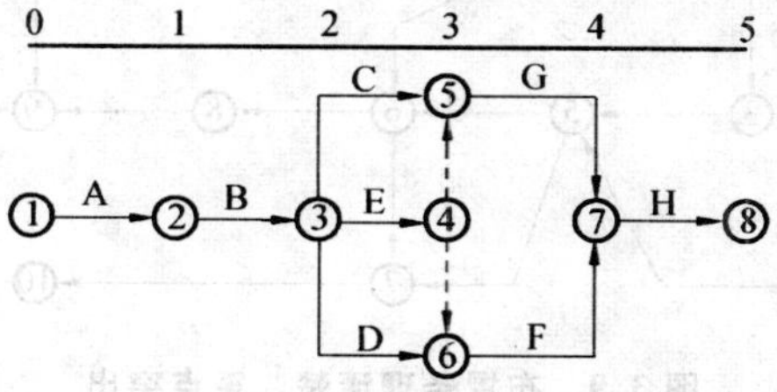

图3.6　已编号的网络计划图

【例3.2】 根据表3.6给出的工作明细表绘制网络图，其结果如图3.7所示。

表3.6　工作明细表

工作	紧前工作
A	—
B	A
C	A
D	B
E	B、C
F	D、E

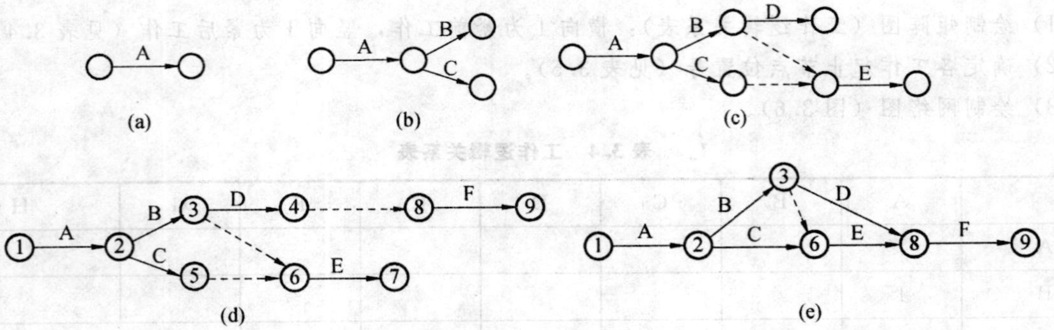

图 3.7　网络图的绘制过程

(3) 绘制双代号网络图应注意的问题

①网络图的布局要条理清楚，重点突出。

虽然网络图主要用以反映各项工作之间的逻辑关系，但是为了便于使用，还应安排整齐，条理清楚，突出重点。尽量把关键工作和关键线路布置在中心位置，尽可能把密切相连的工作安排在一起，尽量减少斜箭线而采用水平箭线；尽可能避免交叉箭线出现，如图 3.8 和图 3.9 所示。

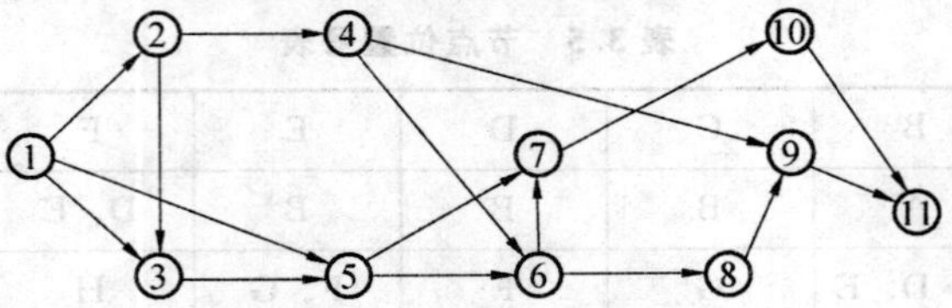

图 3.8　布置条理不清楚，重点不突出

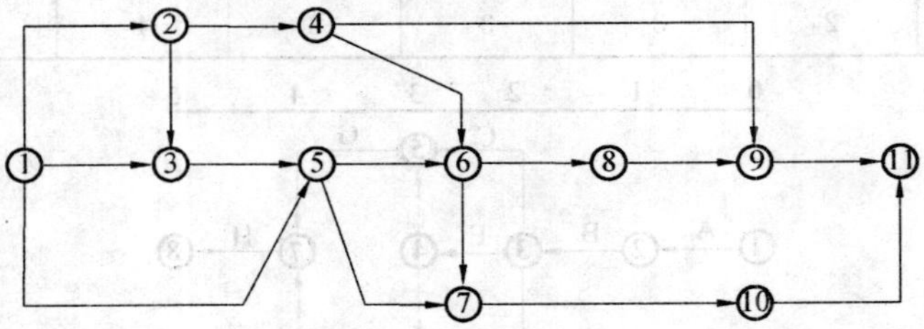

图 3.9　布置条理清楚，重点突出

②交叉箭线的画法。

当网络图中不可避免地出现交叉时，不能直接相交画出，如图 3.10（a）是错误的。目前采用 3 种方法来解决，分别为“过桥法”“指向法”和“断线法”，如图 3.10（b）、（c）、（d）所示。当双代号网络图中的某些节点有多条外向箭线或多条内向箭线时，保证一项工作有唯一的一条箭线和一对节点编号的前提下，采用母线法绘图，如图 3.11 所示。

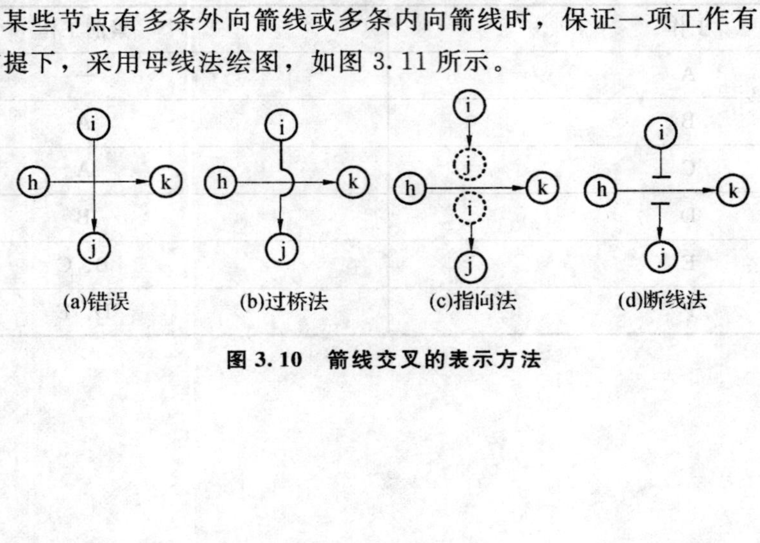

图 3.10　箭线交叉的表示方法

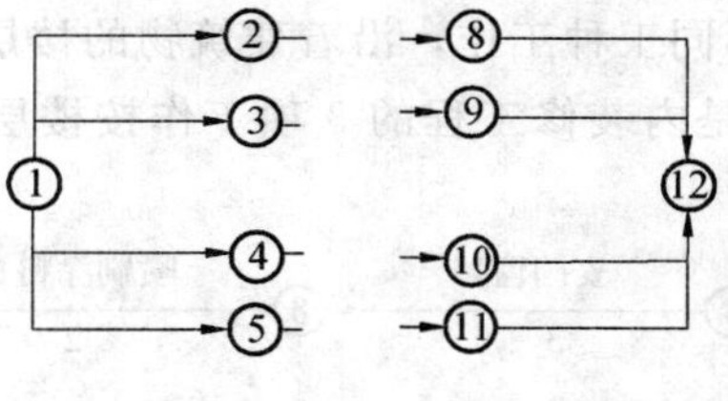

图 3.11　母线法

【知识拓展】

绘制网络图时必须符合以下 3 个条件：

第一，符合施工顺序的关系；

第二，符合流水施工的要求；

第三，符合网络逻辑连接关系。

一般来说，对施工顺序和施工组织上必须衔接的工作，绘图时不易产生错误，但是对于不发生逻辑关系的工作就容易产生错误。

遇到这种情况时，采用虚箭线加以处理。用虚箭线在线路上隔断无逻辑关系的各项工作，这种方法称为“断路法”(图 3.12)。

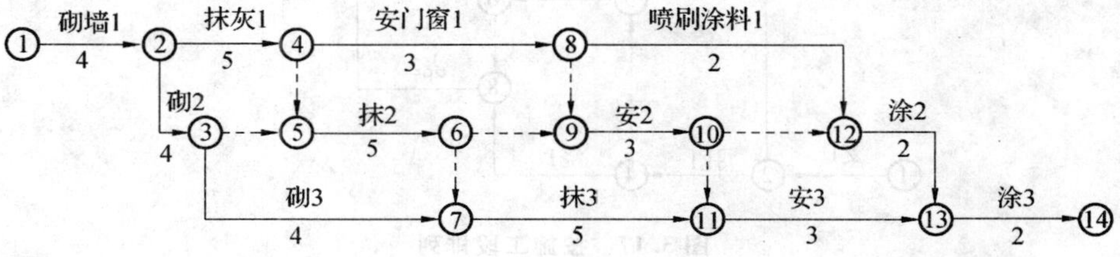

图 3.12　断路法

③力求减少不必要的箭线和节点，如图 3.13、3.14 所示。

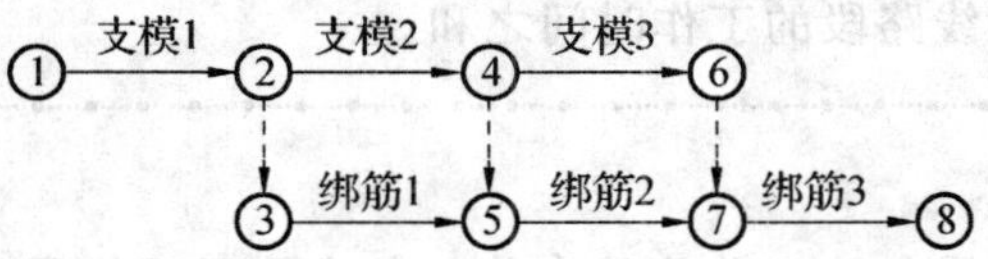

图 3.13　有多余虚箭线

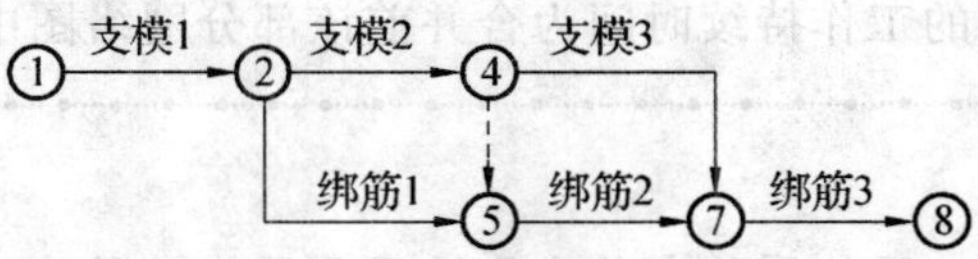

图 3.14　合理的虚箭线

(4) 双代号网络图的拼图

①网络图的排列。

双代号网络图的排列有按施工过程排列和按施工段排列两种排列方式。

如果为了突出表示施工过程的连续作业，可以把同一施工过程排列在同一水平线上，这一排列方法称为按施工过程排列法，如图 3.15 所示。

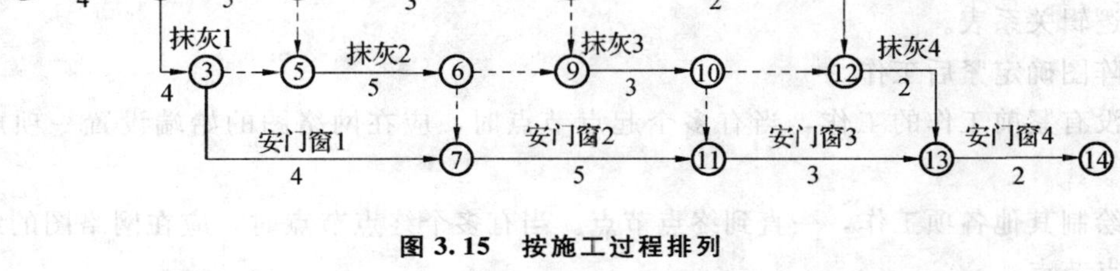

图 3.15　按施工过程排列

如果在流水作业中，若干个不同工种工作，沿着建筑物的楼层展开时，可以把同一楼层的各项工作排在同一水平线上。图 3.16 是内装修工程的 3 项工作按楼层自上而下的施工流向进行施工的网络图。

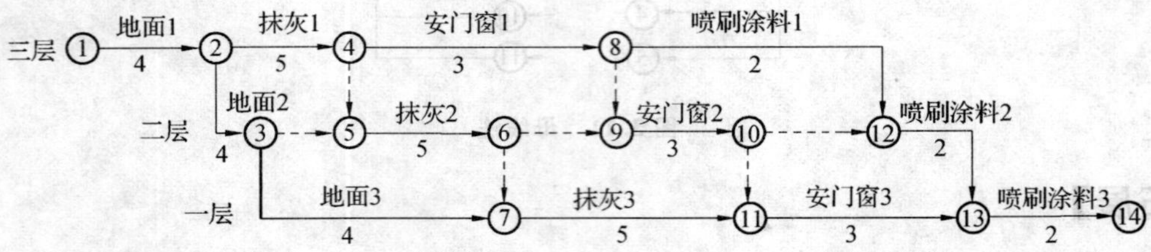

图 3.16　按楼层自上而下排列

如果为了突出表示工作面的连续或者工作队的连续，可以把在同一施工段上的不同工种工作排列在同一水平线上，这种排列方法称为按施工段排列法，如图 3.17 所示。

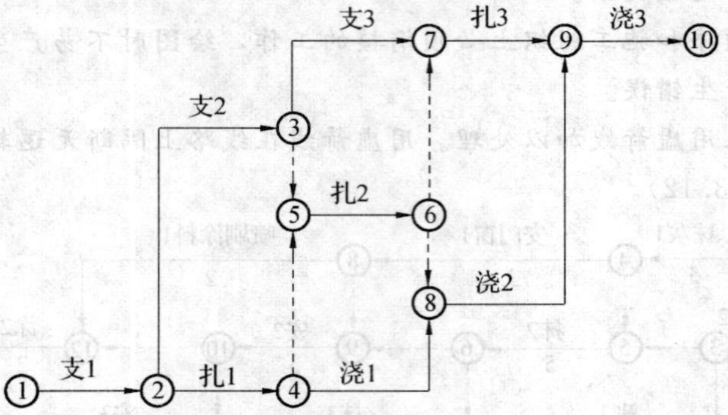

图 3.17　按施工段排列

②网络图的工作合并。

网络图的工作合并的基本方法是：保留局部网络图中与外部工作相联系的节点，合并后箭线所表达的工作持续时间为合并前该部分网络图中相应最长线路段的工作时间之和。

技术提示

网络图的合并主要适用于群体工程施工控制网络图和施工单位的季节、年度控制网络图的编制。

③网络图连接。

绘制复杂网络图时，往往先将其分解成若干个相互独立的部分，然后各自分头绘制，最后按逻辑关系进行连接，形成一个整体网络图。

④网络图的详略组合。

局部详细，整体简略。

(5) 单代号网络图的绘制方法

①提供逻辑关系表。

②用矩阵图确定紧后工作。

③绘制没有紧前工作的工作，当有多个起点节点时，应在网络图的始端设置一项虚拟的起点节点。

④依次绘制其他各项工作，一直到终点节点。当有多个终点节点时，应在网络图的终端设置一项虚拟的终点节点。

技术提示

绘制单代号网络图相对绘制双代号网络图要简单得多，只要把网络计划中各项工作间的逻辑关系表达清楚就行了。也就是说，只要把有紧前紧后关系的工作用箭线连起来就可以了，但容易使得箭线混乱和箭线交叉情况出现，尽量避免。

【例 3.3】 根据表 3.7 绘制单代号网络图，其结果如图 3.18 所示。

表 3.7 工作明细表

工作名称	A	B	C	D	E	F	G	H
紧前工作	—	A	B	B	B	D、E	C、E	F、G

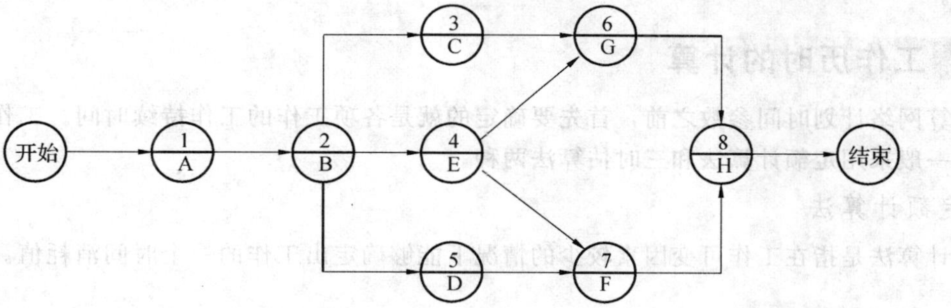

图 3.18 单代号网络计划

【例 3.4】 根据表 3.8 绘制单代号网络图，其结果如图 3.19 所示。

表 3.8 工作明细表

工 作	紧前工作
A	
B	A
C	A
D	B
E	B、C
F	D、E

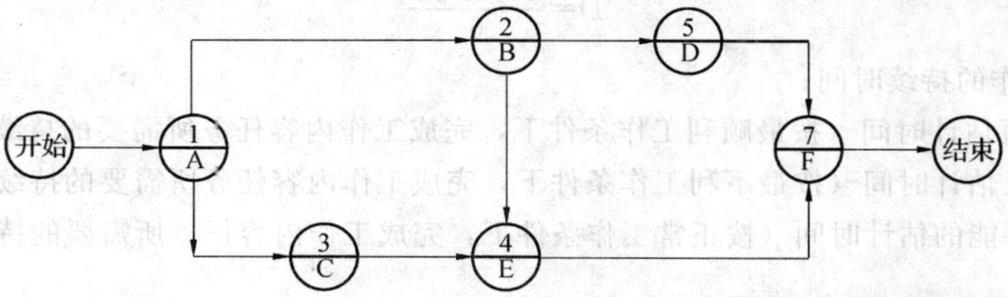

图 3.19 单代号网络计划

3.3 网络计划时间参数计算

前面系统地学习了网络图（肯定型网络计划）的绘制，只是说明我们用网络的形式表达了项目中各工作间的逻辑关系，但计划做得好坏、是否符合工程项目的具体要求（如工期、劳动力、材料指标以及是否符合经济的原则），这些都不是画图能解决的。应该明白，网络计划并不是单纯为了抢进度，而主要是在一定条件下，通过调整计划、节约人力、物力、降低工程成本并使工期合理，如果要使工期提前则要求增加的成本最低。因此，网络计划图的绘制不是网络计划的最终目的，计算时间参数，调整、优化网络计划，实现指导工程项目管理才是网络计划的目标。

网络计划时间参数的计算的具体目的就是通过计算找出组成网络计划的关键线路，确定工程工期。通常情况下关键线路上是没有时差的，而非关键工作有等待时间，通过计算可以看出有多少灵活运用的机动时间，然后优化劳动力以及其他资源，这是横道图做不到的。

网络计划时间参数的内容主要有工作最早开始时间、工作最迟开始时间、工作最早完成时间、工作最迟完成时间、节点的最早时间、节点的最迟时间、工作总时差和工作自由时差。

网络计划图中时间参数的计算有许多种方法，一般最常用的有图上计算法、列表计算法、节点计算法等。

3.3.1 工作历时的计算

在计算网络计划时间参数之前，首先要确定的就是各项工作的工作持续时间。工作持续时间确定的方法一般采用定额计算法和三时估算法两种。

1. 定额计算法

定额计算法是指在工作可变因素较少的情况下能够确定出工作的一个时间消耗值。其计算公式如下：

$$D=\frac{Q}{S\cdot R\cdot N} \tag{3.1}$$

式中 D——工作的持续时间；

Q——工作工程量；

S——产量定额或机械台班产量定额；

R——工人数量或机械数量；

N——工作班次。

2. 三时估算法

网络图中的各项工作可变因素较多，不易确定一个单一的时间值。采用概率计算方法计算，先估算出 3 个时间值：最长、最短和最可能持续时间，再加权平均算出一个期望值作为该工作的持续时间，这种计算方法就称为三时估算法。其计算公式如下：

$$D=\frac{a+4c+b}{6} \tag{3.2}$$

式中 D——工作的持续时间；

a——最短估计时间（按最顺利工作条件下，完成工作内容任务所需要的持续时间）；

b——最长估计时间（按最不利工作条件下，完成工作内容任务所需要的持续时间）；

c——最可能的估计时间（按正常工作条件下，完成工作内容任务所需要的持续时间）。

3.3.2 双代号网络计划时间参数计算

在计算时间参数时，我们规定：无论是工作的开始时间或结束时间，都以时间单位的终了时刻计。例如，某工作的开始时间是第 1 d，实际指的是第 1 d 的末了，也就是第 2 d 的早上。同样，完成时间也是这样的含义。如果某工作第 20 d 完成，就是第 20 d 晚上完成或第 21 d 早上完成。

技术提示

在计算时间参数时，对于虚工作可以计算时间参数，也可以不计算。

下面通过一个例题来学习计算时间参数。网络计划图如图 3.20 所示。

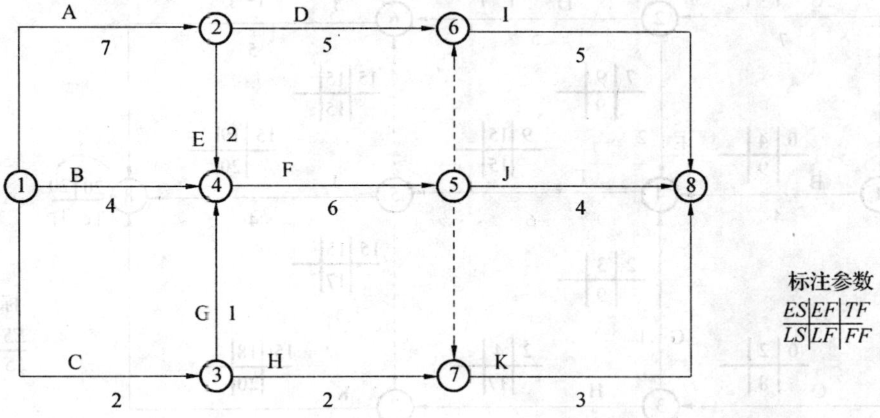

图 3.20 双代号网络计划

1. 图上计算法

ES 值、*EF* 值、*LF* 值、*LS* 值、*TF* 值和 *FF* 值计算如图 3.21～3.26 所示，具体过程如下：

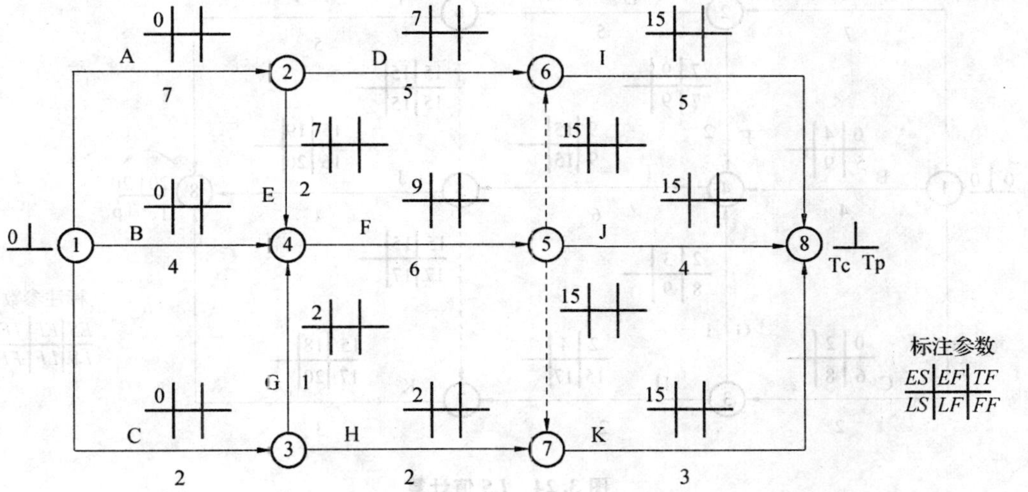

图 3.21 *ES* 值计算

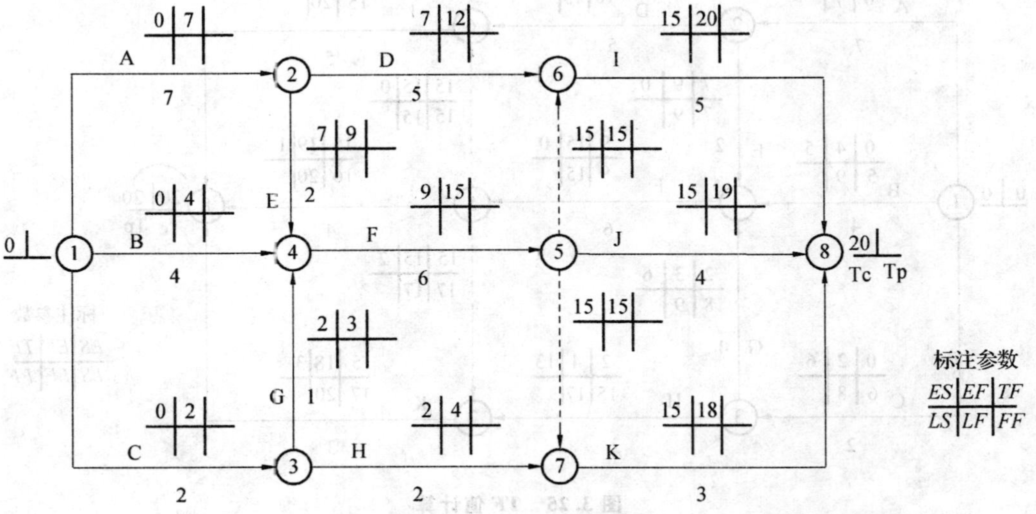

图 3.22 *EF* 值计算

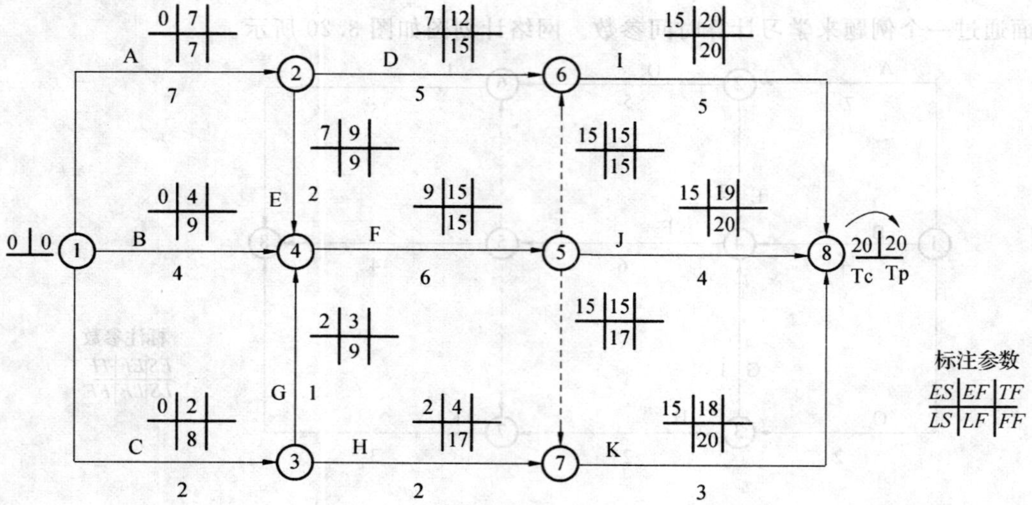

图 3.23　*LF* 值计算

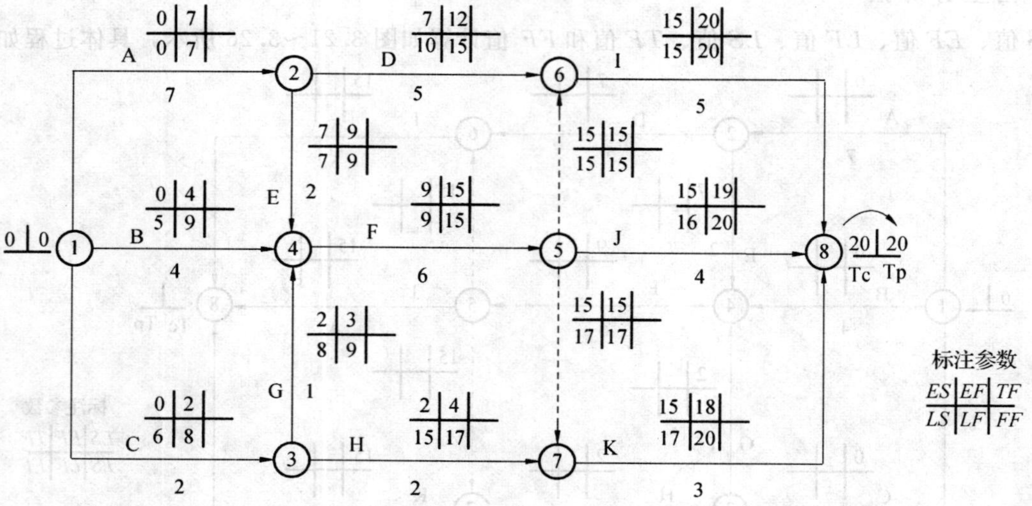

图 3.24　*LS* 值计算

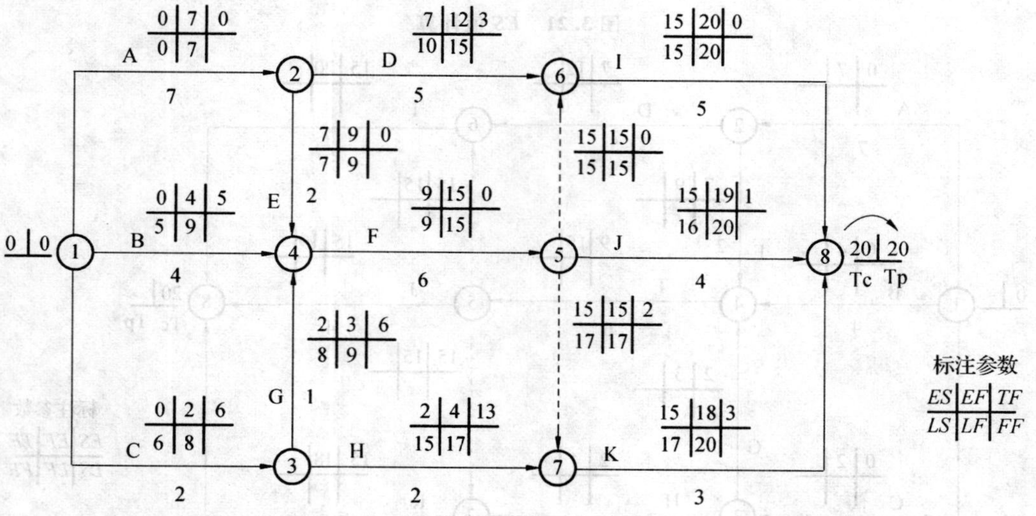

图 3.25　*TF* 值计算

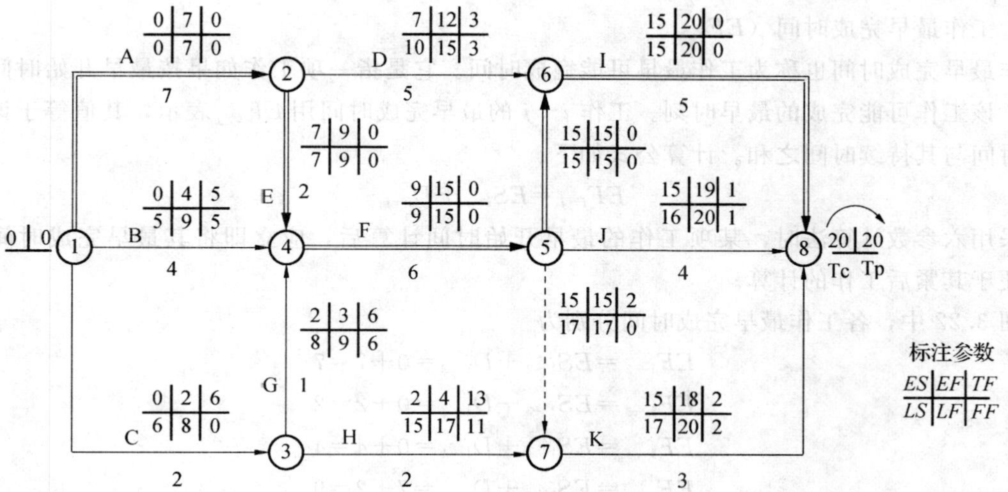

图 3.26 *FF* 值计算

(1) 最早开始时间 (*ES*)

工作最早开始时间也称为工作最早可能开始时间。它是指所有紧前工作全部完成，本工作具备了开始的必要条件的最早时刻。工作 $i-j$ 的最早开始时间用 ES_{i-j} 表示。

由于最早开始时间是以紧前工作的最早开始或最早完成时间为依据，所以，它的计算必须在其所有紧前工作都计算后才能进行。因此该种参数的计算，是受起点节点的开始时间限制的，也就是说必须从网络图的起点节点开始，顺箭线方向逐项进行，直到终点节点为止。

凡与起点节点相连的工作都是计划的起始工作，当未规定其最早开始时间 ES_{i-j} 时，其值一般都确定为零。即

$$ES_{i-j}=0\ (i=1) \tag{3.3}$$

图 3.21 中 A、B、C 工作的最早开始时间分别是：$ES_{1-2}=0$、$ES_{1-3}=0$、$ES_{1-4}=0$。

其他工作的最早开始时间的计算方法是：将其所有紧前工作 $h-i$ 的最早开始时间 ES_{h-i} 分别与各工作的持续时间 D_{h-i} 相加，取和数中的最大值；当采用六参数法计算时，可取各紧前工作最早完成时间的最大值。即

$$ES_{i-j}=\max\{ES_{h-i}+D_{h-i}\}=\max\{EF_{h-i}\} \tag{3.4}$$

式中 ES_{h-i}——工作 $i-j$ 的紧前工作 $h-i$ 的最早开始时间；

D_{h-i}——工作 $i-j$ 的紧前工作 $h-i$ 的持续间；

EF_{h-i}——工作 $i-j$ 的紧前工作 $h-i$ 的最早完成时间。

在图 3.21 中，各工作最早开始时间分别为

$$ES_{2-4}=\max\{ES_{1-2}+D_{1-2}\}=ES_{1-2}+D_{1-2}=0+7=7$$
$$ES_{2-6}=\max\{ES_{1-2}+D_{1-2}\}=ES_{1-2}+D_{1-2}=0+7=7$$
$$ES_{3-4}=\max\{ES_{1-3}+D_{1-3}\}=ES_{1-3}+D_{1-3}=0+2=2$$
$$ES_{3-7}=\max\{ES_{1-3}+D_{1-3}\}=ES_{1-3}+D_{1-3}=0+2=2$$
$$ES_{4-5}=\max\{ES_{1-4}+D_{1-4},\ ES_{2-4}+D_{2-4},\ ES_{3-4}+D_{3-4}\}=\max\{0+4,\ 7+2,\ 2+1\}=9$$
$$ES_{5-6}=\max\{ES_{4-5}+D_{4-5}\}=ES_{4-5}+D_{4-5}=9+6=15$$
$$ES_{5-7}=\max\{ES_{4-5}+D_{4-5}\}=ES_{4-5}+D_{4-5}=9+6=15$$
$$ES_{5-8}=\max\{ES_{4-5}+D_{4-5}\}=ES_{4-5}+D_{4-5}=9+6=15$$
$$ES_{6-8}=\max\{ES_{2-6}+D_{2-6},\ ES_{5-6}+D_{5-6}\}=\max\{7+5,\ 15+0\}=15$$
$$ES_{7-8}=\max\{ES_{3-7}+D_{3-7},\ ES_{5-7}+D_{5-7}\}=\max\{2+2,\ 15+0\}=15$$

(2) 工作最早完成时间 (EF)

工作最早完成时间也称为工作最早可能完成时间。它是指一项工作如果按最早开始时间开始的情况下，该工作可能完成的最早时刻。工作 $i-j$ 的最早完成时间用 EF_{i-j} 表示，其值等于该工作最早开始时间与其持续时间之和。计算公式如下：

$$EF_{i-j}=ES_{i-j}+D_{i-j} \tag{3.5}$$

在采用六参数计算法时，某项工作的最早开始时间计算后，应立即将其最早完成时间计算出来，以便于其紧后工作的计算。

在图 3.22 中，各工作最早完成时间分别为

$$EF_{1-2}=ES_{1-2}+D_{1-2}=0+7=7$$
$$EF_{1-3}=ES_{1-3}+D_{1-3}=0+2=2$$
$$EF_{1-4}=ES_{1-4}+D_{1-4}=0+4=4$$
$$EF_{2-4}=ES_{2-4}+D_{2-4}=7+2=9$$
$$EF_{2-6}=ES_{2-6}+D_{2-6}=7+5=12$$
$$EF_{3-4}=ES_{3-4}+D_{3-4}=2+1=3$$
$$EF_{3-7}=ES_{3-7}+D_{3-7}=2+2=4$$
$$EF_{4-5}=ES_{4-5}+D_{4-5}=9+6=15$$
$$EF_{5-6}=ES_{5-6}+D_{5-6}=15+0=15$$
$$EF_{5-7}=ES_{5-7}+D_{5-7}=15+0=15$$
$$EF_{5-8}=ES_{5-8}+D_{5-8}=15+4=19$$
$$EF_{6-8}=ES_{6-8}+D_{6-8}=15+5=20$$
$$EF_{7-8}=ES_{7-8}+D_{7-8}=15+3=18$$

(3) 工期

工期是指完成一项工作所需要的时间，一般有以下 3 种工期：

①计算工期：是指根据时间参数计算所得的工期，等于网络计划中以终点节点为结束节点的各工作最早完成时间的最大值，用 T_c 表示，即 $T_c=\max\{EF_{i-n}\}$。

本例中计算工期为

$$T_c=\max\{EF_{5-8}, EF_{6-8}, EF_{7-8}\}=\max\{19, 20, 18\}=20$$

此数标注在节点⑧的 T_c 标注处。

②要求工期：是指任务委托人提出的指令性工期，用 T_r 表示。

③计划工期：是指根据要求工期和计划工期所确定的作为实施目标的工期，用 T_p 表示。

当规定了要求工期时：$T_p\leqslant T_r$，$T_c\leqslant T_p$；当未规定要求工期时：$T_c=T_p=T_r$。

本例中未规定要求工期，故其计划工期取计算工期，即

$$T_p=T_c=20$$

也就是说 T_p 是由 T_c 确定的。

(4) 工作最迟完成时间 (LF)

工作最迟完成时间也称为工作最迟必须完成时间。它是指在不影响整个工程任务按期完成的条件下，一项工作必须完成的最迟时刻，工作 $i-j$ 的最迟完成时间用 LF_{i-j} 表示。

该计算需依据计划工期或紧后工作的要求进行。因此，应从网络图的终点节点开始，逆着箭线方向朝起点节点依次逐项计算，从而使整个计算工作形成一个逆箭线方向的减法过程。

网络计划中最后（结束）工作 $i-n$ 的最迟完成时间 LF_{i-n} 应按计划工期 T_p 确定，即

$$LF_{i-n}=T_p \tag{3.6}$$

其他工作 $i-j$ 的最迟完成时间的计算方法是：从其所有紧后工作 $j-k$ 的最迟完成时间 LF_{j-k}

分别减去各自的持续时间 D_{j-k}，取差值中的最小值；当采用六参数计算法时，本工作的最迟结束时间等于各紧后工作最迟开始时间的最小值。就是说，本工作的最迟结束时间不得影响任何紧后工作，进而不影响工期。计算公式如下：

$$LF_{i-j}=\min\{LF_{j-k}-D_{j-k}\}=\min\{LS_{j-k}\} \tag{3.7}$$

在图 3.23 中，网络计划以终点⑧节点为结束节点的工作的最迟完成时间为

$$LF_{5-8}=20;\ LF_{6-8}=20;\ LF_{7-8}=20$$

按照式（3.7），图 3.23 中网络计划其他工作的最迟完成时间如下：

$$LF_{5-7}=\min\{LF_{7-8}-D_{7-8}\}=20-3=17$$
$$LF_{3-7}=\min\{LF_{7-8}-D_{7-8}\}=20-3=17$$
$$LF_{5-6}=\min\{LF_{6-8}-D_{6-8}\}=20-5=15$$
$$LF_{2-6}=\min\{LF_{6-8}-D_{6-8}\}=20-5=15$$
$$LF_{4-5}=\min\{LF_{5-6}-D_{5-6},\ LF_{5-7}-D_{5-7},\ LF_{5-8}-D_{5-8},\}=\min\{15-0,\ 17-0,\ 20-4\}=15$$
$$LF_{2-4}=\min\{LF_{4-5}-D_{4-5}\}=15-6=9$$
$$LF_{3-4}=\min\{LF_{4-5}-D_{4-5}\}=15-6=9$$
$$LF_{1-4}=\min\{LF_{4-5}-D_{4-5}\}=15-6=9$$
$$LF_{1-3}=\min\{LF_{3-4}-D_{3-4},\ LF_{3-7}-D_{3-7}\}=\min\{9-1,\ 17-2\}=8$$
$$LF_{1-2}=\min\{LF_{2-4}-D_{2-4},\ LF_{2-6}-D_{2-6}\}=\min\{9-2,\ 15-5\}=7$$

（5）工作最迟开始时间（LS_{i-j}）

工作的最迟开始时间也称为最迟必须开始时间。它是在保证工作按最迟完成时间完成的条件下，该工作必须开始的最迟时刻。本工作的最迟开始时间用 LS_{i-j} 表示，计算公式如下：

$$LS_{i-j}=LF_{i-j}-D_{i-j}=\min\{LS_{j-k}\}-D_{i-j} \tag{3.8}$$

在图 3.24 中，各工作的最迟完成时间分别为

$$LS_{1-2}=LF_{1-2}-D_{1-2}=7-7=0$$
$$LS_{1-3}=LF_{1-3}-D_{1-3}=8-2=6$$
$$LS_{1-4}=LF_{1-4}-D_{1-4}=9-4=5$$
$$LS_{2-4}=LF_{2-4}-D_{2-4}=9-2=7$$
$$LS_{2-6}=LF_{2-6}-D_{2-6}=15-5=10$$
$$LS_{3-4}=LF_{3-4}-D_{3-4}=9-1=8$$
$$LS_{3-7}=LF_{3-7}-D_{3-7}=17-2=15$$
$$LS_{4-5}=LF_{4-5}-D_{4-5}=15-6=9$$
$$LS_{5-6}=LF_{5-6}-D_{5-6}=15-0=15$$
$$LS_{5-7}=LF_{5-7}-D_{5-7}=17-0=17$$
$$LS_{5-8}=LF_{5-8}-D_{5-8}=20-4=16$$
$$LS_{6-8}=LF_{6-8}-D_{6-8}=20-5=15$$
$$LS_{7-8}=LF_{7-8}-D_{7-8}=20-3=17$$

（6）工作时差的计算

工作时差是指在网络图的非关键工作中存在的机动时间，或者说是在不影响工期或下一项工作开始的情况下，一项工作最多允许推迟的时间。它表明工作有多大的机动时间可以利用，时差越大，工作的时间潜力也越大。常用的时差有工作的总时差（TF）和工作的自由时差（FF）。

①总时差。

工作总时差是指在不影响工期的前提下，一项工作所拥有机动时间的最大值。工作 $i-j$ 的总时差用 TF_{i-j} 表示。

工作总时差等于工作最早开始时间到最迟完成时间这段极限活动范围，再扣除工作本身必需的持续时间所剩余的差值。计算公式如下：

$$TF_{i-j}=LF_{i-j}-ES_{i-j}-D_{i-j} \tag{3.9}$$

经稍加变换可得

$$TF_{i-j}=LF_{i-j}-(ES_{i-j}+D_{i-j})=LF_{i-j}-EF_{i-j} \tag{3.10}$$

或

$$TF_{i-j}=(LF_{i-j}-D_{i-j})-ES_{i-j}=LS_{i-j}-ES_{i-j} \tag{3.11}$$

在图 3.25 中，各工作的总时差分别为

$$TF_{1-2}=LF_{1-2}-EF_{1-2}=LS_{1-2}-ES_{1-2}=7-7=0-0=0$$
$$TF_{1-3}=LF_{1-3}-EF_{1-3}=LS_{1-3}-ES_{1-3}=8-2=6-0=6$$
$$TF_{1-4}=LF_{1-4}-EF_{1-4}=LS_{1-4}-ES_{1-4}=9-4=5-0=5$$
$$TF_{2-4}=LF_{2-4}-EF_{2-4}=LS_{2-4}-ES_{2-4}=9-9=7-7=0$$
$$TF_{2-6}=LF_{2-6}-EF_{2-6}=LS_{2-6}-ES_{2-6}=15-12=10-7=3$$
$$TF_{3-4}=LF_{3-4}-EF_{3-4}=LS_{3-4}-ES_{3-4}=9-3=8-2=6$$
$$TF_{3-7}=LF_{3-7}-EF_{3-7}=LS_{3-7}-ES_{3-7}=17-4=15-2=13$$
$$TF_{4-5}=LF_{4-5}-EF_{4-5}=LS_{4-5}-ES_{4-5}=15-15=9-9=0$$
$$TF_{5-6}=LF_{5-6}-EF_{5-6}=LS_{5-6}-ES_{5-6}=15-15=15-15=0$$
$$TF_{5-7}=LF_{5-7}-EF_{5-7}=LS_{5-7}-ES_{5-7}=17-15=17-15=2$$
$$TF_{5-8}=LF_{5-8}-EF_{5-8}=LS_{5-8}-ES_{5-8}=20-19=16-15=1$$
$$TF_{6-8}=LF_{6-8}-EF_{6-8}=LS_{6-8}-ES_{6-8}=20-20=15-15=0$$
$$TF_{7-8}=LF_{7-8}-EF_{7-8}=LS_{7-8}-ES_{7-8}=20-18=17-15=2$$

②自由时差。

自由时差是总时差的一部分，是指一项工作在不影响其紧后工作最早开始的前提下，可以灵活使用的机动时间，用符号 FF_{i-j} 表示。

自由时差等于本工作最早开始时间到紧后工作最早开始时间这段极限活动范围，再扣除工作本身必需的持续时间所剩余的差值。其计算公式如下：

$$FF_{i-j}=ES_{j-k}-ES_{i-j}-D_{i-j} \tag{3.12}$$

经稍加变换可得

$$FF_{i-j}=ES_{j-k}-(ES_{i-j}+D_{i-j})=ES_{j-k}-EF_{i-j} \tag{3.13}$$

采用六参数法计算时，用紧后工作的最早开始时间减本工作的最早完成时间即可。对于网络计划的结束工作，应将计算工期看作紧后工作的最早开始时间进行计算。

在图 3.26 中，各工作的自由时差分别为

$$FF_{1-2}=ES_{2-4}-EF_{1-2}=ES_{2-6}-EF_{1-2}=7-7=0$$
$$FF_{1-3}=ES_{3-4}-EF_{1-3}=ES_{3-7}-EF_{1-3}=2-2=0$$
$$FF_{1-4}=ES_{4-5}-EF_{1-4}=9-4=5$$
$$FF_{2-4}=ES_{4-5}-EF_{2-4}=9-9=0$$
$$FF_{2-6}=ES_{6-8}-EF_{2-6}=15-12=3$$
$$FF_{3-4}=ES_{4-5}-EF_{3-4}=9-3=6$$
$$FF_{3-7}=ES_{7-8}-EF_{3-7}=15-4=11$$
$$FF_{4-5}=ES_{5-6}-EF_{4-5}=LS_{5-7}-ES_{4-5}=LS_{5-8}-ES_{4-5}=15-15=0$$
$$FF_{5-6}=ES_{6-8}-EF_{5-6}=15-15=0$$

$$FF_{5-7}=ES_{7-8}-EF_{5-7}=15-15=0$$
$$FF_{5-8}=T_c-EF_{5-8}=20-19=1$$
$$FF_{6-8}=T_c-EF_{6-8}=20-20=0$$
$$FF_{7-8}=T_c-EF_{7-8}=20-18=2$$

技术提示

最后工作的自由时差均等于总时差。当计划工期等于计算工期时，总时差为零者，自由时差也为零。当计划工期不等于计算工期时，最后关键工作的自由时差与其总时差相等，其他关键工作的自由时差均为零。自由时差的利用不会对其他工作产生影响，因此常利用它来变动工作的开始时间或增加持续时间，以达到工期调整和资源优化的目的。

自由时差和总时差的区别在于前者只能供本工作使用，不能存储，后者可存储供紧后工作使用。二者之间的关系是

$$TF_{i-j}\geqslant FF_{i-j} \tag{3.14}$$

（7）确定关键线路

总时差最小的工作为关键工作。由开始节点至最终节点全部由关键工作组成的线路称为关键线路，本例中关键线路为1—2—4—5—6—8。

2. 表算法

表算法适用于50～100个工作，其原理是在表格上用分析法进行计算。

该方法先编制一表格（见表3.9）并把已知数据填入表内。在填数据时，工作的顺序要由小到大，即首先是i由小到大，在相同的i中，j由小到大。

在计算各工作的最早开始时间和最早完成时间时，计算ES_{i-j}是关键。其方法是：

从第一项工作开始：$ES_{1-j}=0$，按$EF_{1-j}=0+D_{1-j}$计算工作的最早完成时间，工作的最早开始时间为$ES_{i-j}=\max\{ES_{k-i}+D_{k-i}\}$，由上至下在已计算出的最早完成时间中查找与$i$节点号码相同的最早完成时间作为$i$节点的最早开始时间，这时有两种情况：

①所有以j为完成节点的工作的最早完成时间均相同或只有一个，则节点的最早开始时刻均为该值。

②如果不相同，则i节点的最早开始时刻应从中选一最大值，这体现出i节点的最早开始时间是由紧前工作所决定的；其他工作的最早结束时刻，按$EF_{i-j}=ES_{i-j}+D_{i-j}$计算，即第三栏加第四栏。由此，可求出第四和第五栏。

然后求LS_{i-j}和LF_{i-j}，将T_p或最后工作的最早完成时间填入第七栏的相应位置，由下向上按$LS_{i-j}=LF_{i-j}-D_{i-j}$即可求出第六和第七栏的所有参数，其中$LF_{i-j}$是在进入同一节点的$LS$中选最小值。

总时差则是第七栏和第五栏的差或第六栏与第四栏的差，即

$$LF_{i-j}-EF_{i-j}=TF_{i-j}\text{或}LS_{i-j}-ES_{i-j}=TF_{i-j} \tag{3.15}$$

自由时差则根据$FF_{i-j}=ES_{j-k}-EF_{i-j}$计算。如确定1－2工作的自由时差$FF_{1-2}$，则由2－4工作或2－6工作的$ES_{2-4}=ES_{2-6}=7$减去1－2工作的$EF_{1-2}=7$，得$FF_{1-2}=0$。

最后根据TF_{i-j}最小的原则，确定关键线路。图3.20用表算法计算过程见表3.9，关键工作为1－2、2－3、4－5、5－6、6－8，即关键线路为1－2－4－5－6－8，总工期为20。

表 3.9 时间参数计算表

工序号		工 期	最早开工	最早完工	最晚开工	最晚完工	总时差	自由时差	关键线路
i	j	D_{i-j}	ES_{i-j}	EF_{i-j}	LS_{i-j}	LF_{i-j}	TF_{i-j}	FF_{i-j}	CP
1	2	3	4	5=3+4	6=7−3	7	8=6−4	9	10
1	2	7	0	7	0	7	0	0	√
1	3	2	0	2	6	8	6	0	
1	4	4	0	4	5	9	5	5	
2	4	2	7	9	7	9	0	0	√
2	6	5	7	12	10	15	3	3	
3	4	1	2	3	8	9	6	6	
3	7	2	2	4	15	17	13	11	
4	5	6	9	15	9	15	0	0	√
5	6	0	15	15	15	15	0	0	√
5	7	0	15	15	17	17	2	0	
5	8	4	15	19	16	20	1	1	
6	8	5	15	20	15	20	0	0	√
7	8	3	15	18	17	20	2	2	

3. 节点计算法

双代号网络图的节点计算法是以节点为研究对象。节点的时间参数只有两个：节点最早时间和节点最迟时间，分别用字母 TE 和 TL 表示。

最早时间含义是指该节点紧前各工序最早此时都能完成，最后各工序最早此时才能开始，不会比这更早了。节点最迟时间含义是指该节点紧前各工序最迟此时必须完成工，该节点最后各工序最迟此时必须开始，再迟会耽误工期。节点计算法实例，如图 3.27 所示的计算过程。

技术提示

计算口诀：节点最早时间“沿线累加、逢圈取大”；节点最迟时间“逆线累减，逢圈取小”。

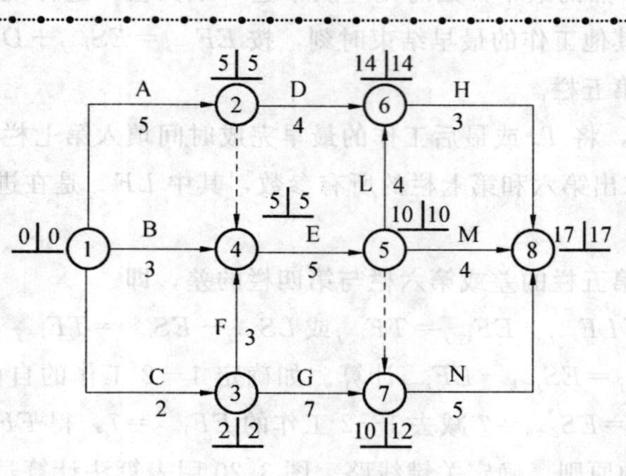

图 3.27 节点计算法

(1) 节点最早时间

节点最早时间是指双代号网络计划中，以该节点为开始节点的各项工作的最早开始时间。节点 i 的最早时间用 ET_i 表示。其计算步骤如下：

①网络计划起点节点，如未规定最早时间时，其值等于零。如本例中，起点节点①的最早时间为零，即

$$TE_1=0 \tag{3.16}$$

②其他节点的最早时间应按下式进行计算：

$$TE_j=\max\{TE_i+D_{i-j}\} \tag{3.17}$$

例如在图 3.27 中，节点③和节点④的最早时间分别为

$$TE_3=TE_1+D_{1-3}=0+2=2$$

$$\begin{aligned}TE_4&=\max\{TE_1+D_{1-4},\ TE_2+D_{2-4},\ TE_3+D_{3-4}\}\\&=\max\{0+3,\ 5+0,\ 2+3\}\\&=5\end{aligned}$$

③网络计划的计算工期等于网络计划终点节点的最早时间，即

$$T_c=TE_n \tag{3.18}$$

例如在本例中，其计算工期为

$$T_c=TE_8=17$$

(2) 确定网络计划的计划工期

网络计划的计划工期应按前面讲到的计算方法确定。在本例中，假设未规定要求工期，则其计划工期就等于计算工期，即

$$T_p=T_c=17$$

(3) 节点最迟时间的计算

节点最迟时间是指双代号网络计划中，以该节点为完成节点的各项工作的最迟完成时间。节点最迟时间的计算应从网络计划的终点节点开始，逆着箭线方向依次进行。其计算步骤如下：

①网络计划终点节点的最迟时间等于网络计划的计划工期，即

$$TL_n=T_p \tag{3.19}$$

例如本例中，终点节点⑧的最迟时间为

$$TL_8=T_p=17$$

②其他节点的最迟时间应按下式进行计算：

$$TL_i=\min\{TL_j-D_{i-j}\} \tag{3.20}$$

例如在本例中，节点⑤和节点⑦的最迟时间分别为

$$TL_5=\min\{TL_6-D_{5-6},\ TL_7-D_{5-7},\ TL_8-D_{5-8}\}=\min\{14-4,\ 12-0,\ 17-4\}=10$$

$$TL_7=TL_8-D_{7-8}=17-5=12$$

【知识拓展】

用节点标号法计算工期并确定关键线路：

①设网络计划起点节点的标号值为零，即 $b_1=0$。

②顺箭线方向逐个计算节点的标号值。每个节点的标号值，等于以该节点为完成节点的各工作的开始节点标号值与相应工作持续时间之和的最大值，即

$$b_j=\max\{b_i+D_{i-j}\} \tag{3.21}$$

将标号值的来源节点及得出的标号值标注在节点上方。

③节点标号完成后，终点节点的标号值即为计算工期。

④从网络计划终点节点开始，逆箭线方向按源节点寻求出关键线路。

某已知网络计划如图 3.28 所示，试用标号法求出工期并找出关键线路，其计算过程及结果如图 3.29 和图 3.30 所示。

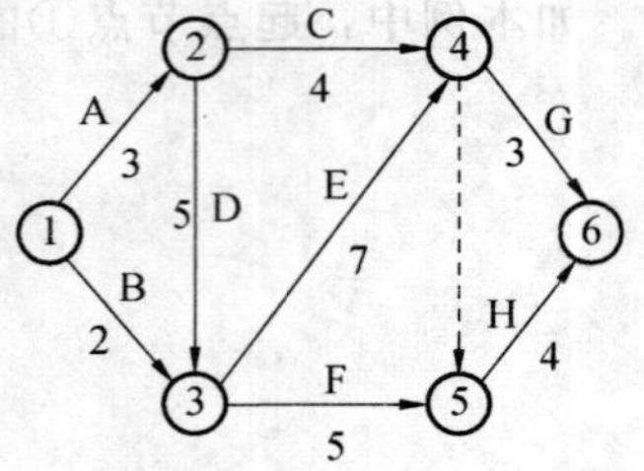

图 3.28　双代号网络计划

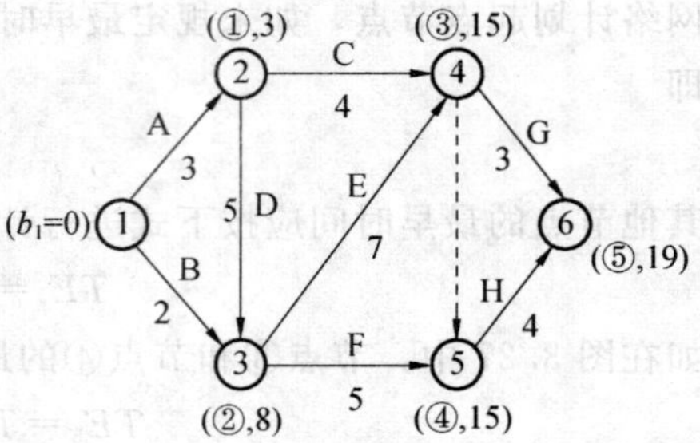

图 3.29　标号法计算节点标点

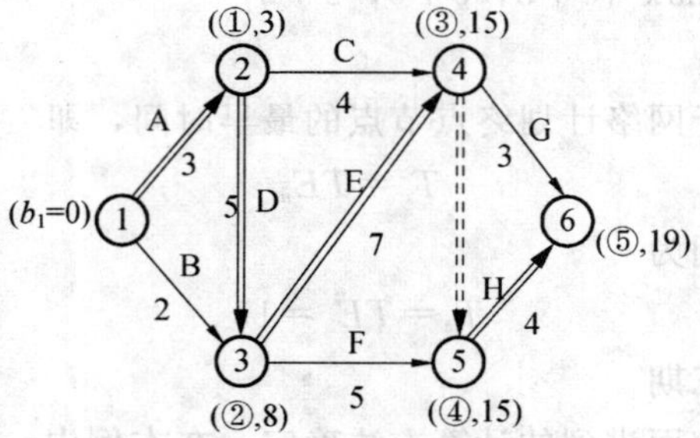

图 3.30　确定关键线路

3.3.3 单代号网络计划时间参数计算

1. 标注形式

单代号网络计划的时间参数的概念与双代号网络计划相同。其标注形式如图 3.31 所示。

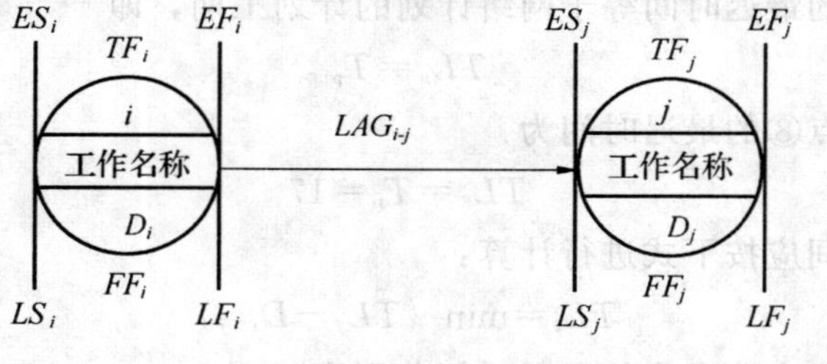

图 3.31　单代号网络图时间参数的标注形式

2. 计算步骤与方法

以图 3.32 所示网络图为例，其时间参数标注及计算结果如图 3.33 所示。

(1) 工作最早时间的计算

网络计划的最早开始时间和最早完成时间的计算应从网络计划的起点节点开始，顺箭头方向依次进行。

①最早开始时间。

起点节点（起始工作）的最早开始时间如无规定，其值为零；如本例中，起点节点“始”所代表的工作（虚拟工作）的最早开始时间为零，即

$$ES_1 = 0 \tag{3.22}$$

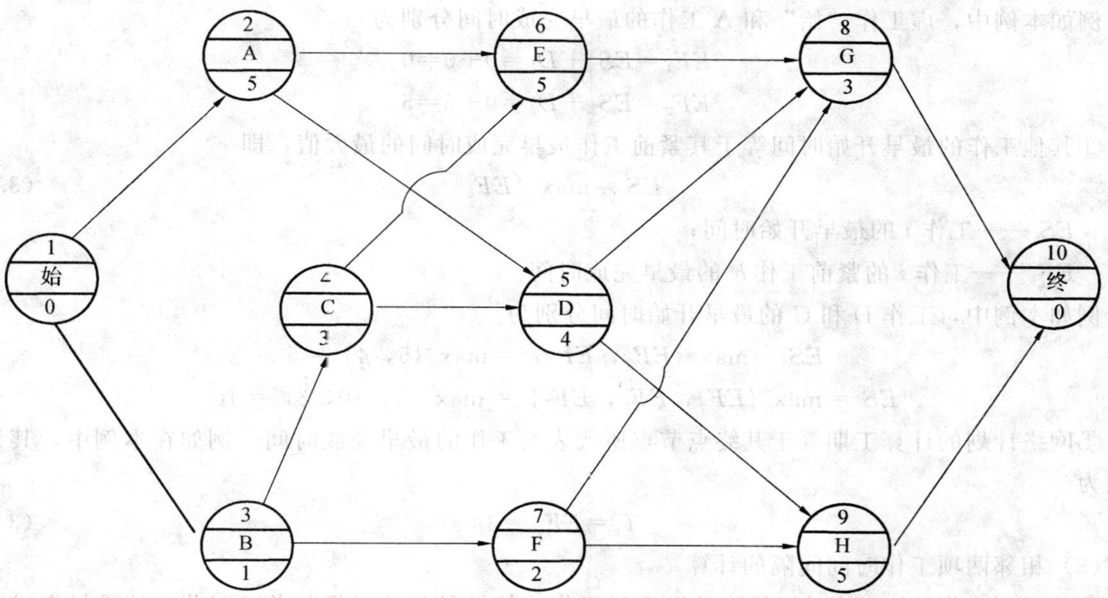

图 3.32 单代号网络图

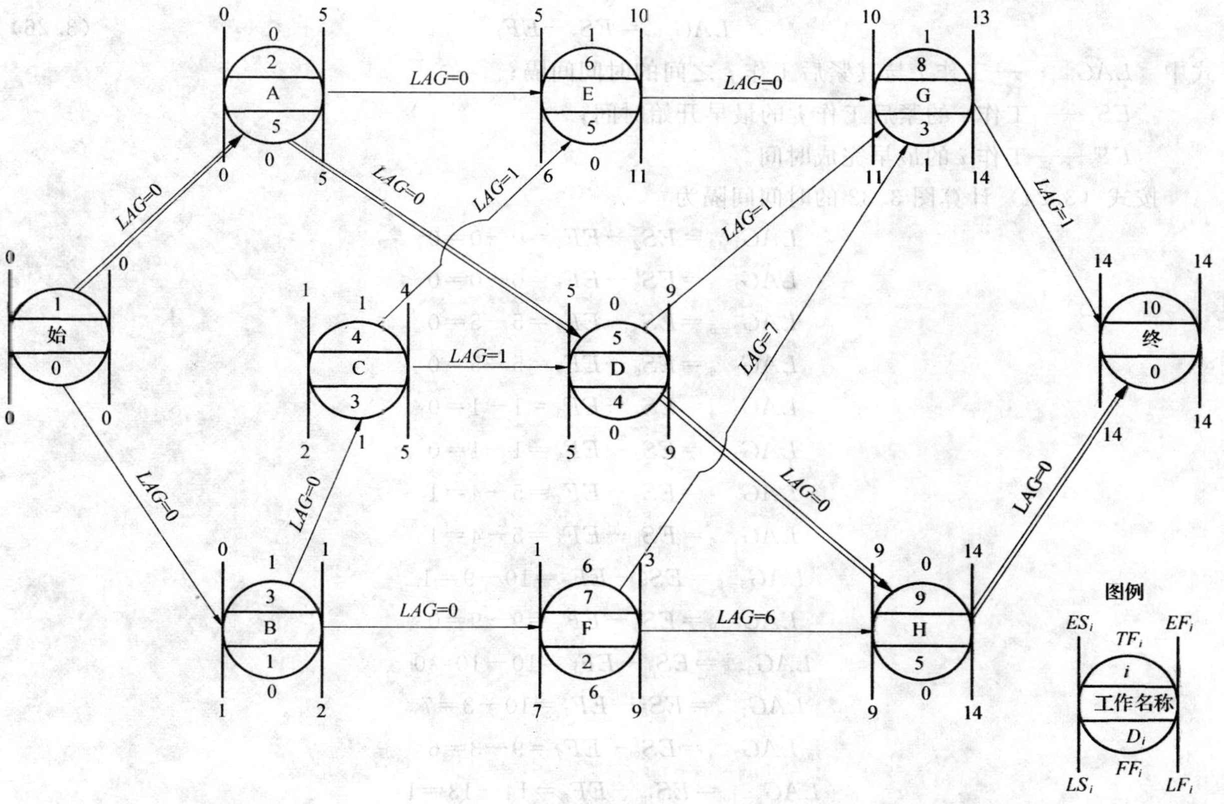

图 3.33 单代号网络图时间参数计算结果

②最早完成时间。

一项工作的最早完成时间就等于其最早开始时间与本工作持续时间之和，即

$$EF_i = ES_i + D_i \tag{3.23}$$

式中 EF_i——工作 i 的最早完成时间；

ES_i——工作 i 的最早开始时间；

D_i——工作 i 的持续时间。

例如本例中，虚工作“始”和 A 工作的最早完成时间分别为

$$EF_1=ES_1+D_1=0+0=0$$

$$EF_2=ES_2+D_2=0+5=5$$

③其他工作的最早开始时间等于其紧前工作最早完成时间的最大值，即

$$ES_i=\max\ \{EF_h\} \tag{3.24}$$

式中 ES_i——工作 i 的最早开始时间；

EF_h——工作 i 的紧前工作 h 的最早完成时间。

例如本例中，工作 D 和 G 的最早开始时间分别为

$$ES_5=\max\ \{EF_2,\ EF_4\}\ =\max\ \{5,\ 4\}\ =5$$

$$ES_8=\max\ \{EF_5,\ EF_6,\ EF_7\}\ =\max\ \{9,\ 10,\ 3\}\ =10$$

④网络计划的计算工期等于其终点节点所代表的工作的最早完成时间。例如在本例中，其计算工期为

$$T_c=EF_{10}=14 \tag{3.25}$$

（2）相邻两项工作时间间隔的计算

相邻两项工作 i 与 j 的时间间隔是指后项工作 j 的最早开始时间与前项工作 i 的最早完成时间之差。计算公式为

$$LAG_{i-j}=ES_j-EF_i \tag{3.26}$$

式中 LAG_{i-j}——工作 i 与其紧后工作 j 之间的时间间隔；

ES_j——工作 i 的紧后工作 j 的最早开始时间；

EF_i——工作 i 的最早完成时间。

按式（3.24）计算图 3.32 的时间间隔为

$$LAG_{1-2}=ES_2-EF_1=0-0=0$$

$$LAG_{1-3}=ES_3-EF_1=0-0=0$$

$$LAG_{2-5}=ES_5-EF_2=5-5=0$$

$$LAG_{2-6}=ES_6-EF_2=5-5=0$$

$$LAG_{3-4}=ES_4-EF_3=1-1=0$$

$$LAG_{3-7}=ES_7-EF_3=1-1=0$$

$$LAG_{4-5}=ES_5-EF_4=5-4=1$$

$$LAG_{4-6}=ES_6-EF_4=5-4=1$$

$$LAG_{5-8}=ES_8-EF_5=10-9=1$$

$$LAG_{5-9}=ES_9-EF_5=9-9=0$$

$$LAG_{6-8}=ES_8-EF_6=10-10=0$$

$$LAG_{7-8}=ES_8-EF_7=10-3=7$$

$$LAG_{7-9}=ES_9-EF_7=9-3=6$$

$$LAG_{8-10}=ES_{10}-EF_8=14-13=1$$

$$LAG_{9-10}=ES_{10}-EF_9=14-14=0$$

（3）确定网络计划的计划工期

网络计划的计划工期仍按式（3.19）确定。在本例中，假设未规定要求工期，则其计划工期就等于计算工期，即

$$T_p=T_c=14$$

（4）工作总时差的计算

工作总时差应从网络计划的终点节点开始，逆着箭线方向依次逐项进行计算。

①终点节点 n 所代表工作的总时差就等于计划工期与计算工期之差，即

$$TF_n = T_p - T_c \tag{3.27}$$

当计划工期等于计算工期时，该工作的总时差为零。如在本例中，终点节点⑩工作“终”（虚工作）的总时差为

$$TF_{10} = T_p - T_c = 14 - 14 = 0$$

②其他工作 i 的总时差 TF_i 应等于本项工作与其紧后工作之间的时间间隔加上该紧后工作的总时差之和的最小值，即

$$TF_i = \min\{TF_j + LAG_{i-j}\} \tag{3.28}$$

式中 TF_i——工作 i 的总时差；

TF_j——工作 i 的紧后工作 j 的总时差；

LAG_{i-j}——工作 i 与其紧后工作 j 之间的时间间隔。

例如在本例中，工作 E 和工作 D 的总时差分别为

$$TF_6 = \min\{TF_8 + LAG_{6-8}\} = 1 + 0 = 1$$

$$TF_5 = \min\{TF_8 + LAG_{5-8},\ TF_9 + LAG_{5-9}\} = \min\{1+1,\ 0+0\} = 0$$

(5) 工作自由时差的计算

工作自由时差的计算没有顺序要求，按以下规定进行：

①终点节点所代表工作 n 的自由时差 FF_n 值应为计划工期与工作的最早完成时间之差，即

$$FF_n = T_p - EF_n \tag{3.29}$$

式中 FF_n——终点节点工作 n 的自由时差；

T_p——网络计划的计划工期；

EF_n——终点节点工作 n 的最早完成时间，即计算工期。

例如在本例中，终点节点⑩的工作“终”（虚工作）的自由时差为

$$FF_{10} = T_p - EF_{10} = 14 - 14 = 0$$

②其他工作 i 的自由时差 TF_i 应等于本工作与其紧后工作时间间隔的最小值，即

$$FF_i = \min\{LAG_{i-j}\} \tag{3.30}$$

例如在本例中，工作 E 和工作 D 自由时差为

$$FF_6 = \min\{LAG_{6-8}\} = 0$$

$$FF_5 = \min\{LAG_{5-8},\ LAG_{5-9}\} = \min\{1,\ 0\} = 0$$

(6) 工作最迟时间的计算

①最迟完成时间。

终点节点的最迟完成时间等于计划工期。即

$$LF_n = T_p \tag{3.31}$$

例如在本例中，终点节点⑩的工作“终”的最迟完成时间为

$$LF_{10} = T_p = 14$$

其他工作的最迟完成时间等于其各紧后工作最迟开始时间的最小值。即

$$LF_i = \min\{LS_j\} \tag{3.32}$$

或等于本工作最早完成时间与总时差之和。即

$$LF_i = EF_i + TF_i \tag{3.33}$$

例如在本例中，工作 H 和工作 F 的最迟完成时间分别为

$$LF_9 = \min\{LS_{10}\} = 14 \text{ 或 } LF_9 = EF_9 + TF_9 = 14 + 0 = 14$$

$$LF_7 = \min\{LS_8,\ LS_9\} = \min\{11,\ 9\} = 9$$

或 $$LF_7 = EF_7 + TF_7 = 3 + 6 = 9$$

②最迟开始时间。

工作的最迟开始时间等于其最迟完成时间减去本工作的持续时间，即

$$LS_i = LF_i - D_i \tag{3.34}$$

或等于本工作最早开始时间与总时差之和，即

$$LS_i = TF_i + ES_i \tag{3.35}$$

例如在本例中，工作E和工作C的最迟开始时间分别为

$$LS_6 = LF_6 - D_6 = 11 - 5 = 6 \text{ 或 } LS_6 = TF_6 + ES_6 = 1 + 5 = 6$$

$$LS_4 = LF_4 - D_4 = 5 - 3 = 2 \text{ 或 } LS_4 = TF_4 + ES_4 = 1 + 1 = 2$$

因为学习过了双代号网络计划的时间参数计算，所以这里只是简单地介绍了单代号网络计划的时间参数计算方法和步骤，现将单代号网络计划时间参数计算的顺序归纳如下：

$$ES_i \to EF_i \to T_c \to T_p \to LAG_{i-j} \to TF_i \to FF_i \to LF_i \to LS_i \tag{3.36}$$

当然，也可以按双代号网络计划时间参数的计算方法进行计算，其计算顺序是：

$$ES_i \to EF_i \to T_c \to T_p \to LF_i \to LS_i \to TF_i \to FF_i \to LAG_{i-j} \tag{3.37}$$

(7) 确定关键工作和关键线路

①同双代号网络计划一样，总时差为最小值的工作是关键工作。当计划工期等于计算工期时，关键工作的总时差为零。

②单代号网络计划的关键线路也可以通过工作之间的时间间隔 LAG_{i-j} 来判断，即自终点节点开始逆着箭线至起点节点的全部 $LAG_{i-j}=0$ 的线路为关键线路。

3.4 双代号时标网络计划

3.4.1 时标网络计划的概念与特点

前面讲到的是非时标网络计划，其工作持续时间由箭杆的箭线下方标明，与箭杆的长短无关。若工作的作业顺序、相互关系及时间要求等发生变动时，改动网络计划图是非常方便的。但因为没有时间坐标，在工地上使用是很不方便的，看起来不太直观，不能在网络图上直接看出。而时标网络计划中，箭杆的长短和工作所在的位置就表示工作的时间进程。因此，它能够表达工程中各工作之间的恰当的时间关系。也就是说时标网络计划是以时间坐标为尺度编制的网络计划，是目前工程中常用的一种网络计划形式。

时标网络计划具备如下特点：

①时标网络计划既是一个网络计划，又是一个水平进度计划。

②直接显示各项工作的开始与完成时间、工作的自由时差和关键线路。

③可以确定各个时段的材料、机具、设备及人力等资源的需要量。

④情况发生变化（如资源的变动或工期的拖延等）需要对时标网络计划进行修改，也将会引起整个网络计划图的变动。

⑤由于以时间坐标为尺度表示工作时间，使绘制时标网络计划图要比绘制普通网络计划图难。

3.4.2 时标网络计划绘制的一般规定

①时标网络计划宜按最早时间编制，以保证实施的可靠性。

②双代号时标网络计划必须以水平时间坐标为尺度表示工作时间。

③以实箭线表示工作，以虚箭线表示虚工作，以水平波形线表示自由时差。

④时标网络计划中所有符号在时间坐标上的水平投影位置，都必须与其时间参数相对应。所以，节点中心必须对准时间坐标的刻度线，虚工作必须用垂直虚箭线表示，工作的自由时差应用水平波形线表示。

3.4.3 时标网络计划的绘制方法

时标网络计划的编制应在绘制草图后，采用直接进行绘制或经计算后按时间参数间接绘制。

1. 间接绘制法

所谓间接绘制法，是指先根据无时标的网络计划图计算其时间参数并确定关键线路，然后在时标网络计划表中进行绘制的方法。其具体步骤如下：

①先绘制时标表。

②将每项工作的节点按最早时间定位在时标表上的相应位置，然后对节点进行编号。

③用实箭线形式绘制出工作箭线，当某些工作箭线的长度不足以达到该工作的完成节点时，用波形线补足，箭头画在波形线与节点连接处。

④用垂直虚箭线绘制虚工作，虚工作的自由时差也用水平波形线补足。

2. 直接绘制法

所谓直接绘制法，是指不计算时间参数而直接按无时标网络计划草图绘制时标网络计划的方法。其具体步骤如下：

①先绘制时标表。

②将起点节点定位在时标表的起始刻度线上。

③按工作的持续时间在时标表上绘制起点节点的所有外向箭线。

④工作的箭头节点必须在其所有的内向箭线绘出以后，定位在这些内向箭线中最晚完成的实箭线箭头处，某些内向实箭线长度不足以到达该箭头节点时，用波形线补足。虚箭线应垂直绘制，如果虚箭线的开始节点和结束节点之间有水平距离时，也以波形线补足。

⑤用上述方法自左至右依次确定其他节点的位置，直至终点节点定位为止。

技术提示

直接绘制法可以概括为口诀：时间长短坐标限，曲直斜平应相连。箭线到齐画节点，画完节点补波线。零线尽量画垂直，否则安排有缺陷。

【例 3.5】 绘制时标网络计划示例（用直接绘制法）如图 3.34 所示。

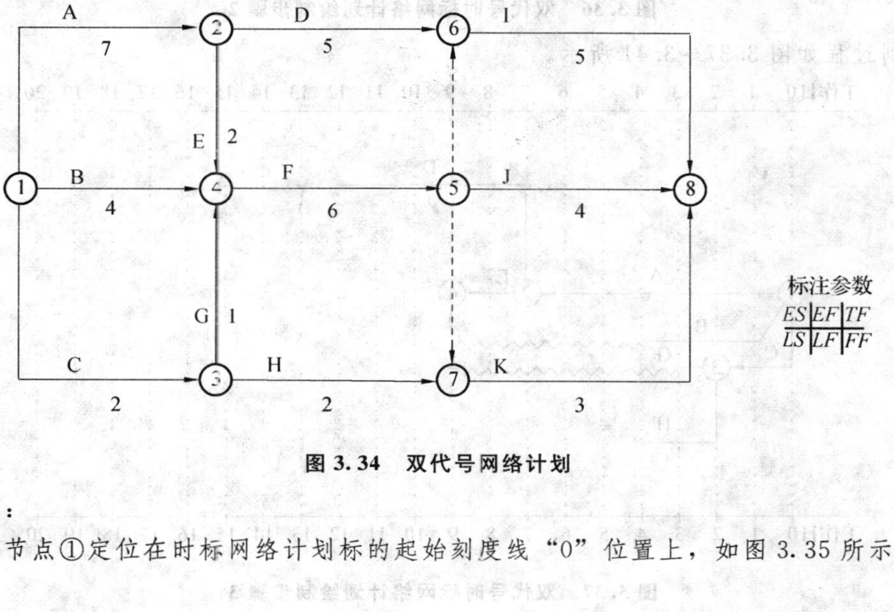

图 3.34 双代号网络计划

具体步骤：

(1) 先将节点①定位在时标网络计划标的起始刻度线“0”位置上，如图 3.35 所示。

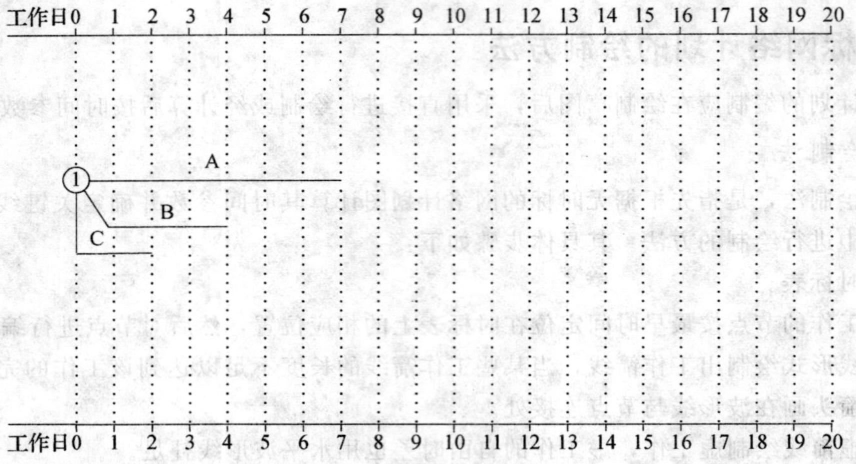

图 3.35　双代号时标网络计划绘制步骤 1

(2) 按工作的持续时间在时标表上绘制起点节点①的外向箭线 A、B、C，如图 3.35 所示。

(3) 节点②直接定位在工作箭线 A 的末端；节点③直接定位在工作箭线 C 的末端，如图 3.36 所示。

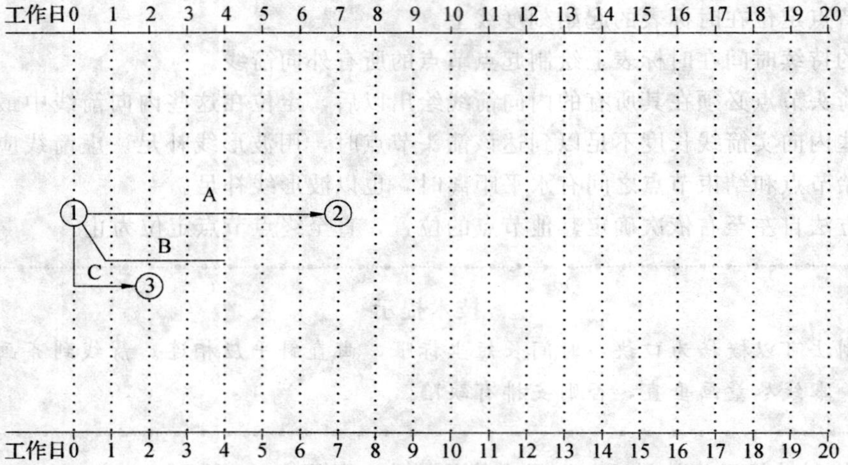

图 3.36　双代号时标网络计划绘制步骤 2

(4) 绘制过程如图 3.37～3.41 所示。

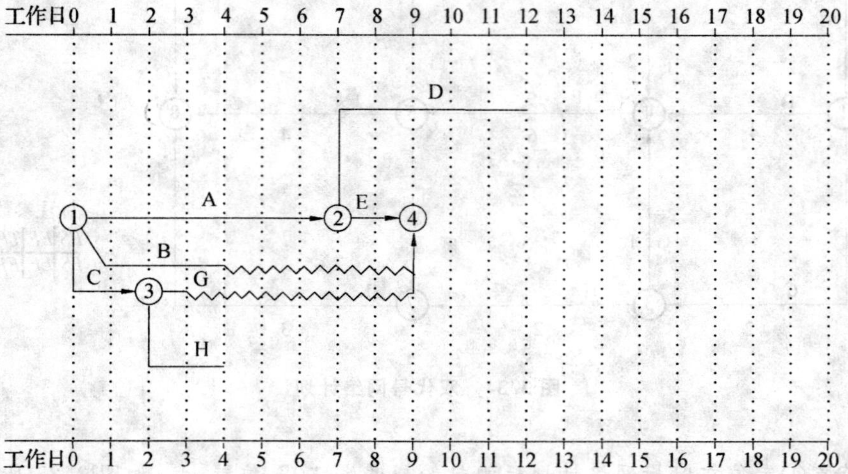

图 3.37　双代号时标网络计划绘制步骤 3

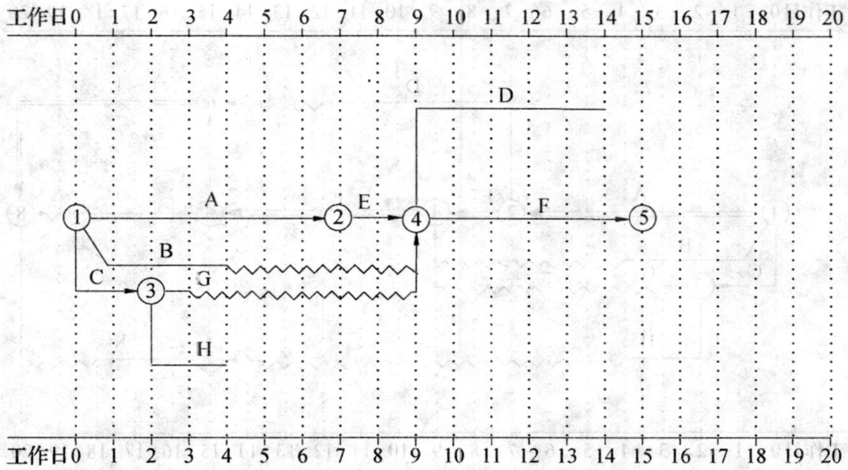

图 3.38　双代号时标网络计划绘制步骤 4

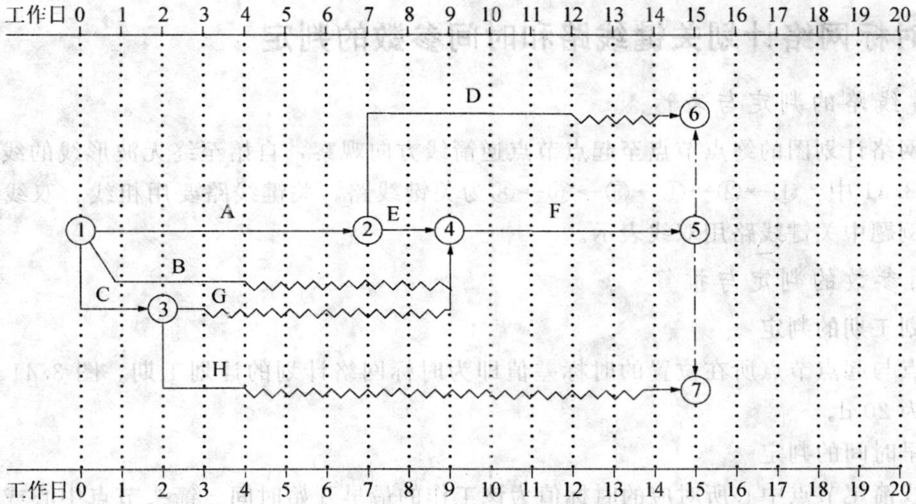

图 3.39　双代号时标网络计划绘制步骤 5

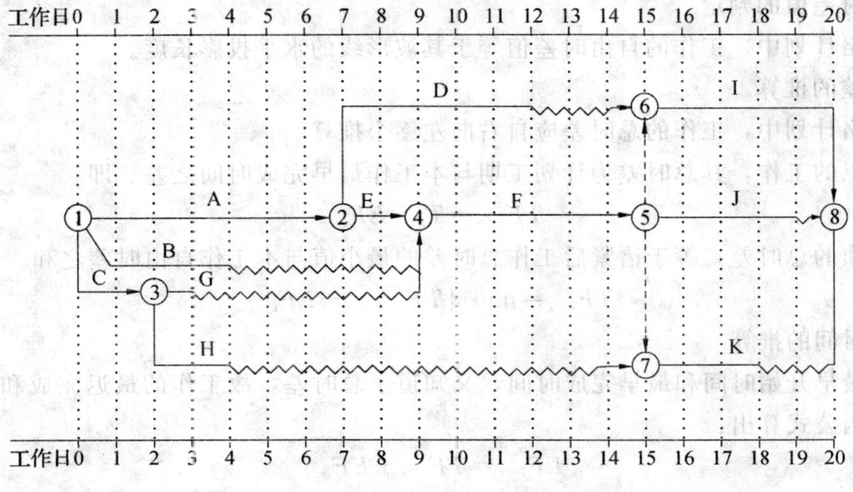

图 3.40　双代号时标网络计划绘制步骤 6

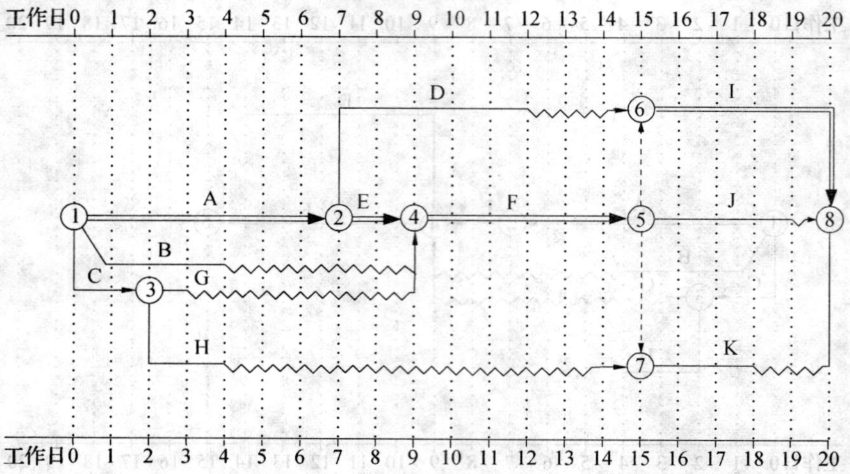

图 3.41　双代号时标网络计划绘制步骤 7

3.4.4 时标网络计划关键线路和时间参数的判定

1. 关键线路的判定与表达

自时标网络计划图的终点节点至起点节点逆箭线方向观察，自始至终无波形线的线路即为关键线路。在图 3.41 中，①→②→④→⑤→⑥→⑧为关键线路。关键线路要用粗线、双线或彩色线明确表示，本例题中关键线路用双线表示。

2. 时间参数的判定与推算

(1) 计划工期的判定

终点节点与起点节点所在位置的时标差值即为时标网络计划的计划工期。图 3.41 所示的网络计划的工期为 20 d。

(2) 最早时间的判定

工作箭线箭尾节点中心所对应的时标值为该工作的最早开始时间。箭头节点中心或与波形线相连接的实箭线右端的时标值为该工作的最早完成时间。

(3) 自由时差值的判定

在时标网络计划中，工作的自由时差值等于其波形线的水平投影长度。

(4) 总时差的推算

在时标网络计划中，工作的总时差应自右向左逐个推算。

①终点节点的工作，其总时差为计划工期与本工作最早完成时间之差。即

$$TF_{i-n}=T_p-EF_{i-n} \tag{3.38}$$

②其他工作的总时差，等于诸紧后工作总时差的最小值与本工作自由时差之和。即

$$TF_{i-j}=\min\{TF_{j-k}\}+FF_{i-j} \tag{3.39}$$

(5) 最迟时间的推算

由于已知最早开始时间和最早完成时间，又知道了总时差，故工作的最迟完成和最迟开始时间可分别用以下两公式算出：

$$LF_{i-j}=TF_{i-j}+EF_{i-j} \tag{3.40}$$

$$LS_{i-j}=TF_{i-j}+ES_{i-j} \tag{3.41}$$

3.5 单代号搭接网络计划

在前面所述的双代号、单代号网络图中，工序之间的关系都是前面工作完成后，后面工作才能开始，这也是一般网络计划的正常连接关系。当然，这种正常的连接关系有组织上的逻辑关系，也有工艺上的逻辑关系。

在实际工程中，我们常常遇到有的工作的开始时间要求在其他工作没有结束以前就开始，或没有结束之前就结束等，这就要求我们对这些工作进行处理，使它们满足实际需要。工作之间的这种关系就称为搭接关系。

由于用单代号网络图表示的搭接关系比双代号网络图更方便，所以一般使用单代号搭接网络。

3.5.1 搭接关系的种类及表达方式

在搭接网络计划中，工作间的搭接关系是由相邻两项工作的不同时距决定的。所谓时距，就是在搭接网络计划中相邻两项工作之间的时间差值。

1. 结束到开始的搭接关系

结束到开始的搭接关系表示前面工作的结束到后面工作开始之间的时间间隔，一般用 FTS 表示。

例如，混凝土浇筑工作结束后，不能马上拆除模板，必须等混凝土达到一定强度后才能拆除，混凝土浇筑和模板拆除之间的这种关系就是相邻两项工作结束到开始的搭接关系，如图 3.42 所示。

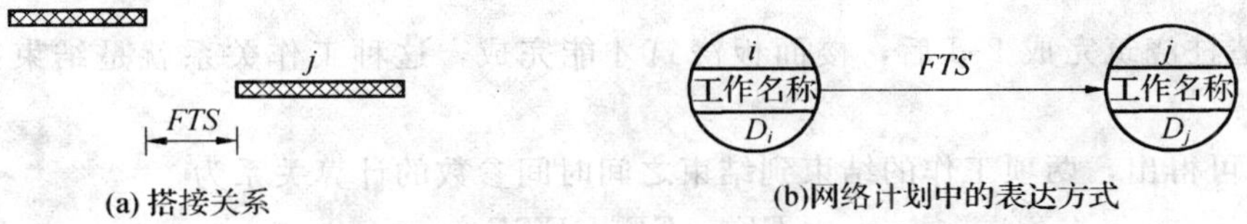

图 3.42 *FTS* 搭接关系及其在网络计划中的表达方式

由图 3.42 可得出，两项工作的结束到开始之间时间参数的计算关系为

$$LS_j = EF_i + FTS_{ij} \tag{3.42}$$

$$LF_i = ES_j - FTS_{ij} \tag{3.43}$$

当 $FTS_{ij}=0$ 时，$LS_j = EF_i$；$LF_i = ES_j$。

这就是普通单代号网络计划的逻辑关系。

2. 开始到开始的搭接关系

开始到开始的搭接关系表示前面工作的开始到后面工作开始之间的时间间隔，一般用 STS 表示。

例如，地坪混凝土浇筑开始 3 d 后，抹面工作才能开始，混凝土浇筑与抹面工程之间的关系就是开始到开始的搭接关系，如图 3.43 所示。

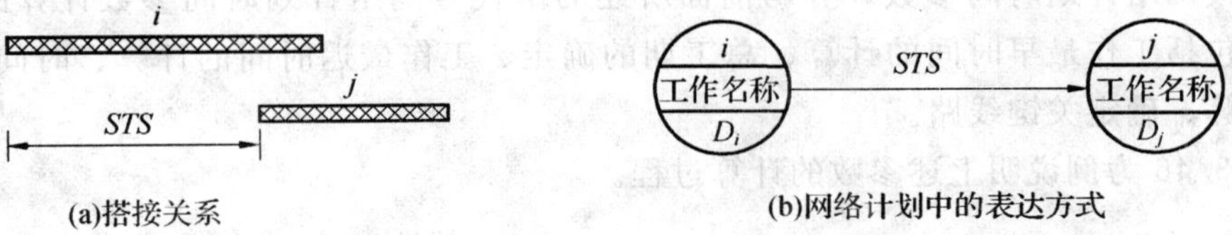

图 3.43 *STS* 搭接关系及其在网络计划中的表达方式

由图 3.43 可得出，两项工作的开始到开始之间时间参数的计算关系为

$$ES_j = ES_i + STS_{ij} \tag{3.44}$$

$$LS_i = LS_j - STS_{ij} \tag{3.45}$$

3. 开始到结束的搭接关系

开始到结束的搭接关系表示前面工作的开始时间到后面工作的完成时间的时间间隔，用 STF 表示。

例如，当基坑开挖工作进行到一定时间后，就应该开始进行降低地下水工作，使挖土工作正好进行到原来水位以下的深度时，降低地下水位的工作也发生效用，基坑开挖工作与降低地下水之间的关系就是开始到结束的搭接关系，如图 3.44 所示。

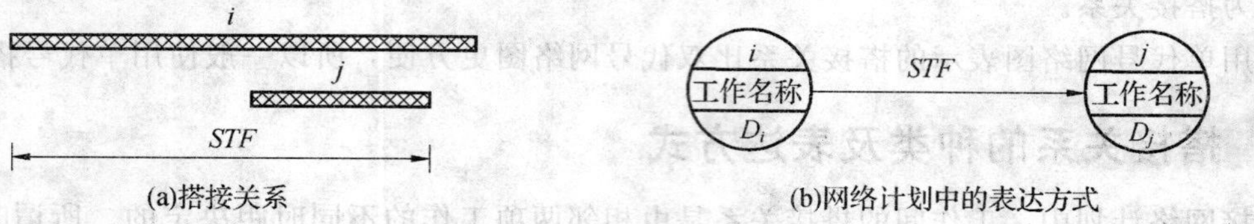

图 3.44 STF 搭接关系及其在网络计划中的表达方式

由图 3.44 可得出，两项工作的开始到结束之间时间参数的计算关系为

$$EF_j = ES_i + STF_{ij} \tag{3.46}$$

$$LS_i = LF_j - STF_{ij} \tag{3.47}$$

4. 结束到结束的搭接关系

结束到结束的搭接关系表示前面工作的结束时间到后面工作结束时间之间的时间间隔，用 FTF 表示。

例如，构造柱浇筑完成 2 d 后，楼面板浇筑才能完成，这种工作关系就是结束到结束的搭接关系。

由图 3.45 可得出，两项工作的结束到结束之间时间参数的计算关系为

$$EF_j = EF_i + FTF_{ij} \tag{3.48}$$

$$LF_i = LF_j - FTF_{ij} \tag{3.49}$$

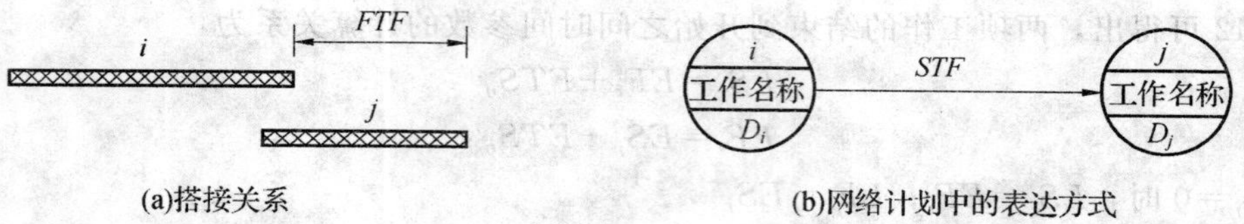

图 3.45 FTF 搭接关系及其在网络计划中的表达方式

5. 混合搭接关系

混合搭接关系表示前面工作和后面工作的时间间隔有上述两种以上的情形。

3.5.2 搭接关系网络计划时间参数的计算

单代号搭接网络计划时间参数计算与前面所述的单代号网络计划时间参数计算的原理基本相同。计算内容包括工作最早时间的计算、总工期的确定、工作最迟时间的计算、时间间隔的计算、工作时差的计算、确定关键线路。

下面以图 3.46 为例说明上述参数的计算过程。

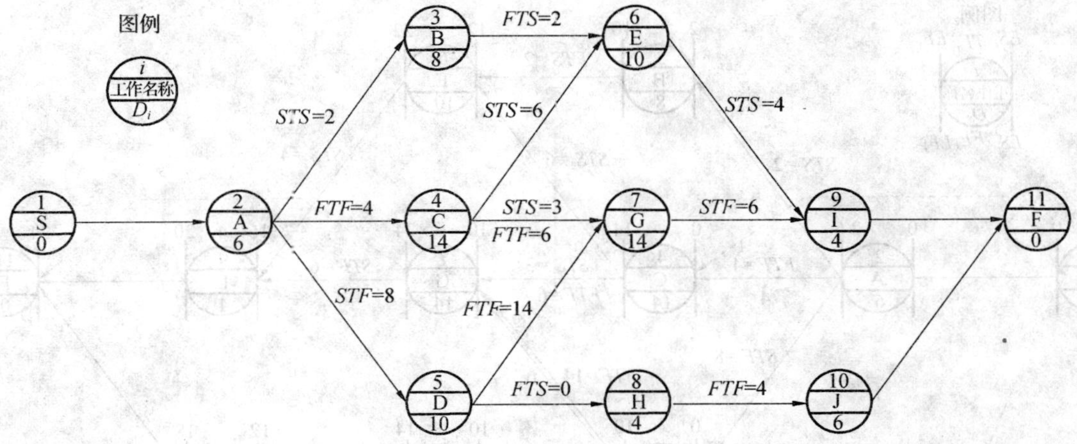

图 3.46 单代号搭接网络计划

1. 工作最早时间的计算

网络计划的最早开始时间和最早完成时间的计算应从网络计划的起点节点开始，顺箭头方向依次进行。

由于单代号搭接网络计划中的起点节点一般都代表虚拟工作，故其最早开始时间和最早完成时间均为零，即

$$ES_1 = EF_1 = 0 \tag{3.50}$$

凡是与网络计划起点节点相联系的工作，其最早开始时间为零。本例中 A 工作的最早开始时间就应等于零，即

$$ES_2 = 0 \tag{3.51}$$

凡是与网络计划起点节点相联系的工作，其最早完成应等于其最早开始时间与持续时间之和。本例中 A 工作的最早完成时间为

$$EF_2 = ES_2 + D_2 = 0 + 6 = 6 \tag{3.52}$$

其他工作的最早时间应按时距关系计算得

$$ES_3 = ES_2 + STS_{2-3} = 0 + 2 = 2$$
$$EF_3 = ES_3 + D_3 = 2 + 8 = 10$$
$$EF_4 = EF_2 + FTF_{2-4} = 6 + 4 = 10$$
$$ES_4 = EF_4 - D_4 = 10 - 14 = -4$$

这显然是不合理的。

为此，将工作 C 与虚拟工作 S 用虚箭线连接起来，如图 3.47 所示，重新计算工作 C 的最早开始时间和最早完成时间得

$$ES_4 = 0$$
$$EF_4 = ES_4 + D_4 = 0 + 14 = 14$$
$$EF_5 = ES_2 + STF_{2-5} = 0 + 8 = 8$$
$$ES_5 = EF_5 - D_5 = 8 - 10 = -2$$

这与工作 C 一样，是不合理的。

为此，同样将工作 D 与虚拟工作 S 用虚箭线连接起来，如图 3.47 所示，重新计算工作 D 的最早开始时间和最早完成时间得

$$ES_5 = 0$$
$$EF_5 = ES_5 + D_5 = 0 + 10 = 10$$

工作 E 有两项紧前工作 B 和 C，应根据工作 E 与工作 B 和工作 C 之间的搭接关系分别计算其最

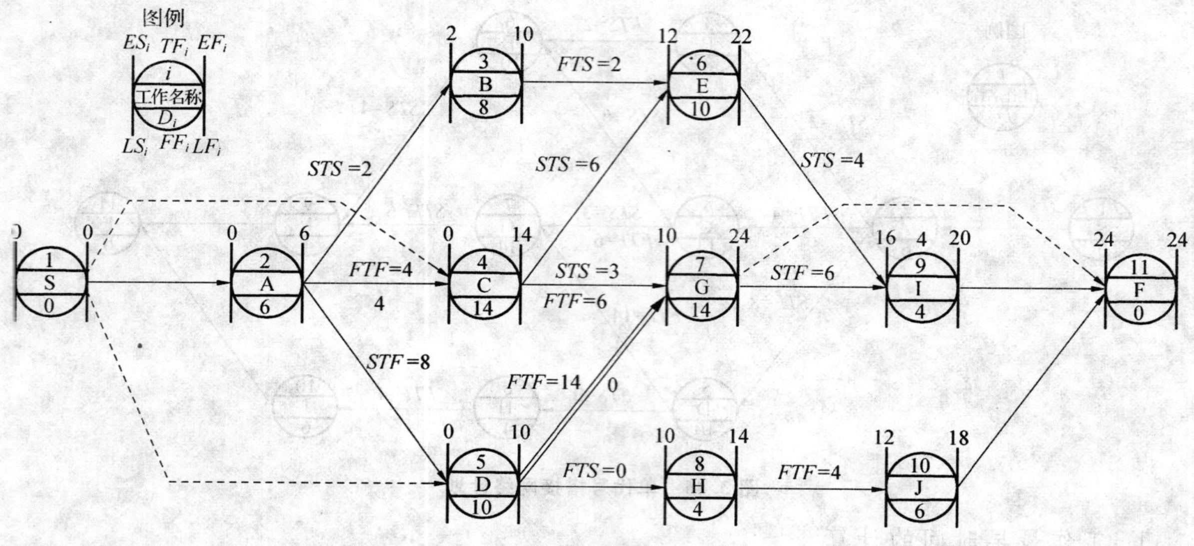

图 3.47　单代号搭接网络计划中工作 *ES* 和 *EF* 的计算

早开始时间，从中取大值。即

$$ES_6 = EF_3 + FTS_{3-6} = 10 + 2 = 12$$
$$ES_6 = ES_4 + STS_{4-6} = 0 + 6 = 6$$

取大者为

$$ES_6 = \max\ [12,\ 6] = 12$$
$$EF_6 = ES_6 + D_6 = 12 + 10 = 22$$

工作 G 也有两项紧前工作 C 和 D，且工作 G 与工作 C 之间有两种搭接关系。也应分别计算其最早开始时间，从中取最大值。即

$$ES_7 = ES_4 + STS_{4-7} = 0 + 3 = 3$$
$$EF_7 = EF_4 + FTF_{4-7} = 14 + 6 = 20$$
$$ES_7 = EF_7 - D_7 = 20 - 14 = 6$$
$$EF_7 = EF_5 + FTF_{5-7} = 10 + 14 = 24$$
$$ES_7 = EF_7 - D_7 = 24 - 14 = 10$$

由上述 3 个计算结果中取最大值，则工作 G 的最早开始时间为

$$ES_7 = \max\ [3,\ 6,\ 10] = 10$$
$$EF_7 = ES_7 + D_7 = 10 + 14 = 24$$
$$ES_8 = EF_5 + FTS_{5-8} = 10 + 0 = 10$$
$$EF_8 = ES_8 + D_8 = 10 + 4 = 14$$
$$ES_9 = ES_6 + STS_{6-9} = 12 + 4 = 16$$
$$EF_9 = ES_7 + STF_{7-9} = 10 + 6 = 16$$
$$ES_9 = EF_9 - D_9 = 16 - 4 = 12$$
$$ES_9 = \max\ [16,\ 12] = 16$$
$$EF_9 = ES_9 + D_9 = 16 + 4 = 20$$
$$EF_{10} = EF_8 + FTF_{8-10} = 14 + 4 = 18$$
$$ES_{10} = EF_{10} - D_{10} = 18 - 6 = 12$$
$$ES_{11} = \max\ [EF_9,\ EF_{10}] = \max\ [20,\ 18] = 20$$

由于在搭接网络计划中，终点节点一般都表示几项工作同时结束，也就是虚拟工作（持续时间为零），所以它的最早开始时间和最早完成时间相等，等于网络计划的计算工期。实际上，搭接网

络计划决定工期的工作不一定是最后的工作，所以，用上述方法完成计算后，还应检查网络计划中其他工作的最早完成时间是否超过已计算出的计算工期。在本例中，工作 G 的最早完成时间为 24 d，要比工作 I 和工作 J 的最早完成时间都大，所以，该网络计划的计算工期应该是 24 d。应把工作 G 与虚拟工作 F 用虚箭线相连，结束节点 F 工作的最早开始时间和最早完成时间为

$$ES_{11}=EF_{11}=\max\left[EF_7,\ EF_9,\ EF_{10}\right]=\max\left[24,\ 20,\ 18\right]=24$$

工作最早开始时间和最早完成时间的计算结果如图 3.47 所示。该网络计划的计算工期是 24 d。

2. 计算相邻工作的时间间隔

相邻两项工作之间的搭接关系不同，其时间间隔的计算方法也不同。

(1) 结束到开始的时间间隔

在搭接网络计划中出现 $ES_j>(EF_i+FTS_{i-j})$ 时，就说明在工作 i 和工作 j 之间存在时间间隔 LAG_{i-j}：

$$LAG_{i-j}=ES_j-(EF_i+FTS_{i-j})=ES_j-EF_i-FTS_{i-j}$$

(2) 开始到开始的时间间隔

在搭接网络计划中出现 $ES_j>(ES_i+STS_{i-j})$ 时，就说明在工作 i 和工作 j 之间存在时间间隔 LAG_{i-j}：

$$LAG_{i-j}=ES_j-(ES_i+STS_{i-j})=ES_j-ES_i-STS_{i-j}$$

(3) 结束到结束的时间间隔

在搭接网络计划中出现 $EF_j>(EF_i+FTF_{i,j})$ 时，就说明在工作 i 和工作 j 之间存在时间间隔 LAG_{i-j}：

$$LAG_{i-j}=EF_j-(EF_i+FTF_{i-j})=EF_j-EF_i-FTF_{i-j}$$

(4) 开始到结束的时间间隔

在搭接网络计划中出现 $EF_j>(ES_i+STF_{i-j})$ 时，就说明在工作 i 和工作 j 之间存在时间间隔 LAG_{i-j}：

$$LAG_{i-j}=EF_j-(ES_I+STF_{i-j})=EF_j-ES_i-STF_{i-j}$$

(5) 混合搭接关系的时间间隔

当相邻两项工作之间存在两种时距及以上的搭接关系时，应分别计算出时间间隔，然后取其中的最小值，即

$$LAG_{i-j}=\min\{ES_j-EF_i-FTS_{i-j},\ ES_j-ES_i-STS_{i-j},\ EF_j-EF_i-FTF_{i-j},\ EF_j-ES_i-STF_{i-j}\}$$

根据上述计算公式计算本例中相邻工作之间的时间间隔，结果如图 3.48 中箭线下方的数字。

3. 计算工作的时差

搭接网络计划同前所述普通网络计划一样，其工作的时差也有总时差和自由时差两种。

(1) 工作总时差

搭接网络计划中工作的总时差仍然与前面学习的单代号网络计划工作总时差计算一样。但在计算出总时差后，需要计算该工作的最迟完成时间是否超出计划工期。

在本例中工作 E 的总时差是 4，其最迟完成时间为 22+4=26，超出计划工期 24，显然不合理。所以，将工作 E 和虚拟工作 F（终点节点）用虚箭线相连，如图 3.48 所示。此时，工作 E 与工作 F 之间的时间间隔是 2，工作的总时差也是 2。

(2) 工作的自由时差

搭接网络计划中工作的自由时差与前面所述的单代号网络计划工作自由时差算法一样，这里就不再累赘了。计算结果如图 3.49 所示。

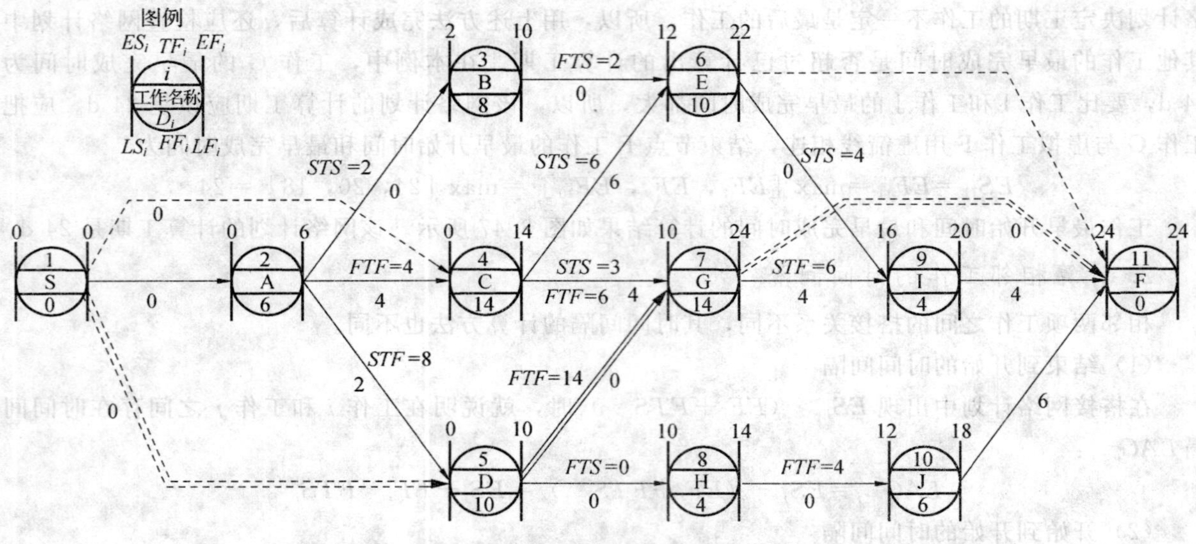

图 3.48　单代号搭接网络计划时间间隔的计算

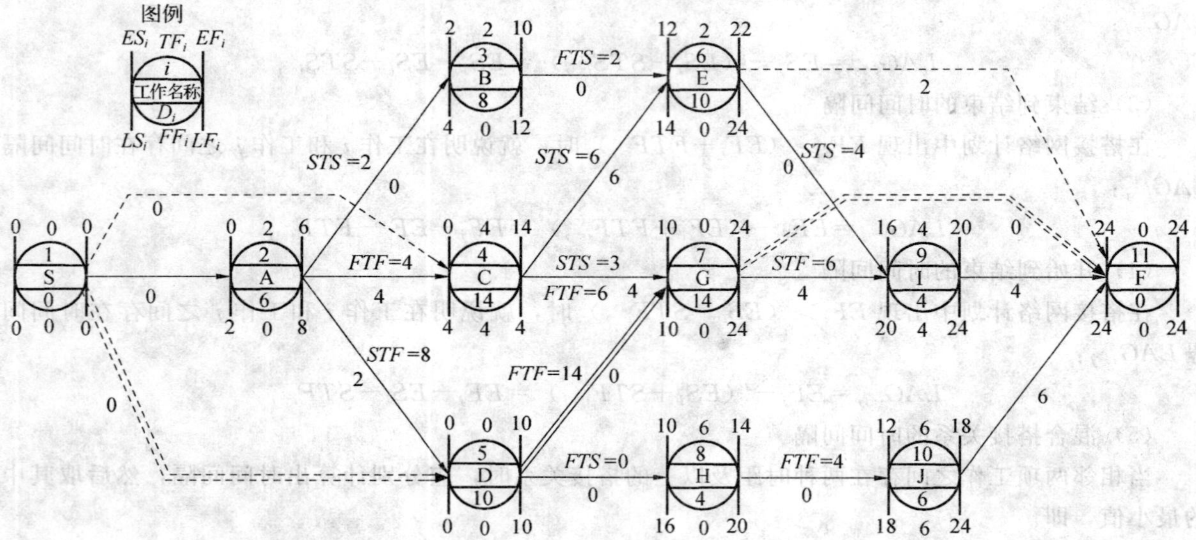

图 3.49　单代号搭接网络计划时间参数的计算结果

4. 计算工作的最迟完成时间和最迟开始时间

搭接网络计划中工作的最迟完成时间和最迟开始时间的计算与前面所述的单代号网络计划中的算法一样。计算结果如图 3.49 所示。

5. 确定关键线路

同前面学习的单代号网络计划一样，利用相邻两项工作之间的时间间隔判定关键线路。即从搭接网络计划的终点节点开始，逆着箭线的方向依次找出相邻两项工作之间的时间间隔为零的线路就是关键线路。关键线路上的工作即为关键工作，关键工作的总时差为最小。

在本例中，线路 1 — 5 — 7 — 11 为关键线路。关键工作是工作 D 和工作 G，而工作 S 和工作 F 为虚拟工作，它们的总时差都为零。

技术提示

值得注意的是，单代号搭接网络计划中，由于搭接关系的存在，关键线路上工作的持续时间总和不一定等于网络计划的计算工期。

【知识拓展】

单代号网络图与双代号网络图的比较：

①单代号网络图绘制方便，不必增加虚工作。在此点上，弥补了双代号网络图的不足，所以，近年来在国外，特别是欧洲新发展起来的几种形式的网络计划，如决策网络计划（DCPM）、图示评审技术（GERT）、前导网络（PN）等，都是采用单代号表示法表示的。

②根据使用者反映，单代号网络图具有便于说明，容易被非专业人员所理解和易于修改的优点。这对于推广应用统筹法编制工程进度计划，进行全面科学管理是有益的。

③在应用电子计算机进行网络计算和优化的过程中，人们认为双代号网络图更为简便，但是，通过已有的计算程序计算，两者的运算时间和费用的差额是很小的。

3.6 网络计划的优化

网络计划的优化，就是在满足既定的约束条件下，按照某一目标，对网络计划进行不断检查、分析评价、调整和完善，以寻求最优网络计划方案的过程。网络计划的优化有工期优化、费用优化和资源优化3种。

3.6.1 工期优化

工期优化是在网络计划的工期不满足要求时，通过压缩网络计划中关键工作的持续时间，使得计算工期达到计划工期目标，或在一定约束条件下使工期达到最短的过程。

在确定需缩短持续时间的关键工作时，应考虑以下因素：

①缩短持续时间对工作质量和安全影响不大的工作。

②有充足备用资源的工作。

③缩短持续时间所需增加的费用最少的工作。

网络计划的工期优化步骤如下：

①求出计算工期并找出关键线路及关键工作。

②按要求工期计算出工期应缩短的时间目标 ΔT：

$$\Delta T = T_c - T_p \tag{3.53}$$

式中 T_c——计算工期；

T_p——计划工期。

③确定各关键工作能缩短的持续时间。

④将应优先缩短的关键工作压缩至最短持续时间，并找出新关键线路。

⑤若计算工期仍超过要求工期，则重复以上步骤，直到满足工期要求或工期已不能再缩短为止。

⑥当所有关键工作的工作历时均达到最短而工期仍不满足要求时，应对计划的原技术、组织方案进行调整，或对计划工期重新进行审定。

技术提示

在优化工期过程中，注意以下两点：

①不能把关键工作压缩为非关键工作。

②当优化中出现多条关键线路时，必须把各条关键线路上的工作历时压缩为同一数值。

【例 3.6】 初始网络计划如图 3.50 所示，其箭线上方括号外为正常工作历时，括号内为最短工作历时，如果计划工期为 100 d，试对其进行工期优化。

(1) 确定关键线路和计算工期

计算节点最早时间和最迟时间，找出关键线路 1—3—4—6，如图 3.51 所示，计算工期为 160 d。

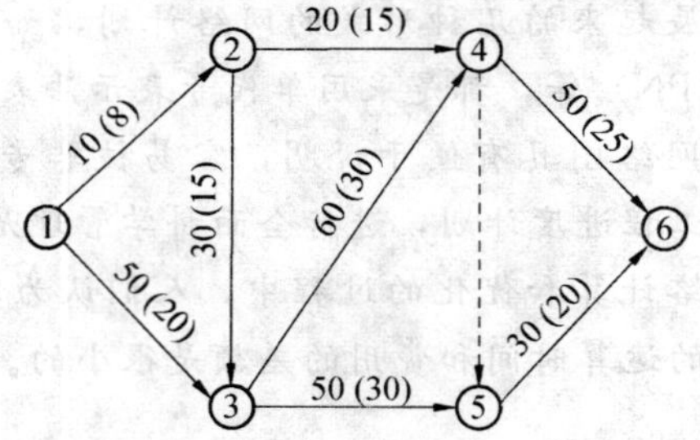

图 3.50 初始网络计划

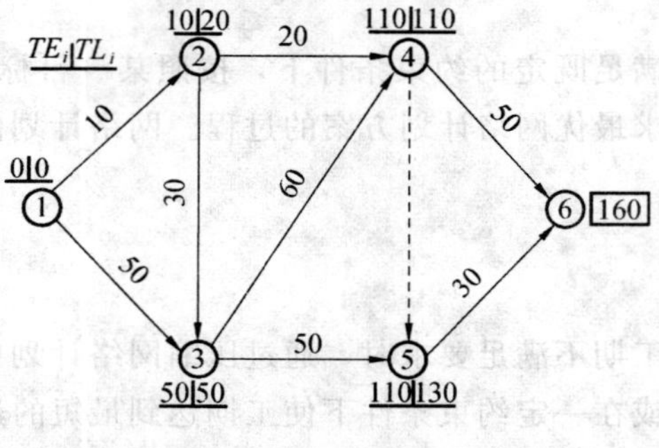

图 3.51 计划关键线路

(2) 计算需要缩短的工期

$$\Delta T = T_c - T_p = (160-100)\ d = 60\ d$$

(3) 选择关键工作，压缩工期

由图 3.50 可知，关键工作 1—3 可缩短 30 d，3—4 可缩短 30 d，4—6 可缩短 25 d，总计可缩短 85 d。由于缩短 4—6 工作，增加费用较多，故可考虑缩短 1—3 和 3—4 工作。压缩 1—3 和3—4 工作后经计算，确定关键线路为 1—2—3—4—6 和 1—2—3—5—6 两条，计算工期为 120 d (图 3.52)，仍不满足计划工期 100 d 的要求。

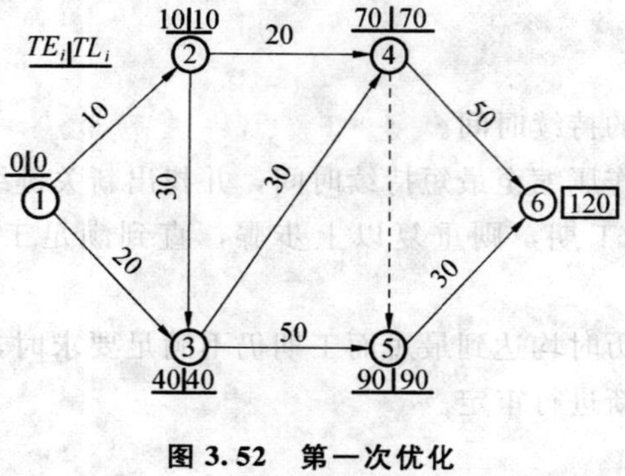

图 3.52 第一次优化

选择工作 3—5 和 4—6 两项关键工作继续压缩。3—5 和 4—6 工作历时都压缩至 30 d。经计算工期为 100 d（图 3.53），与计划工期相等，符合要求。

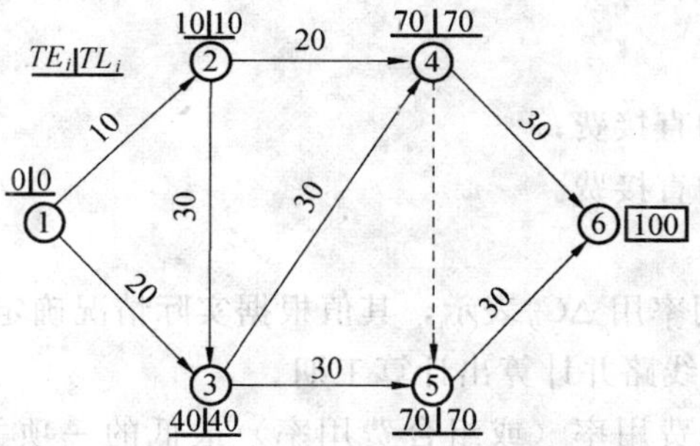

图 3.53 第二次优化

3.6.2 费用优化

费用优化又称为工期成本优化或时间成本优化，是指寻求总成本最低时的工期安排，或按要求工期寻求最低成本的计划安排过程。工程网络计划工期一经确定，其所包含的总费用也就确定下来。工程计划所涉及的总费用是由直接费和间接费两部分组成。直接费由人工费、材料费和机械费以及措施费组成，它是随工期的缩短而增加；间接费属于管理费范畴，它是随工期的缩短而减小。由于直接费随工期缩短而增加，间接费随工期缩短而减小，两者进行叠加，必有一个总费用最少的工期，这就是费用优化所要寻求的目标。上述关系可由图 3.54 所示工期费用曲线表示。

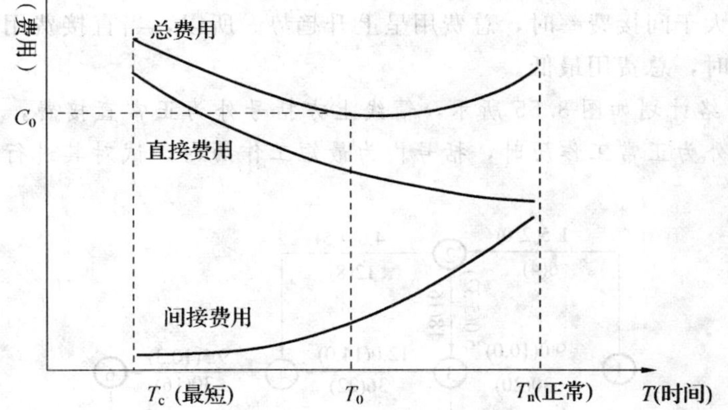

图 3.54 工期费用曲线

费用优化的目的有两个：一是求出工程费用最低时所对应的总工期，一般用在计划编制过程中；另一个目的是求出在规定工期条件下最低费用，一般用在计划实施调整过程中。

费用优化的基本思想是：不断地从工作的时间和费用关系中，找出能使工期缩短而又能使直接费增加最少的工作，缩短其持续时间，同时，又考虑间接费随工期缩短而减小的情况。把不同工期下的直接费与间接费分别叠加，从而求出工程费用最低时相应的最优工期或工期指定时相应的最低工程费用。

费用优化的步骤：

①算出工程总直接费。工程总直接费等于组成该工程的全部工作的直接费（正常情况）的总和。

②算出直接费的费用率（即赶工费用率）。直接费用率是指缩短工作每单位时间所需增加的直接费，工作 $i—j$ 的直接费率用 ΔC_{ij}^0 表示。直接费用率等于最短时间直接费与正常时间直接费之差和正常工作历时减去最短工作历时所得之差的比值，即

$$\Delta C_{ij}^{0}=\frac{C_{ij}^{c}-C_{ij}^{n}}{D_{ij}^{n}-D_{ij}^{c}} \tag{3.54}$$

式中 D_{ij}^{n}——正常工作历时；

D_{ij}^{c}——最短工作历时；

C_{ij}^{n}——正常工作历时的直接费；

C_{ij}^{c}——最短工作历时的直接费。

③确定出间接费的费用率。

工作 $i-j$ 的间接费的费用率用 ΔC_{ij}^{k} 表示，其值根据实际情况确定。

④找出网络计划中的关键线路并计算出计算工期。

⑤在网络计划中找出直接费用率（或组合费用率）最低的一项关键工作（或一组关键工作），作为压缩工作历时的对象。

⑥压缩被选择的关键工作（或一组关键工作）的持续时间，其压缩值必须要保证所在的关键线路仍然为关键线路，同时，压缩后的工作历时不能小于极限工作历时。

⑦计算相应的费用增加值和总费用值（总费用必须是下降的），总费用值可按下式计算：

$$C_{t}^{0}=C_{t+\Delta T}^{0}+\Delta T(\Delta C_{ij}^{0}-\Delta C_{ij}^{k}) \tag{3.55}$$

式中 C_{t}^{0}——将工期缩短到 t 时的总费用；

$C_{t+\Delta T}^{0}$——工期缩短前的总费用；

ΔT——工期缩短值。

⑧重复以上步骤，直至费用不再降低为止。

在优化过程中，当直接费用率（或组合费率）小于间接费率时，总费用呈下降趋势；当直接费用率（或组合费率）大于间接费率时，总费用呈上升趋势。所以，当直接费用率（或组合费率）等于或略小于间接费率时，总费用最低。

【例 3.7】 已知网络计划如图 3.55 所示，箭线上方括号外为正常直接费，括号内为最短时间直接费，箭线下方括号外为正常工作历时，括号内为最短工作历时。试对其进行费用优化。间接费率为 0.120 万元/d。

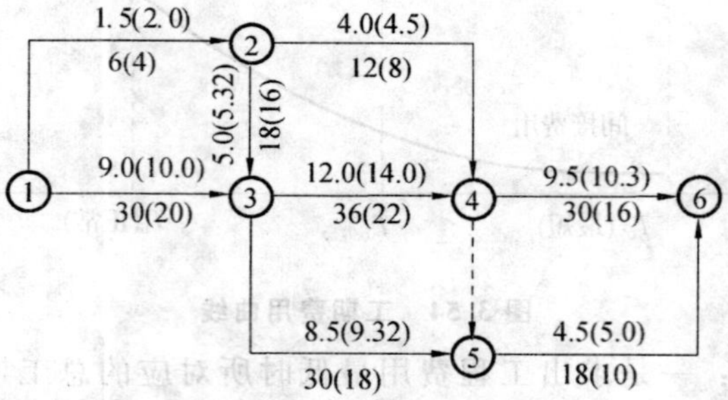

图 3.55 双代号网络计划

解 (1) 计算工程总直接费

$\sum C^{0}=1.5+9.0+5.0+4.0+12.0+8.5+9.5+4.5=54.0$ 万元

(2) 计算各工作的直接费率（表 3.10）

表 3.10　直接费率计算表

工作代号	最短时间直接费－正常时间直接费 ($C_{ij}^{c}-C_{ij}^{n}$/万元)	正常历时－最短历时 ($D_{ij}^{n}-D_{ij}^{c}$) /d	直接费率 ΔC_{ij}^{0}/(万元·d^{-1})
1－2	2.0－1.5	6－4	0.25
1－3	10.0－9.0	30－20	0.10
2－3	5.25－5.0	18－16	0.125
2－4	3.5－3.0	12－8	0.125
3－4	13.0－12.0	36－22	0.143
3－5	9.32－8.5	30－18	0.068
4－6	10.3－9.5	30－16	0.057
5－6	5.0－3.5	18－10	0.062

(3) 找出网络计划的关键线路和计算出计算工期（图 3.56）

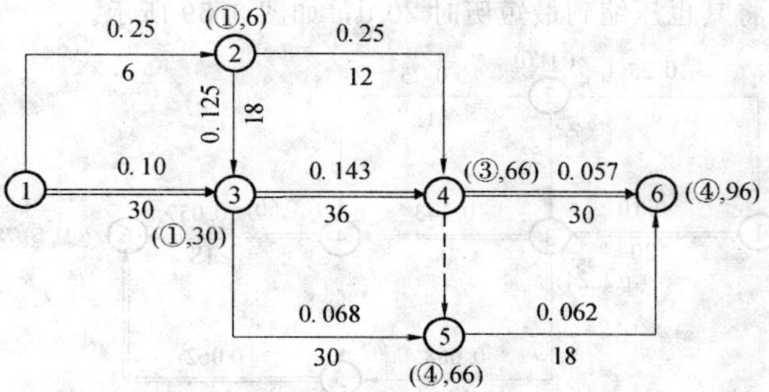

图 3.56　确定关键电路

(4) 第一次压缩

在关键线路上，工作 4－6 的直接费率最小，故将其压缩到最短历时 16 d，压缩后再用标号法找出关键线路，如图 3.57 所示。

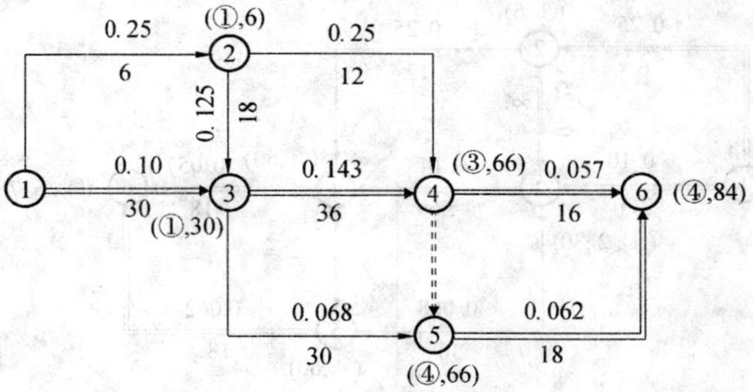

图 3.57　压缩工作 4－6

原关键工作 4－6 变为非关键工作，所以，通过试算，将工作 4－6 的工作历时延长到 18 d，工作 4－6 仍为关键工作，如图 3.58 所示。

在第一次压缩中，压缩后的工期为 84 d，压缩工期 12 d。直接费率为 0.057 万元/d，费率差为 (0.057－0.12)万元/d＝－0.063 万元/d（负值，总费用呈下降）。

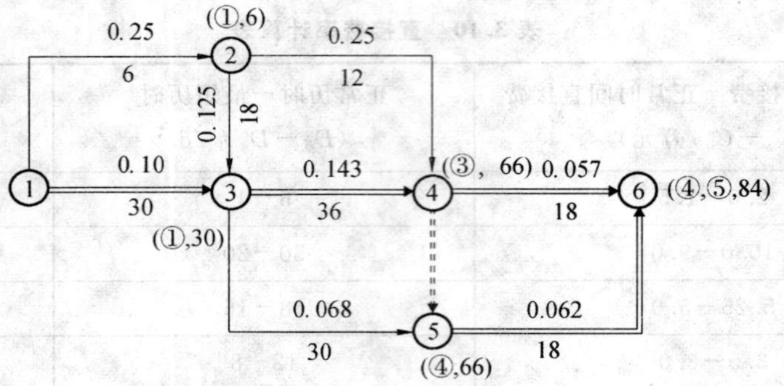

图 3.58 调整工作 4—6 历时

(5) 第二次压缩

方案 1：压缩工作 1—3，直接费用率为 0.10 万元/d。

方案 2：压缩工作 3—4，直接费用率为 0.143 万元/d。

方案 3：同时压缩工作 4—6 和 5—6，组合直接费用率为 (0.057＋0.062)万元/d＝0.119 万元/d；故选择压缩工作 1—3，将其也压缩到最短历时 20 d，如图 3.59 所示。

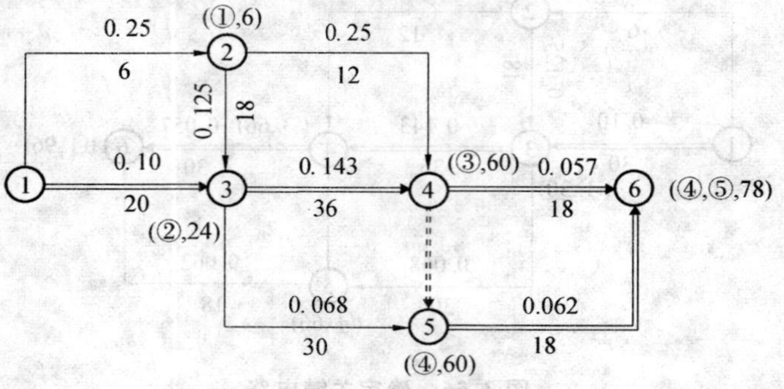

图 3.59 压缩工作 1—3

从图 3.59 中可以看出，工作 1—3 变为非关键工作，通过试算，将工作 1—3 压缩 24 d，可使工作 1—3 仍为关键工作，如图 3.60 所示。

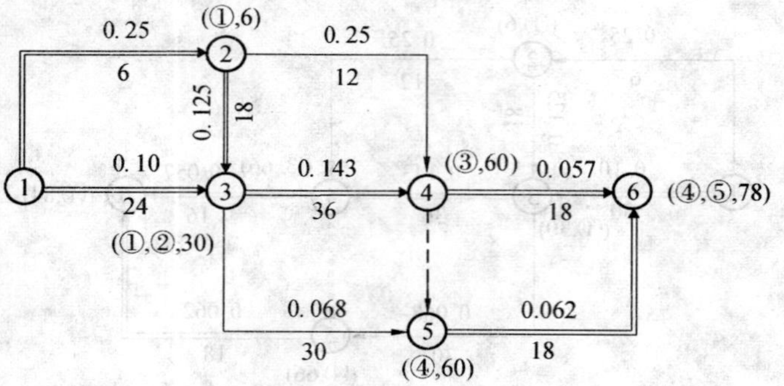

图 3.60 调整工作 1—3 历时

第二次压缩后，工期为 78 d，压缩了 (84－78)d＝6 d，直接费率为 0.10 万元/d，费率差为 (0.10－0.12)万元/d＝－0.02 万元/d（负值，总费用仍呈下降）。

(6) 第三次压缩

方案 1：同时压缩工作 1—2、1—3，组合费率为 (0.10＋0.25)万元/d＝0.35 万元/d。

方案 2：同时压缩工作 1—3、2—3，组合费率为 (0.10＋0.125)万元/d＝0.225 万元/d。

方案 3：压缩工作 3—4，直接费率为 0.143 万元/d。

方案 4：同时压缩工作 4—6、5—6，组合费率为 (0.057＋0.062)万元/d＝0.119 万元/d。

经比较，应采取方案 4，只能将它们压缩到两者最短历时的最大值，即 16 d，如图 3.61 所示。

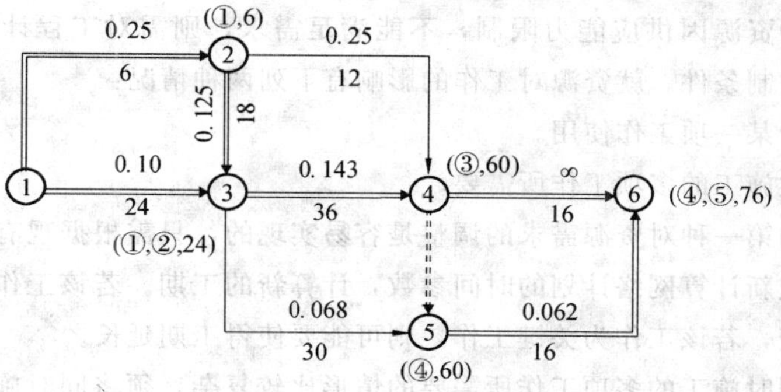

图 3.61　同时压缩工作 4－6 和工作 5－6

至此，得到了费用最低的优化工期 76 d。因为如果继续压缩，只能选取方案 3，而方案 3 的直接费率为 0.143 万元/d 大于间接费率，费用差为正值，总费用上升。费用优化计算过程见表 3.11。

压缩后的总费用为

$$\sum C_t^0 = \sum \{ C_{t+\Delta T}^0 + \Delta T(\Delta C_{ij}^0 - \Delta C_{ij}^k) \}$$
$$= (54 - 0.063 \times 12 - 0.02 \times 6 - 0.001 \times 2)\text{万元} = 53.122\text{ 万元}$$

表 3.11　费用计算表

缩短次数	被压缩工作	直接费用率（或组合费率）	费率差	缩短时间	缩短费用	总费用	工期
1	4－6	0.057	－0.063	12	－0.756	53.244	84
2	1－3	0.100	－0.020	6	－0.120	53.124	78
3	4－6 5－6	0.119	－0.001	2	－0.002	53.122	76

3.6.3 资源优化

资源是指为了完成一项计划或任务所需投入的人力、材料、机械设备和资金等的统称。

资源限量是指单位时间内可供使用的某种资源的最大数量。

资源优化的目的是通过改变工作的开始时间和完成时间，使资源按照时间的分布符合优化目标。

资源优化有两种："资源有限-工期最短"的优化和"工期固定-资源均衡"的优化。

"资源有限-工期最短"的优化是在满足资源限制条件下，通过调整计划安排，使工期延长最少的过程；"工期固定-资源均衡"的优化是在工期保持不变的条件下，通过调整计划安排，使资源需要量尽可能均衡的过程。

技术提示

进行资源优化时的前提条件是：

①在优化过程中，不改变网络计划中各项工作之间的逻辑关系。

②在优化过程中，不改变网络计划中各项工作的持续时间。

③网络计划中各项工作的资源强度为常数，即资源均衡，而且是合理的。

④除规定可中断的工作外，一般不允许中断工作，应保持其连续性。

1. “资源有限-工期最短”的优化

若一项工程的某种资源因供应能力限制，不能满足需求，则需对工程计划中某些工作加以调整，设法满足给定的限制条件。就资源对工作的影响有下列两种情况：

①所缺资源仅限于某一项工作使用。

②所缺资源为同时施工的多项工作所需要。

上述两种情况中的第一种对资源需求的调整是容易实现的，只需根据现有资源重新计算该项工作的持续时间，然后重新计算网络计划的时间参数，计算新的工期。若该工作延长的时间在总时差范围内，计算工期不变，若该工作为关键工作，则可能要使得工期延长。

对于所缺资源为同时施工的多项工作所需要的情形比较复杂，须将同时施工的某一项或几项工作后移，以减少同时需要的资源量，但要设法使因工作后移而延长的工期为最短。

这里只研究上述资源紧缺的第二种情况的优化。优化步骤如下：

①按照工作的最早开始时间安排进度计划，并计算网络计划每个时间单位的资源需要量 Q_t。

②从计划开始日期起，逐个检查每个时段资源需要量 Q_t 是否超过所能供应的资源限量。如果在整个工期范围内每个时段的资源需要量均能满足资源限量的要求，则可行优化方案就编制完成；否则，必须进行计划的计算调整。

③分析超过资源限量的时段（每天资源需要量相同的时间区段）。若该段内有几项平行工作，则将一项工作安排在与之相平行的另一项工作之后再进行，以减少该段每天的资源需要量。调整后的工期延长按照如下规定则工期延长为最小。

双代号中：

$$\Delta D_{m'-n';i'-j'}=\min\{\Delta D_{m-n;i-j}\} \tag{3.56}$$

$$\Delta D_{m-n;i-j}=EF_{m-n}-LS_{i-j} \tag{3.57}$$

式中 $\Delta D_{m'-n';i'-j'}$——最佳顺序安排所对应的工期延长时间的最小值，要求将 $LS_{i'-j'}$ 最大的工作 $i'-j'$ 安排在 $EF_{m'-n'}$ 最小的工作 $m'-n'$ 之后；

$\Delta D_{m-n;i-j}$——工作 $i-j$ 安排在工作 $m-n$ 之后，对工期的影响值。该值为负或零，对工期无影响；该值为正，则为工期所延长的时间。

单代号中：

$$\Delta D_{m';i'}=\min\{\Delta D_{m;i}\} \tag{3.58}$$

$$\Delta D_{m;i}=EF_m-LS_i \tag{3.59}$$

式中 $\Delta D_{m';i'}$——最佳顺序安排所对应的工期延长时间的最小值，要求将 $LS_{i'}$ 最大的工作 i' 安排在 $EF_{m'}$ 最小的工作 m' 之后；

$\Delta D_{m;i}$——工作 i 安排在工作 m 之后，对工期的影响值。该值为负或零，对工期无影响；该值为正，则为工期所延长的时间。

④若最早完成时间 $EF_{m'-n'}$ 或 $EF_{m'}$ 最小值和最迟开始时间 $LS_{i'-j'}$ 或 $LS_{i'}$ 最大值同属一个工作，应找最早完成时间 $EF_{m'-n'}$ 或 $EF_{m'}$ 为次小值和最迟开始时间 $LS_{i'-j'}$ 或 $LS_{i'}$ 为次大值的工作，分别组成两个顺序方案，再从中选较小者进行调整。重新计算每个时间单位的资源需要量。

⑤绘制调整后网络计划，重复上述步骤①～④，直至网络计划整个工期范围内每个时间单位的资源需要量均满足资源限量为止。

【例 3.8】网络计划如图 3.62 所示，箭线上方括号中的数为工作需要工人数量，假如每天只有 10 个工人可供使用，如何安排各工作而使得工期最短。

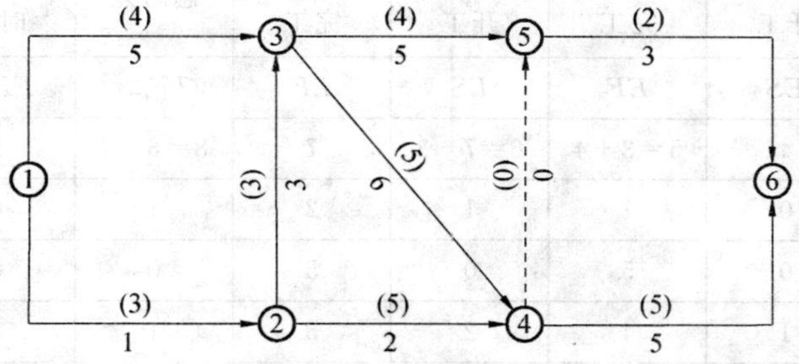

图 3.62 双代号网络计划

①按照工作的最早开始时间绘制时标网络进度计划，并计算网络计划每个时间单位的资源需要量曲线（图 3.63）。

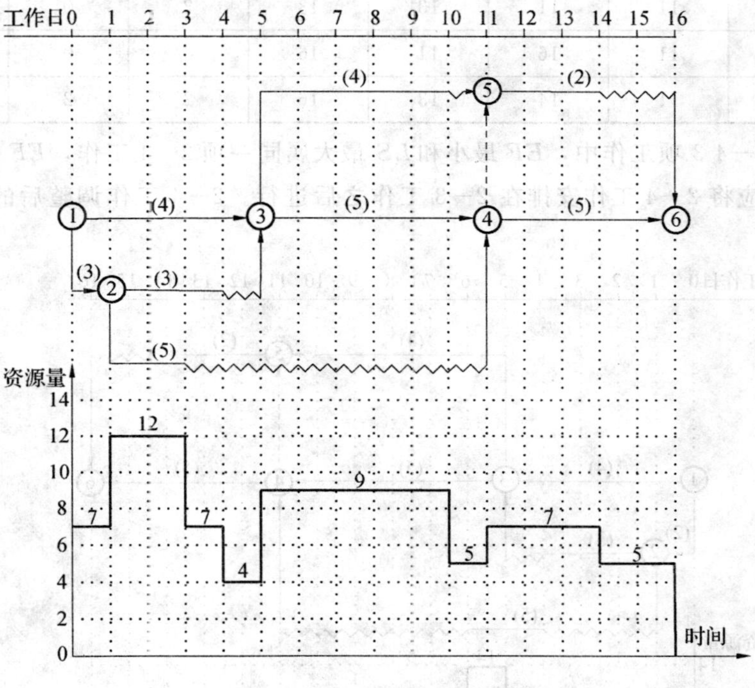

图 3.63 初始时标网络计划

②从计划开始日期起，逐个检查每个时段资源需要量 Q_t 是否超过所能供应的资源限量 Q（限量）。由图 3.63 中可知，在第二天和第三天 $Q_2=12>Q=10$，故需要调整。

③分析超过资源限量的时段（每天资源需要量相同的时间区段）。这个时段同时需要资源的工作有 1—3、2—3、2—4 3 项工作，按照式（3.56）和式（3.57）计算。

为方便计算，各项工作的时间参数计算表见表 3.12。

表 3.12　时间参数计算表

工序号		工期	最早开工	最早完工	最晚开工	最晚完工	总时差	自由时差	关键线路
i	j	D_{i-j}	ES	EF	LS	LF	TF_{i-j}	FF_{i-j}	CP
1	2	3	4	5=3+4	6=7−3	7	8=6−4	9	10
1	2	1	0	1	1	2	1	0	
1	3	5	0	5	0	5	0	0	√
2	3	3	1	4	2	5	1	1	
2	4	2	1	3	9	11	8	8	
3	4	6	5	11	5	11	0	0	√
3	5	5	5	10	8	13	3	1	
4	5	0	11	11	13	13	2	0	
4	6	5	11	16	11	16	0	0	√
5	6	3	11	14	13	16	2	2	

1—3、2—3、2—4 3 项工作中，EF 最小和 LS 最大属同一项 2—4 工作，EF 次小和 LS 次大工作是 2—3，经计算应将 2—4 工作安排在 2—3 工作之后进行。2—4 工作调整后的时标网络计划如图 3.64所示。

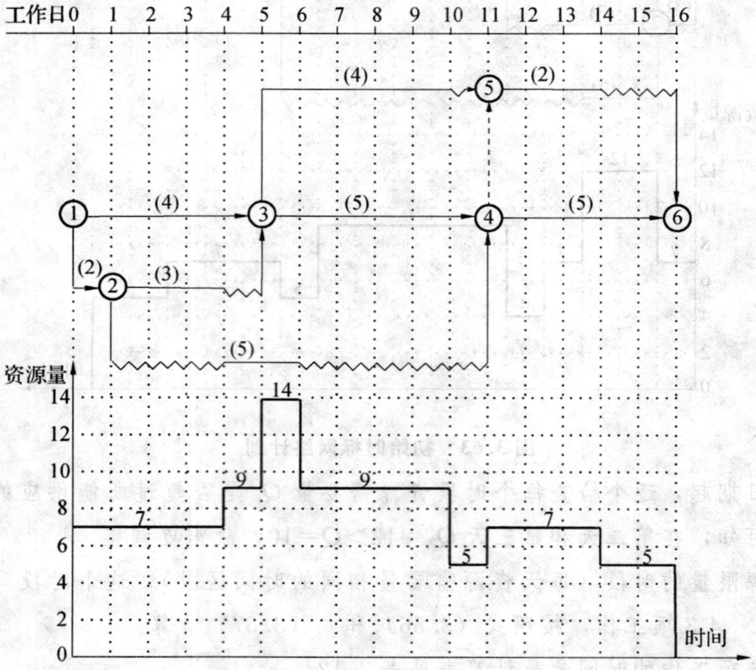

图 3.64　工作 2—4 调整后的时标网络计划

继续检查每个时段资源需要量 Q_t 是否超过所能供应的资源限量 Q（限量），从图 3.64 可看出，在第 6 天 $Q_6=14>Q=10$，故需要调整。这个时段同时需要资源的工作有 2—4、3—4、3—5 3 项工作，按照式（3.56）和式（3.57）计算。

经计算工作 3—5 排在工作 2—4 之后进行，工期延长最短。工作 3—5 调整后的时标网络计划如图 3.65 所示。

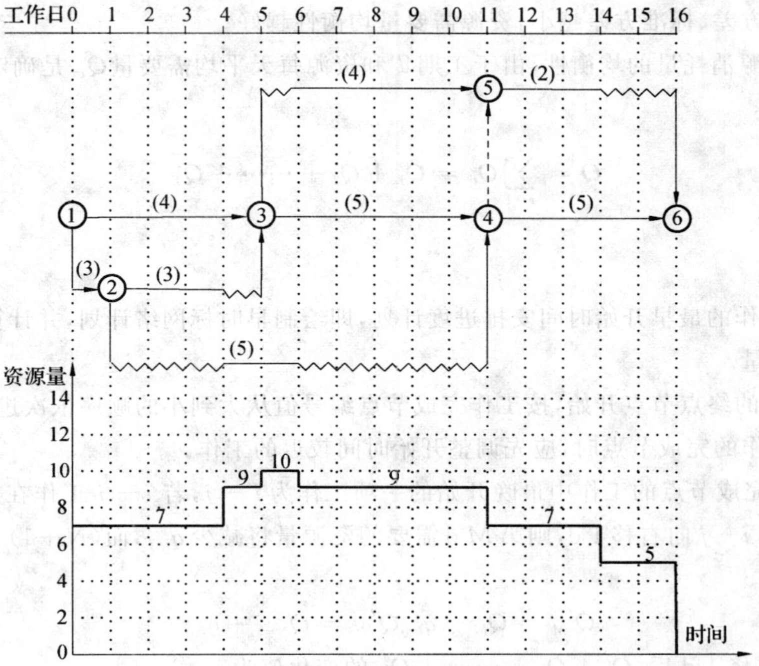

图 3.65　工作 3—5 调整后的时标网络计划

继续检查每个时段资源需要量 Q_t 是否超过所能供应的资源限量 Q（限量），在整个工期范围内每个时段的资源需要量均能满足资源限量的要求，可行优化方案就编制完成。

2. “工期固定-资源均衡”的优化

“工期固定-资源均衡”的优化是在工期保持不变的条件下，调整工程施工进度计划，使资源需要量尽可能均衡，即整个工程每个单位时间的资源需要量不出现过高的高峰和低谷。这样可以大大减少施工现场各种临时设施的规模，不仅有利于工程建设的组织与管理，而且可以降低工程施工费用。

描述资源是否均衡的指标有 3 个，即

(1) 不均衡系数 K

$$K=\frac{Q_{\max}}{Q_{\mathrm{m}}} \tag{3.60}$$

式中　$Q_{\max}$——最高峰日期的每天总需要量；

Q_{m}——资源每天平均需要量。

$$Q_{\mathrm{m}}=\frac{1}{T}\sum_{t=1}^{T}Q_t \tag{3.61}$$

资源不均衡系数越小，资源需要量均衡性越好。

(2) 均方差 σ^2 和标准差 σ

$$\sigma^2=\frac{1}{T}\sum_{t=1}^{T}(Q_t-Q_{\mathrm{m}})^2=\frac{1}{T}\sum_{t=1}^{T}Q_t^2-Q_{\mathrm{m}}^2 \tag{3.62}$$

$$\sigma=\sqrt{\frac{1}{T}\sum_{t=1}^{T}Q_t^2-Q_{\mathrm{m}}^2} \tag{3.63}$$

式中　σ^2——资源消耗的均方差；

σ——资源消耗的标准方差；

T——计划工期；

Q_t——资源在第 t d 的消耗量。

资源需要量均方差、标准方差越小，资源需要量均衡性越好。

用方差衡量资源消耗量的均衡性，由于工期 T 和资源每天平均需要量 Q_m 是确定的，所以要使 σ 为最小，也就是

$$Q=\sum_{t=1}^{T}Q_t^2=Q_1^2+Q_2^2+\cdots\cdots+Q_T^2$$

为最小。

优化步骤如下：

① 按照各项工作的最早开始时间安排进度计划，即绘制早时标网络计划，并计算网络计划每个时间单位的资源需要量。

② 从网络计划的终点节点开始，按工作完成节点编号值从大到小的顺序依次进行调整。当某一节点同时作为多项工作的完成节点时，应先调整开始时间较迟的工作。

假如 j 节点为完成节点的工作中最晚开始的一项工作为 $i-j$，若 $i-j$ 工作在第 M d 开始，到第 N d 结束，如果工作 $i-j$ 向右移 1 d，则第 M d需要的资源量将减少 q_{i-j}，而$(N+1)$ d需要的资源量将增加 q_{i-j}，即

$$Q'_M=Q_M-q_{i-j}Q'_N=Q_{N+1}+q_{i-j}$$

工作 $i-j$ 向右移 1 d 后，$Q_1^2+Q_2^2+\cdots\cdots+Q_T^2$ 的变化值为

$$\Delta Q=[(Q_{N+1}+q_{i-j})^2-Q_{N+1}^2]-[Q_M^2-(Q_M-q_{i-j})^2] \tag{3.64}$$

上式简化后得

$$\Delta Q=2q_{i-j}[Q_{N+1}-(Q_M-q_{i-j})] \tag{3.65}$$

式中，当 $\Delta Q<0$ 时，表示 σ 减少，工作 $i-j$ 可向右移动 1 d。在工作 $i-j$ 可向右移动后，资源动态曲线也发生变化，按上述同样的方法继续考虑工作 $i-j$ 可否还能向右移动 1 d，如果能右移 1 d，那么就再右移 1 d，直至不能移动为止。

当 $\Delta Q>0$ 时，表示 σ 减少，工作 $i-j$ 不可向右移动 1 d，这时就考虑工作 $i-j$ 能否向右移动 2 d(在总时差的范围内)。此时，如果 $Q_{N+2}-(Q_{M+1}-q_{i-j})$ 为负值，那么就计算：

$$[Q_{N+1}-(Q_M-q_{i-j})]+[Q_{N+2}-(Q_{M+1}-q_{i-j})] \tag{3.66}$$

如果结果为负，表示工作 $i-j$ 可向右移动 2 d；反之，考虑工作 $i-j$ 可否向右移动 3 d(在总时差的范围内)。

当工作 $i-j$ 的调整确定后，再按上述顺序继续考虑其他工作的右移。

③ 当所有的工作均按上述顺序自右向左调整了一次之后，为使资源需要量更加均衡，再按上述顺序自右向左进行多次调整，直到所有的工作都不能再右移为止。

【例 3.9】仍以图 3.62 所示网络计划为例研究“工期固定-资源均衡”问题。

(1) 按照工作的最早开始时间绘制时标网络进度计划，并计算网络计划每个时间单位的资源需要量曲线(图 3.63)。

(2) 计算每天平均资源需要量 Q_m

$$Q_m=\frac{7+12\times2+7+4+9\times5+5+7\times3+5\times2}{16}=7.69$$

资源需用量不均匀系数为

$$K=\frac{Q_{max}}{Q_m}=\frac{12}{7.69}=1.56$$

(3) 第一次调整

① 以节点⑥为结束节点的工作有4—6和5—6两项工作，而工作4—6为关键工作，不考虑它的调整，只调整工作5—6(图3.66)。

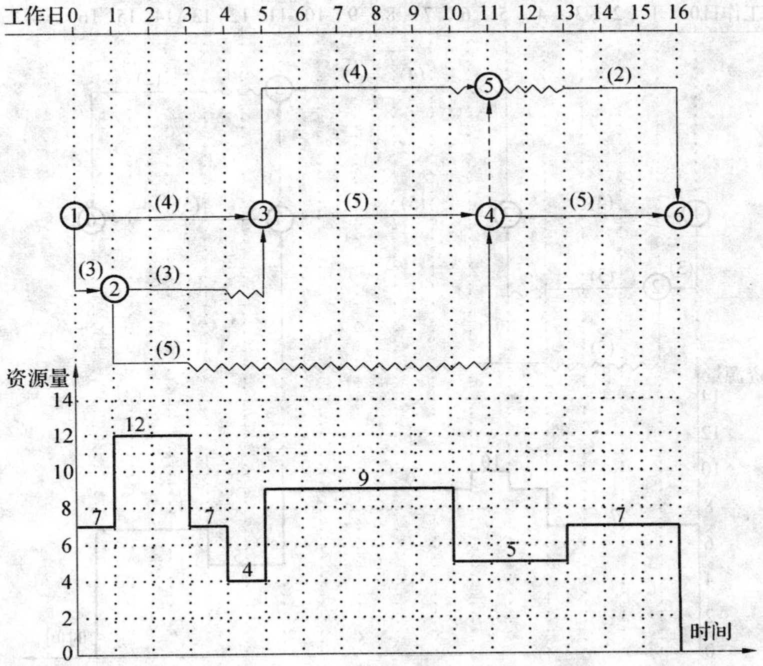

图3.66 工作5—6调整后网络计划

$Q_{15}-(Q_{12}-q_{5-6})=5-(7-2)=0$，可右移1 d，$ES_{5-6}=12$。

$Q_{16}-(Q_{13}-q_{5-6})=5-(7-2)=0$，可右移1 d，$ES_{5-6}=13$。

② 以节点⑤为结束节点的工作有3—5和4—5两项工作，而工作4—5为虚工作，不考虑它的调整，只调整工作3—5(图3.67)。

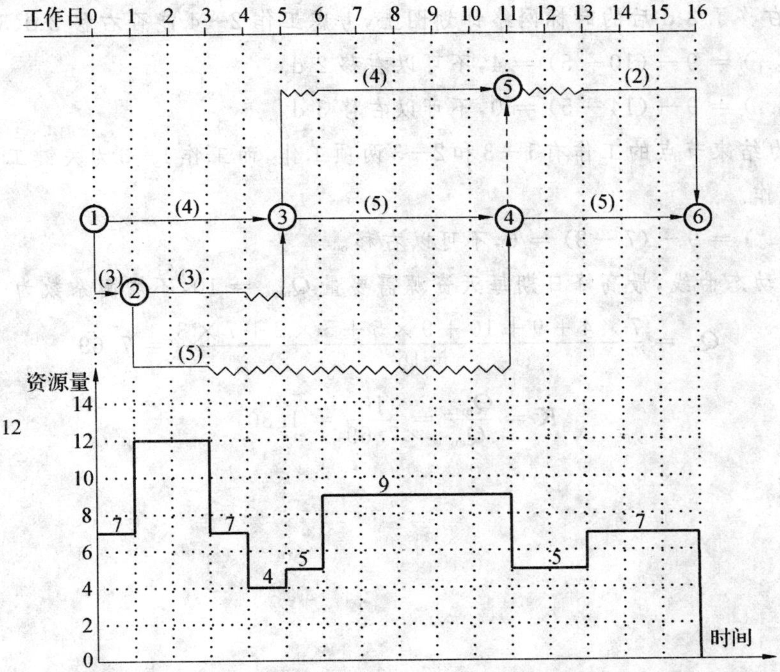

图3.67 3—5工作调整后网络计划

$Q_{11}-(Q_6-q_{3-5})=5-(9-4)=0$，可右移1 d，$ES_{3-5}=6$。

③ 以节点④为结束节点的工作有2—4和3—4两项工作，而工作3—4为关键工作，不考虑它的调整。只调整工作2—4（图3.68）。

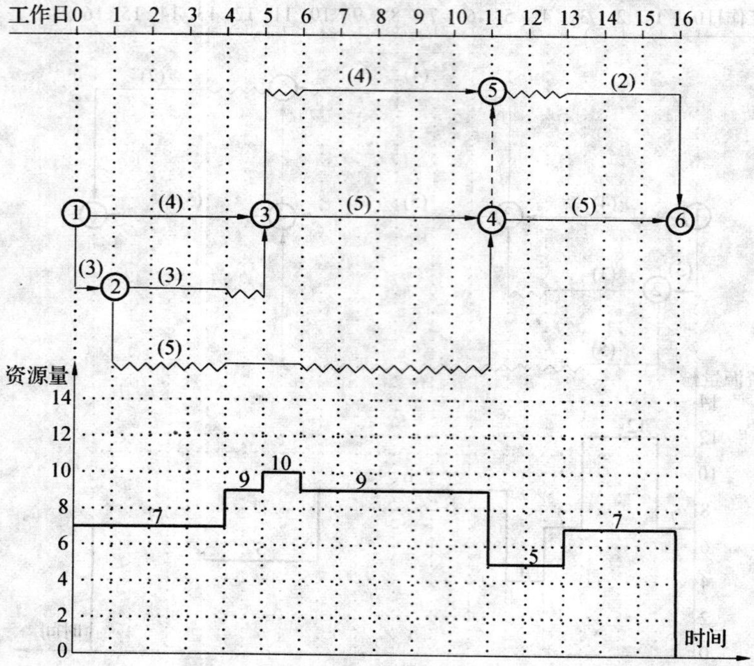

图3.68　工作2—4调整后网络计划

$Q_4-(Q_2-q_{2-4})=7-(12-5)=0$，可右移1 d，$ES_{2-4}=2$。

$Q_5-(Q_3-q_{2-4})=4-(12-5)=-3$，可右移1 d，$ES_{2-4}=3$。

$Q_6-(Q_4-q_{2-4})=5-(12-5)=-2$，可右移1 d，$ES_{2-4}=4$。

$Q_7-(Q_5-q_{2-4})=9-(9-5)=5$，不可以右移1 d。

在工作2—4右移了3 d后的时标网络计划图上，考虑工作2—4能否右移2 d、3 d、4 d等。

$Q_8-(Q_6-q_{2-4})=9-(10-5)=4$，不可以右移2 d。

$Q_9-(Q_7-q_{2-4})=9-(14-5)=0$，不可以右移3 d。

④ 以节点③为结束节点的工作有1—3和2—3两项工作，而工作1—3为关键工作，不考虑它的调整，只调整2—3工作。

$Q_5-(Q_2-q_{2-3})=9-(7-3)=6$，不可以右移。

优化后的资源动态曲线，最高峰日期每天资源需要量$Q_{max}=10$，不均衡系数为

$$Q_m=\frac{7\times4+9+10+9\times5+5\times2+7\times3}{16}=7.69$$

$$K=\frac{Q_{max}}{Q_m}=\frac{10}{7.69}=1.30$$

【模块导图】

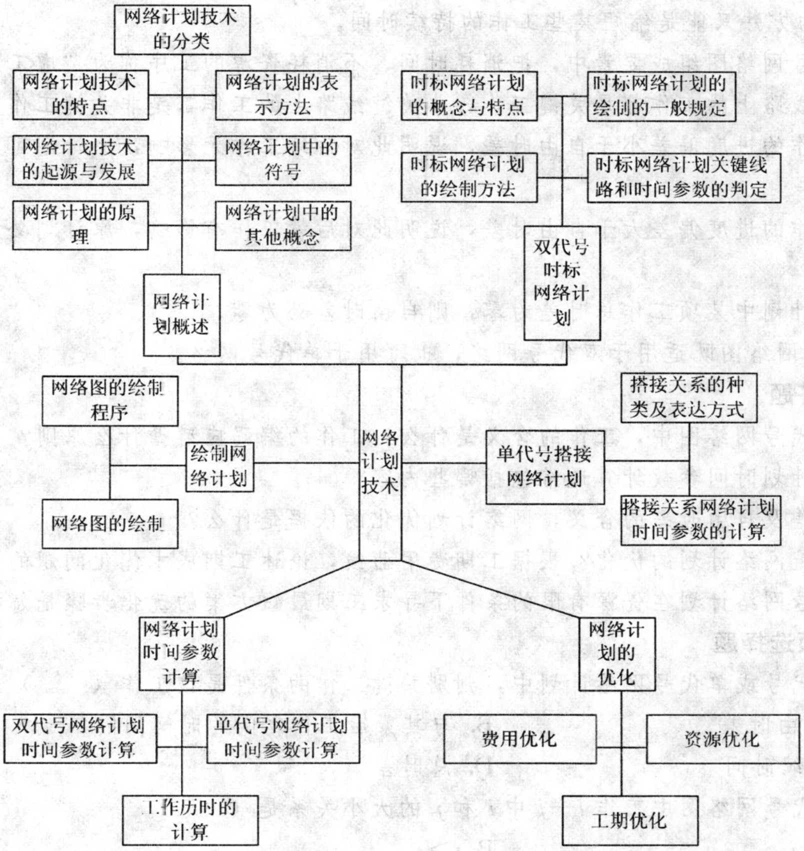

拓展与实训

职业能力训练

一、填空题

1. 网络图根据绘图符号的不同可以分为________及________两种。

2. 双代号网络图的三要素是________。

3. 单代号网络图中的箭杆仅表示________，它既不________也不________。

4. LAG_{i-j}表示________至其________的时间间隔。

5. 网络计划中，工作的局部时差（FF_{i-j}）是指在________条件下所具有的机动时间；工作总时差（TF_{i-j}）是指在________条件下所具有的机动时间。

二、判断题

1. 关键线路是该网络计划中最长的线路，一个网络计划只有一条关键线路。（　）

2. 时标网络计划的特点是可直接在网络图上看出各项工作的开始和结束时间。（　）

3. 网络计划的工期优化，就是通过压缩网络中全部工作的持续时间，以达到缩短工期的目的。（　）

4. 在网络计划执行过程中，关键工作的拖延将导致计划总工期不能实现，这时候对网络计划调整的方法只能是缩短某些工作的持续时间。（ ）

5. 双代号网络图组成要素中，把消耗时间、不消耗资源的工序称为“虚工序”。（ ）

6. 关键线路上的工作都是关键工作，非关键线路上的工作都是非关键工作。（ ）

7. 若工作的进度偏差小于自由时差，说明此对后续工作无影响，原计划可不作调整。（ ）

8. 若工作的进度偏差大于自由时差，说明此对后续工作有影响，原计划必须全部调整。（ ）

9. 网络计划中某项工作总时差为零，则自由时差必为零。（ ）

10. 搭接网络图既适用于双代号网络，也可用于单代号网络。（ ）

三、简答题

1. 在双代号网络图中，工作的含义是什么？工作的编码应遵循什么原则？
2. 网络计划时间参数计算通常包括哪些内容？
3. 总时差及自由时差的含义，网络计划优化的依据是什么？
4. 什么是网络计划的优化？根据工期费用曲线，论述工期成本优化问题的实质？
5. 双代号网络计划在资源有限的条件下寻求工期最短方案的优化步骤是怎样的？

四、单项选择题

1. 在双代号或单代号网络计划中，判别关键工作的条件是该工作（ ）最小。

A. 自由时差　　B. 与其紧后工作之间的时间间隔

C. 持续时间　　D. 总时差

2. 在双代号网络图中工作 i—j 中 i 和 j 的大小关系是（ ）。

A. $i=j$　　B. $i>j$

C. $i<j$　　D. i 和 j 大小关系不能确定

3. 在工程网络计划中，关键线路是指（ ）的线路。

A. 双代号网络计划中没有虚箭线

B. 时标网络计划中没有波形线

C. 双代号网络计划中由关键节点组成

D. 单代号网络计划中由关键工作组成

4. 工程网络计划执行过程中，如果某项工程的实际进度拖延的时间等于总时差，则该工作（ ）。

A. 不会影响其紧后工作的最迟开始

B. 不会影响其后续工作的正常进行

C. 必定影响其紧后工作的最早开始

D. 必定影响其后续工作的最早开始

5. 在某工程单代号网络计划中，错误的说法是（ ）。

A. 关键线路只有一条

B. 在计划实施过程中，关键线路可以改变

C. 关键工作的机动时间最少

D. 相邻关键工作之间的时间间隔为零

6. 已知某工程网络计划中工作M的自由时差为3 d，总时差为5 d，现实际进度影响总工期1 d，在其他工作均正常的前提下，工作M的实际进度比计划进度拖延了（　　）。

A. 3 d　　B. 4 d　　C. 5 d　　D. 6 d

7. 在某双代号网络计划中，工作3—5之后有两项工作5—6和5—8，3者的持续时间分别为5 d、7 d、9 d，如果5—6和5—8最迟完成时间分别是第23 d和第20 d，则工作3—5的最迟开始时间应是（　　）。

A. 第11 d　　B. 第16 d

C. 第6 d　　D. 第15 d

8. 网络计划的工期优化的目的是缩短（　　）。

A. 计划工期　　B. 计算工期

C. 要求工期　　D. 合同工期

9. 不允许中断工作，资源优化和资源分配的原则是（　　）。

A. 按时差从大到小分配资源

B. 非关键工作优先分配资源

C. 关键工作优先分配资源

D. 按工作每日需要资源量大小分配资源

工程模拟训练

背景：

根据工作之间的逻辑关系，某工程施工组织网络计划如图3.69所示。该工程有两个施工组织方案，相应的各工作所需的持续时间和费用见表3.13。在施工合同中约定：合同工期为271 d，工期延误1 d罚0.5万元，提前1 d奖0.5万元。

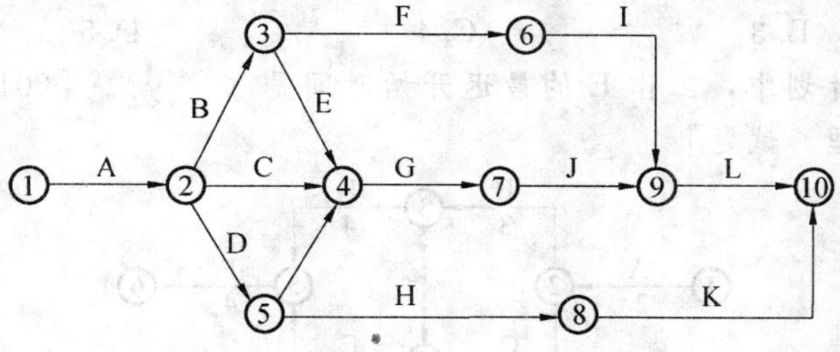

图3.69　某工程网络计划

问题：

1. 分别计算两种施工组织方案的工期和综合费用并确定其关键线路。

2. 如果对该工程采用混合方案组织施工，应如何组织施工较经济？相应的工期和综合费用各为多少？

表 3.13　基础资料表

工作	方案Ⅰ		方案Ⅱ	
	持续时间/d	费用/万元	持续时间/d	费用/万元
A	30	13	28	16
B	46	20	42	22
C	28	10	28	10
D	40	19	39	19.5
E	50	23	48	23.5
F	38	13	38	13
G	59	25	55	28
H	43	18	43	18
I	50	24	48	25
J	39	12.5	39	12.5
K	35	15	33	16
L	50	20	49	21

链接执考

1. 某网络计划中，工作 A 的紧后工作是 B 和 C，工作 B 的最迟开始时间为 14，最早开始时间为 10；工作 C 的最迟完成时间为 16，最早完成时间为 14；工作 A 与工作 B、C 的间隔时间均为 5 d，则工作 A 的总时差为（　　）d。[2013 年全国二级建造师《建设工程施工管理》试题]

   A. 3　　B. 7　　C. 8　　D. 10

2. 某网络计划中，工作 M 的最早完成时间为第 8 d，最迟完成时间为第 12 d，工作的持续时间为 4 d，与所有紧后工作的间隔时间最小值为 2 d，则该工作的自由时差为（　　）d。[2013 年全国二级建造师《建设工程施工管理》试题]

   A. 2　　B. 3　　C. 4　　D. 5

3. 图 3.70 所示网络计划中，工作 E 的最迟开始时间是（　　）。[2013 年全国二级建造师《建设工程施工管理》试题]

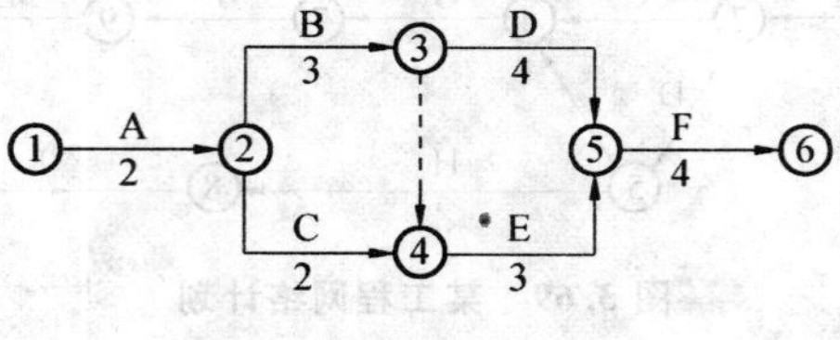

图 3.70　工程网络计划

   A. 4　　B. 5　　C. 6　　D. 7

4. 根据《工程网络计划技术规程》(JGJ/T 121—1999)，在双代号时标网络计划中是（　　）。[2013 年全国一级建造师《建设工程施工管理》试题]

   A. 以波形线表示工作，以虚箭线表示虚工作，以实箭线表示工作的自由时差
   B. 以波形线表示工作，以实箭线表示虚工作，以虚箭线表示工作的自由时差
   C. 以实箭线表示工作，以波形线表示虚工作，以虚箭线表示工作的自由时差
   D. 以实箭线表示工作，以虚箭线表示虚工作，以波形线表示工作的自由时差

5. 工程网络计划中的关键工作是指（　　）的工作。[2013 年全国一级建造师《建设工程施工管理》试题]

   A. 自由时差最小　　B. 总时差最小
   C. 工作持续时间最长　　D. 时距为零

模块 4

施工组织总设计

【模块概述】

施工组织总设计是以若干单位工程组成的群体工程或特大型工程项目为主要对象编制的施工组织设计，对整个工程项目的施工过程起统筹规划、重点控制的作用。它对整个建设项目实现科学管理、文明施工、取得良好的综合经济效益，起到决定性作用。施工组织总设计的主要内容一般包括工程概况、总体施工部署、施工总进度计划、总体施工准备与主要资源配置计划、主要施工方法、施工总平面布置和主要技术经济指标。本模块将具体讲述施工组织总设计的内容和编制。

【学习目标】

1. 理解施工组织总设计的概念、作用、编制依据和主要内容。
2. 理解施工管理组织结构的形式和选择。
3. 掌握主要项目的施工方案和主要工种的施工方法。
4. 掌握施工总进度计划和资源需要量计划的编制。
5. 掌握施工总平面图的设计原则、内容和方法。

【技能目标】

1. 能够识读施工组织总设计。
2. 能够根据工程概况进行总体施工部署及施工方案设置。
3. 能够编制施工总进度计划。
4. 能够编制主要资源需要量计划。
5. 能够基本完成施工总平面图的设计。

【课时建议】

8～10 课时

工程导入

浙江省杭州市某建筑工程临时活动房坍塌事故

2001年6月26日凌晨4时40分左右，位于杭州市拱墅区的某材料公司建筑工程施工现场一临时活动房，因山洪暴发，排水沟口堵塞，被山洪冲垮违章建筑的围墙后压塌，造成22人死亡，7人受伤。该建筑工程为一厂房工程，建筑面积10 115 m^2，工程造价895.94万元，工程建设的手续基本齐全。事故发生前，该工程尚未正式开工，但建设单位已于2000年10月违章发包给施工单位诸暨市某建筑公司砌筑完成工地围墙以及临时活动房、门卫室和钢筋加工棚等临时设施。

从2001年6月22日开始，杭州市区连续降雨，使临近的山谷内集水区域水流汇集冲向谷口，山谷口水量猛增，平均流量2.05 m^3/s，洪峰流量达9 m^3/s，在短时间内形成山洪暴发。加上因连续降雨，围墙外原有水沟两边黄泥和卵石塌落，堵住水沟，造成排水不畅，当山洪暴发时，水沟内的水位不断抬高，水压不断增加，洪水冲垮围墙，压塌距离东围墙仅2.2 m处的9间工棚，导致灾害性事故发生。请分析事故原因，从而了解施工组织总设计在整个工程施工过程中起着怎样的作用？遵循施工组织总设计是安全施工的基础和保障，今天我们就来学习如何编制一套科学合理的施工组织总设计。

4.1 概述

施工组织总设计，是以若干单位工程组成的群体工程或特大型工程项目为主要对象编制的施工组织设计，对整个工程项目的施工过程起统筹规划、重点控制的作用。

施工组织总设计应由施工项目负责人主持编制，应由总承包单位技术负责人负责审批。

4.1.1 施工组织总设计的作用

施工组织总设计的主要作用是为施工单位进行全现场性施工准备工作和组织物资、技术供应提供依据；它还可以用来确定设计方案施工的可能性和经济合理性，为建设单位和施工单位编制计划提供依据。其具体包括以下几方面：

①为建设项目或群体工程的施工做出全局性的战略部署。

②为施工做好施工准备工作，为保证资源供应提供依据。

③为组织全场性施工提供科学方案和实施步骤。

④为施工单位编制工程项目生产计划和单位工程的施工组织设计提供依据。

⑤为业主编制工程建设计划提供依据。

⑥为确定设计方案的施工可行性和经济合理性提供依据。

4.1.2 施工组织总设计的编制依据

施工组织总设计是根据不同的施工对象、现场实际、施工条件等主客观因素，在充分调查分析的基础上编制的。编制依据的主要内容如下：

①国家（地方）的技术标准、规范、规程。

国家现行的施工及验收规范、操作规程、概算、预算及施工定额、技术规定和有关经济技术指标等。

②计划文件、设计文件和合同文件。主要包括已批准的计划任务书、初步设计或扩大初步设计、施工图纸。

a. 计划文件主要包括：建设项目可行研究报告、国家批准的固定资产投资计划、工程项目一览表、分期分批施工项目和投资计划；地区主管部门的批件、要求交付使用的期限、施工单位上级主管部门下达的施工任务等。

b. 设计文件主要包括：建设项目的初步设计、扩大初步设计或技术设计的有关图样、设计说明书、建筑区域平面图、建筑总平面图、建筑竖向设计、总概算或修正概算等。

c. 合同文件主要包括：工程招投标文件及签订的工程承包合同，工程材料和设备的订货指标或供货合同等。

③自然条件资料。主要包括地形资料、工程地质资料、水文地质资料、气象资料等。

④建设地区的技术经济资料。主要包括建设地区的地方工业、农业、交通运输、资源、供水、供电、生产、生活基地等。

⑤国家和上级的有关指示。主要包括上级主管部门对建设项目的要求、工程交付使用的期限、推广新结构及新技术和有关的先进技术指标等。

⑥施工中可能配备的人力、机械设备、施工经验、技术状况等。

⑦如果是引进的成套设备或中外合资经营的工程，应当具体了解国外设备、材料供应日期、施工要求以及有关的合同规定。

4.1.3 施工组织总设计的编制程序

所谓编制程序，是指施工组织总设计的内容及其组成部分形成的先后顺序，以及相互之间的制约关系的处理。施工组织总设计的编制程序如图 4.1 所示，从图中可以知道设计的有关内容和步骤。

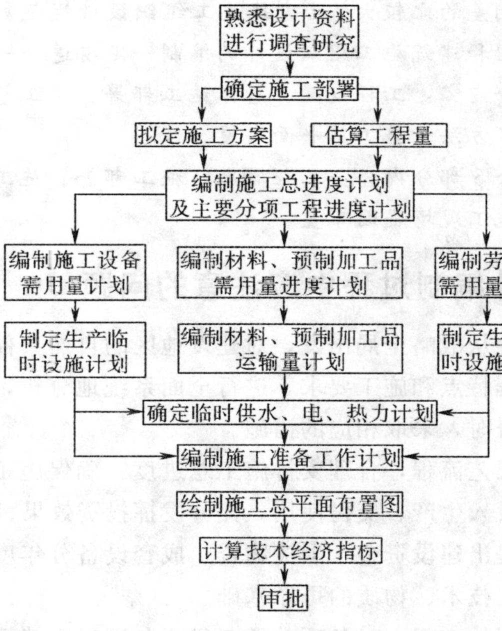

图 4.1 施工组织总设计的编制程序

【知识拓展】

施工组织设计的编制和审批应符合下列规定：

①施工组织设计应由项目负责人主持编制，可根据需要分阶段编制和审批。

②施工组织总设计应由总承包单位技术负责人审批；单位工程施工组织设计应由施工单位技术负责人或技术负责人授权的技术人员审批；施工方案应由项目技术负责人审批；重点、难点分部（分项）

工程和专项工程施工方案应由施工单位技术部门组织相关专家评审，施工单位技术负责人批准。

③由专业承包单位施工的分部（分项）工程或专项工程的施工方案，应由专业承包单位技术负责人或技术负责人授权的技术人员审批；有总承包单位时，应由总承包单位项目技术负责人核准备案。

④规模较大的分部（分项）工程和专项工程的施工方案应按单位工程施工组织设计进行编制和审批。

4.1.4 施工组织总设计的内容

根据建设项目的性质、规模、工期、结构特点的不同，施工条件的差异和施工复杂程度的不同，各地区、各行业施工组织总设计的编制内容也有所不同，但通常应包括下列内容：

①工程概况。

②总体施工部署。

③施工总进度计划。

④总体施工准备与主要资源配置计划。

⑤主要施工方法。

⑥施工总平面布置。

⑦主要技术经济指标。

【知识拓展】

现代建筑工程施工是一项包含技术和资源的复杂活动，受到周围环境和本身力量的约束很大，施工企业及劳动力技术及素质相差的比较大。《建筑施工组织设计规范》（GB/T 50502—2009）的实行，标志着建筑工程施工管理和建筑施工组织设计的编制一定要遵循一定的规范。

施工组织总设计包含 6 部分内容：工程概况、总体施工部署、施工总进度计划、总体施工准备与主要资源配置计划、主要施工方法、施工总平面布置。

单位工程施工组织设计包含 6 部分内容：工程概况、施工部署、施工进度计划、施工准备与资源配置计划、主要施工方案、施工现场平面布置。

4.1.5 施工组织总设计编制过程中应注意的问题

①施工组织总设计，首先要从战略全局出发，对建设地区的自然条件和技术经济指标情况，进行深入细致地调查研究，对工程特点和施工要求，进行全面系统地分析，从而找出主要矛盾，发现薄弱环节，以便在确定施工部署时，采取相应的措施。

②应根据工程特点和生产工艺流程，合理安排施工总进度，确保施工均衡、连续、有节奏地进行，确保建设项目能分期分批投入生产、交付使用，充分发挥投资效果。

③根据施工总进度计划，提出建设资金、国拨物资、成套设备分年度供需计划。这些对保证施工总进度的实现，无疑是思想、技术、物质的可靠基础。

④为了保证施工总进度计划的实现，对各项单位工程、各道工序等，都要结合工程特点和具体施工条件，科学选择施工机械，采用有效的施工方法，确定主要工种的流水方案。对一些新结构、新技术、新工艺、新材料具有特殊要求的工程项目，更要做好必要的技术准备工作，以达到节省劳动力、降低成本、缩短工期的目的。

⑤全面施工准备工作，是搞好施工全过程的前提，也是施工组织总设计编制中要关注的重要内容。

⑥施工组织总设计，是进一步编制各单位工程施工组织设计的重要依据，对整个建设项目具有全局性、决定性的影响，要根据施工组织总设计各项内容的内在联系认真分析，按程序编制。

技术提示

工程项目施工过程中，发生下列情形之一时，应及时修改、补充施工组织总设计：

①工程设计有重大修改。

②有关法律法规、标准的实施、修订或废止。

③主要施工方法有重大调整。

④主要施工资源配置有重大调整。

⑤施工环境有重大改变。

修改、补充后的施工组织总设计经审批后方可实施。

4.2 工程概况

工程概况是对整个建设项目所做的一个简单扼要、重点突出的文字介绍。为清晰易读，或弥补文字介绍的不足，可辅以图表说明。工程概况应包括项目主要情况和项目主要施工条件等。

4.2.1 项目主要情况

项目主要情况是对拟建工程项目的主要特征的描述，一般应包括以下内容：

①工程项目名称、性质（工业或民用、项目的使用功能）、地理位置和建设规模（包括项目占地总面积、投资规模或产量、分期分批建设范围等）。

②工程项目的建设、勘察、设计、监理等相关单位的情况。

③工程项目设计概况：包括建筑面积、建筑高度、建筑层数、结构形式、建筑结构及装饰用料、建筑抗震设防烈度、安装工程和机电设备的配置等。

④工程项目承包范围及主要分包工程范围。

⑤施工合同中对工程项目施工的重点要求等。

4.2.2 项目主要施工条件

项目主要施工条件应包括下列内容：

①工程项目建设地点气象状况：气温、雨、雪、风和雷电等气象情况，冬、雨期的期限，土的冻结深度等。

②工程项目施工区域地形和工程水文地质状况：施工场地地形变化和绝对标高、地质构造、土的性质和类别、地基土承载力、地下水位及水质等。

③工程项目施工区域地上、地下管线及相邻的地上、地下建（构）筑物情况。

④与工程项目施工有关的道路、河流等状况。

⑤当地建筑材料、设备供应和交通运输等服务能力状况。

⑥当地供水、供电、供热和通信能力状况等。

4.3 总体施工部署及施工方案

总体施工部署是在充分了解工程情况、施工条件和建设要求的基础上，对项目实施过程做出的统筹规划和全面安排，包括项目施工主要目标、施工顺序及空间组织、施工组织安排等。总体施工部署也是编制施工总进度计划的前提。

施工组织总设计中应对工程项目总体施工做出下列宏观部署：

①确定工程项目施工总目标，包括进度、质量、成本、安全生产及环境保护目标。

②根据工程项目施工总目标的要求，确定工程项目分阶段（期）交付使用计划。

③确定工程项目分阶段（期）施工的合理顺序和空间组织。

施工组织总设计中还应简要分析工程项目施工的重点和难点。对于工程项目施工中开发和使用的新技术、新工艺，也应做出规划，并采取可行的技术、管理措施来满足工期、质量等要求。

此外，施工组织总设计中还应根据工程项目规模、复杂程度、专业特点、人员素质和地域范围确定总承包单位的项目管理组织机构形式，并宜采用框图形式表示。工程项目需要分包的，还应对分包项目施工单位的资质和能力提出明确要求。

4.3.1 确定工程项目施工总目标

工程项目施工总目标应根据施工合同对工程管理的目标要求确定，包括进度、质量、成本、安全生产及环境保护目标。各目标是一个相互关联的整体，它们之间既存在着矛盾，又存在着统一。进行工程项目管理时，必须充分考虑工程项目各施工目标之间的对立统一关系，注意统筹兼顾，合理确定进度、质量、成本、安全生产和环境保护等目标，防止发生盲目追求单一目标而冲击或干扰其他目标的现象。

【知识拓展】

经事故调查分析，浙江省杭州市某建筑工程临时活动房坍塌事故原因初步判断是：遭遇短时间内大量汇集的洪水淹没而溺水死亡，是一次山洪暴发所引发的自然灾害事故。但调查中发现，这次事故的发生，也存在一定的人为因素。

1. 技术方面

建设业主未经批准擅自改变用地范围，将东围墙超过规划红线向东延伸了80多米，将围墙直接建在山洪暴发口，并将围墙建了5 m高（通常围墙高度为2～3 m），厚度为240 mm，为红砖砌筑，超高围墙的稳定性、刚度均较差，无法阻挡洪水冲击，而围墙外的泄洪沟跨过围墙时的泄水洞太小（仅ϕ1.2 m），致使持续的暴雨形成的洪水无法顺畅泄洪，冲垮围墙、压塌民工活动房，是此次事故的技术原因。

2. 管理方面

施工单位工地负责人违反施工规范，未按施工组织总设计搭设临时建筑，擅自将原设在西侧320国道边的工棚改建到东侧5 m高的围墙边，使41名人员在暴雨时候住在位置非常危险的工棚中，是这次山洪灾害事故中不可忽视的重要人为因素。同时施工单位管理混乱，管理人员不负责任。诸暨某建筑公司在明知建设业主无任何审批手续并且没有围墙设计图情况下，逃避招投标，擅自承接工程，自行绘制草图，建造围墙和水渠改建工程。因此，违反施工规范，擅自变更工棚位置。

诸暨市某建筑公司主要负责人，放松了对下属工地的管理，采取以包代管的方式，使该公司承接的建设工地项目经理不到位，工地负责人没有负起责任，招用的施工现场人员缺乏安全防范和自我保护意识，在暴雨季节既没有值班巡查制度，也没有应急预案措施，更没有施工的组织经验和指挥经验，发现险情不引起重视，未采取措施，也不派人监视雨水状况，更不疏散工棚居住人员，致使事故发生。

设计单位和建设业主对规划意识不够重视，规划部门在规划设计条件中，对排水问题提出了要求，但设计单位和建设业主都没有引起足够重视，设计单位仅在说明中进行了阐述，没有进一步设计排水方案，建设业主对排水问题也没有提出一定要认真解决的要求。致使工地的排水系统无法承受大暴雨所带来的水流，造成排水不畅，地面水位上升，是此次事故的管理原因。

3. 结论和教训

建设业主未经主管部门批准，擅自改变用地范围违章建造围墙，违反了《中华人民共和国土地管理法》第七十六条的规定，是严重的违法行为。在其实施违法行为过程中，当地行政主管部门缺少检查和行使行政职权。

建设施工单位逃避招标，擅自承接工程，自行绘制草图，建造围墙和水渠改建工程。工地负责人工作不负责任，擅自改变工棚位置，违反了《中华人民共和国建筑法》第七十四条规定，也是严重的违法行为。

设计单位和建设业主对规划意识不够重视，排水设施设计深度不够，忽视了现场的排水问题，形成此次事故的重大隐患。

4.3.2 确定项目施工管理组织机构

1. 项目组织机构组建

实行项目管理的工程，建立项目组织机构就是建立项目经理部。高效率的项目组织机构是为建设单位服务的，是为项目管理目标服务的。这项工作实施的合理与否关系着工程能否顺利进行。施工单位建立项目经理部，应针对工程特点和建设单位要求，根据有关规定进行。

(1) 项目组织机构的设置原则

①用户满意原则。施工单位应根据建设单位的要求和合同约定组建项目组织机构，让建设单位满意放心。

②全能配套原则。项目经理应会管理、善经营、懂技术，具有较强的适应能力与应变能力和开拓进取精神。项目组织机构的成员要有施工经验、创造精神、工作效率高，做到既合理分工又密切协作，人员配置应满足施工项目管理的需要，如大型项目，管理人员必须具有一级项目经理资质，管理人员中的高级职称人员不应低于10%。

③精干高效原则。项目组织机构应尽量压缩管理层次，因事设职，因职选人，做到管理人员精干、一职多能、人尽其才、恪尽职守，以适应市场变化要求，避免松散、重叠、人浮于事。

④管理跨度原则。管理跨度过大，会造成鞭长莫及且心有余而力不足；管理跨度过小，人员增多，则造成资源浪费。因此，项目组织机构各层面的设置是否合理，要看确定的管理跨度是否科学，也就是应使每一个管理层面都保持适当的工作幅度，以使其各层面管理人员在职责范围内实施有效的控制。

⑤系统化管理原则。建设项目是由许多子系统组成的有机整体，系统内部存在大量的“结合”部，项目组织机构各层次的管理职能的设计应形成一个相互制约、相互联系的完整体系。

(2) 项目组织机构的设立步骤

①确定项目组织机构的管理任务和组织形式。

②确定项目组织机构的层次，设立职能部门与工作岗位。

③确定项目组织机构的人员、拟定工作职责、权限。

④由项目经理根据“项目管理目标责任书”进行目标分解。

⑤组织有关人员制定规章制度和目标责任考核、奖惩制度。

项目组织机构的组织形式应根据施工项目的规模、结构复杂程度、专业特点、人员素质和地域范围确定，并应符合下列规定：

①大中型项目宜按矩阵式项目管理组织设置项目组织机构。

②远离企业管理层的大中型项目宜按事业部式项目管理组织设置项目组织机构。

③小型项目宜按直线职能式项目管理组织设置项目组织机构。

(3) 组织精干的施工队伍

①组织施工队伍。组织施工队伍时应认真考虑专业工程的合理配合，技工和普工的比例要满足合理的劳动组织要求。按组织施工的方式要求，确定建立混合施工队组或是专业施工队组及其数量。组建施工队组应坚持合理、精干的原则，同时制定出该工程的劳动力需用量计划。

②集结施工力量，组织劳动力进场。项目组织机构组建后，按照开工日期和劳动力需要量计划组织劳动力进场。

(4) 优化劳动组合与技术培训

针对工程施工要求，强化各工种的技术培训，优化劳动组合，主要抓好以下工作：

①针对工程施工难点，组织工程技术人员和工人队组中的骨干力量，进行类似工程的考察学习。

②做好专业工程技术培训，提高对新工艺、新材料使用操作的适应能力。

③强化质量意识，抓好质量教育，增强质量观念。

④工人队组实行优化组合、双向选择、动态管理，最大限度地调动职工的积极性。

⑤认真全面地进行施工组织设计的落实和技术交底工作。

施工组织设计、计划和技术交底的目的是把施工项目的设计内容、施工计划和施工技术等要求，详尽地向施工队组和工人讲解交代。这是落实计划和技术责任制的好办法。

施工组织设计、计划和技术交底的时间在单位工程或分部（项）工程开工前及时进行，以保证严格按照施工图纸、施工组织设计、安全操作规程和施工验收规范等要求进行施工。

施工组织设计、计划和技术交底的内容包括：施工进度计划、月（旬）作业计划；施工组织设计，尤其是施工工艺、质量标准、安全技术措施、降低成本措施和施工验收规范的要求；新结构、新材料、新技术和新工艺的实施方案和保证措施；图纸会审中所确定的有关部位的设计变更和技术核定等事项。

交底工作应该按照管理系统逐级进行，由上而下直到工人队组。

交底的方式有书面形式、口头形式和现场示范形式等。

施工队组、工人接受施工组织设计、计划和技术交底后，要组织其成员进行认真的分析研究，弄清关键部位、质量标准、安全措施和操作要领。必要时应该进行示范，并明确任务及做好分工协作，同时建立健全岗位责任制和保证措施。

(5) 建立健全各项管理制度

施工现场的各项管理制度是否建立、健全，直接影响其各项施工活动的顺利进行。有章不循，其后果是严重的，而无章可循更是危险的。为此必须建立健全工地的各项管理制度，包括项目管理人员岗位责任制度，项目技术管理制度，项目质量管理制度，项目安全管理制度，项目计划、统计与进度管理制度，项目成本核算制度，项目材料、机械设备管理制度，项目现场管理制度，项目分配与奖励制度，项目例会及施工日志制度，项目分包及劳务管理制度，项目组织协调制度及项目信息管理制度。

项目组织机构自行制定的规章制度与施工单位现行的有关规定不一致时，应报送施工单位或其授权的职能部门批准。

(6) 做好分包安排

对于本施工单位难以承担的一些专业项目，如深基础开挖和支护、大型结构安装和设备安装等项目，应及早做好分包或劳务安排，加强有关单位的沟通和协调，签订分包合同或劳务合同，以保证按计划组织施工。

(7) 组织好科研攻关

凡工程施工中采用带有试验性质的一些新材料、新产品、新工艺项目，应在建设单位、主管部门的参与下，组织有关设计、科研、教学等单位共同进行科研工作，并明确相互承担的试验项目、工作步骤、时间要求、经费来源和职责分工。

所有科研项目，必须经过技术鉴定后，再用于施工生产活动。

2. 施工管理组织结构形式

(1) 直线制施工管理组织结构形式

直线制组织结构形式是组织中各种职位按垂直系统直线排列的，权力系统自上而下形成直线控制，统一指挥，下级只接受唯一上级的指令，项目部无专门职能部门。这种组织结构形式的特点是组织机构简单，权力集中、权责分明、决策迅速、隶属关系明确。项目经理负责整个工程项目组织、协调和指导工作，项目经理要具有较广的知识面和较强的技能。

直线制现场施工管理组织结构形式如图 4.2 所示，从命令源来讲，每个施工班组只有一个顶头上司，是一元化领导。这种管理组织结构形式适用于项目规模小，技术简单，协作关系较少的工程。

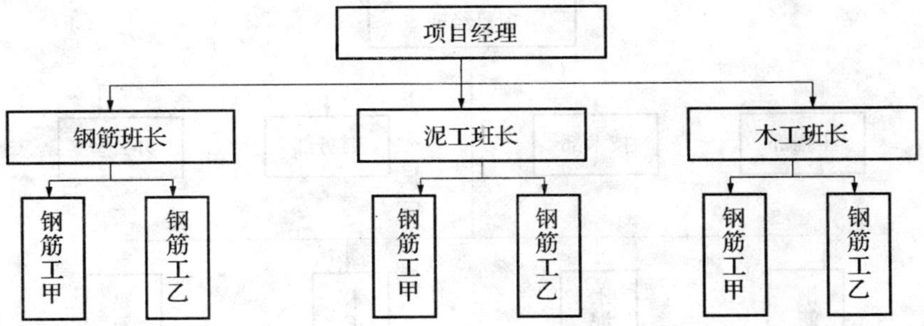

图 4.2　直线制现场施工管理组织结构形式

(2) 职能制施工管理组织结构形式

职能制组织结构形式强调专业分工，是以职能作为划分部门的基础，把相应的管理职责和权力交给职能部门，各职能部门在本职能范围内有权直接指挥下级。这种组织结构形式的特点是专业分工强，目标控制分工明确，能充分发挥职能机构的专业管理作用及专业人才的作用，有利于项目的专业技术问题的解决。其缺点是由于项目部人员受职能部门与项目部门的多重领导，对于上级存在矛盾的指令难以适从；各职能部门之间信息共享程度低，难以协调。

职能制现场施工管理组织结构形式如图 4.3 所示，从命令源来讲，是多元化领导，易造成职责不清，协调工作多。这种管理组织形式适用于专业性较强，不涉及众多部门的施工项目。

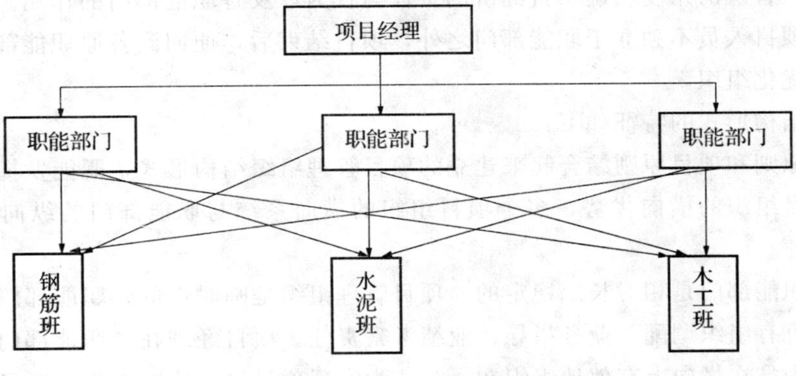

图 4.3　职能制现场施工管理组织结构形式

（3）直线职能制施工管理组织结构形式

直线职能制组织结构形式是现实中运用得最为广泛的一个组织形态，它把直线制组织结构形式与职能制组织结构形式结合起来，以直线为基础，在各级行政负责人之下设置相应的职能部门，分别从事专业管理，作为该领导的参谋，实行主管统一指挥与职能部门参谋、指导相结合的组织结构形式。

直线职能制组织结构形式是在项目部内部既有保证施工目标实现的直线部门，也有按专业分工设置的职能部门；但职能部门在这里的作用是作为项目经理的参谋和助手，它不能对下级部门发布命令。

这种组织结构形式吸取了直线制组织结构形式和职能制组织结构形式的优点：一方面，各级主管有相应的参谋机构作为助手，以充分发挥其专业管理的作用；另一方面，每一级管理机构又保持了集中统一的指挥。但在实际工作中，直线职能制组织结构形式过多强调直线指挥，而对参谋职权注意不够。

直线职能制现场施工管理组织结构形式如图 4.4 所示，从命令源来讲，由于各职能部门并不能直接向施工班组发布命令，所以仍然属于一元化领导。

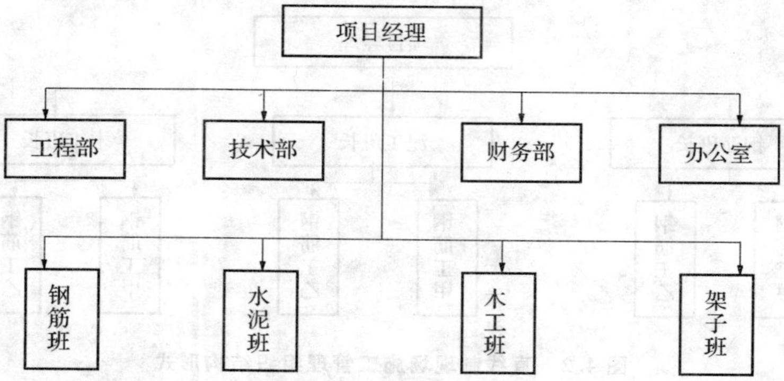

图 4.4 直线职能制现场施工管理组织结构形式

（4）矩阵制施工管理组织结构形式

矩阵制组织结构形式是现代大型工程管理中广泛应用的一种新型组织形式，它吸取了直线制组织结构形式和职能制组织结构形式的优点，是在直线职能制组织结构形式垂直组织系统的基础上，再增加一种横向的领导系统，力求使多个项目与各职能部门有机地结合。它将各职能部门的专业人员组织在一个项目部内，既可充分发挥职能部门的纵向优势又能发挥项目部的横向优势，使决策问题集中管理，工作效率高，有利于解决复杂难题，有利于工程管理人员专业业务能力的培养和提高。它要求从高层管理的角度明确项目经济的责任与权力以及各职能部门的作用。它是为了某项目临时组建组织，项目人员不独立于职能部门之外，项目结束后，便回到各原职能部门，有利于项目部的动态管理和优化组织。

矩阵制组织结构形式的特征如下：

①按照职能原则和项目原则结合起来建立的项目管理组织结构形式，既能发挥职能部门的纵向优势又能发挥项目组织的横向优势，多个项目组织的横向系统与职能部门的纵向系统形成了矩阵结构。

②企业专业职能部门是相对长期稳定的，项目管理组织是临时性的。职能部门负责人对项目组织中本单位人员负有组织调配、业务指导、业绩考察责任。项目经理在各职能部门的支持下，将参与本项目组织的人员在横向上有效地组织在一起，为实现项目目标协同工作，项目经理对其有权控制和使用，必要时可对其进行调换或辞退。

③矩阵中的成员接受原单位负责人和项目经理的双重领导，可根据需要和可能为一个或多个项

目服务，并可在项目之间调配，充分发挥专业人员的作用。

矩阵制项目组织结构形式的结合部多，组织内部的人际关系、业务关系、沟通渠道等都比较复杂，容易造成信息量膨胀，引起信息流不畅或失真，需要依靠有力的组织措施和规章制度规范管理。

矩阵制现场施工管理组织结构形式如图 4.5 所示，从命令源来讲，属于二元化领导。这种管理组织结构形式适用于大型、复杂，需要多部门、多技术、多工种配合的施工项目。

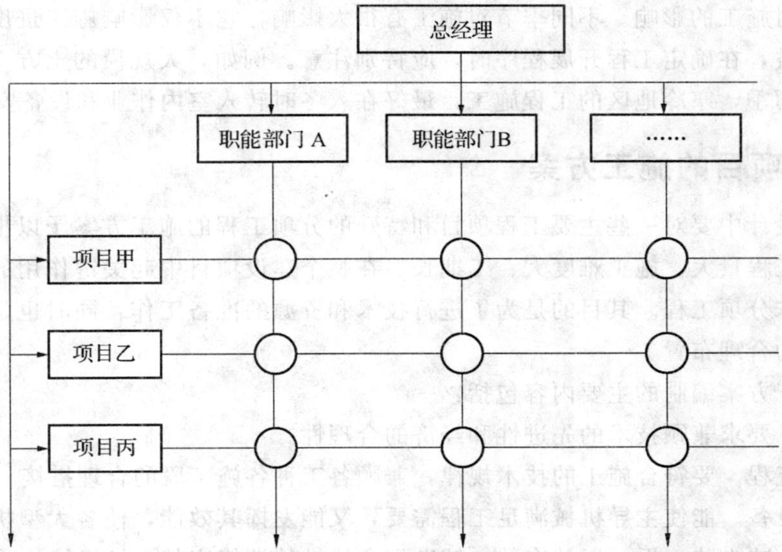

图 4.5　矩阵制现场施工管理组织结构形式

4.3.3 施工组织安排

①确定综合的和专业化的施工队伍，划分施工任务。

②建立施工现场统一的组织领导机构及协调机制，明确各单位之间的总、分包职责，分工协作关系及施工要求。

③对项目施工的重点、难点进行简要分析，对项目施工拟采用的新技术、新工艺做出实施部署。

④划分施工阶段，确定分期分批施工的主攻项目及穿插项目。

4.3.4 确定工程开展程序

根据建设项目总目标要求，确定工程分期分批施工的合理开展程序，应主要考虑以下几个方面：

①在保证工期要求的前提下，尽量实行分期分批施工。在保证工期的前提下，实行分期分批建设，既可以使每一具体项目迅速建成，尽早投入使用，又可以在全局上取得施工的连续性和均衡性，以减少暂设工程数量，降低工程成本，充分发挥项目建设投资的效果。

②各类项目的施工应统筹安排，既要保证重点，又要兼顾其他。安排施工项目先后顺序，应按照各工程项目的重要程度，优先安排如下工程：

a. 按生产工艺要求，必须先期投入生产或起主导性作用的工程项目。

b. 工程量大、施工难度大、施工工期长的工程项目。

c. 为施工顺利进行必需的工程项目，如运输系统、动力系统等。

d. 供施工使用的工程项目，如钢筋、木材、预制构件等各种加工厂，混凝土搅拌站等附属企业及其他为施工服务的临时设施。

e. 生产上需先期使用的机修、车床、办公楼及部分家属宿舍等。

③注意施工顺序的安排。建筑施工活动之间交错搭接地进行时，要注意必须遵守一定的顺序。一般工程项目均应按先地下、后地上；先深后浅；先干线后支线的原则进行安排。如地下管线和筑路的程序，应先铺管线，后筑路。

④注意季节对施工的影响。不同季节对施工有很大影响，它不仅影响施工进度，而且还影响工程质量和投资效益，在确定工程开展程序时，应特别注意。例如，大规模的土方工程和深基础工程施工一般要避开雨季，寒冷地区的工程施工，最好在入冬时转入室内作业和设备安装。

4.3.5 主要项目的施工方案

施工组织总设计中要对一些主要工程项目和特殊的分项工程的施工方案予以拟定。这些项目通常是建设项目中工程量大、施工难度大、工期长、在整个建设项目中起关键作用的单位工程项目以及影响全局的特殊分项工程。其目的是为了进行技术和资源的准备工作，同时也是为了施工进程的顺利开展和现场的合理布置。

主要项目施工方案编制的主要内容包括：

①施工方法。要求兼顾技术的先进性和经济的合理性。

②施工工艺流程。要符合施工的技术规律，兼顾各工种各施工段的合理搭接。

③施工机械设备。能使主导机械满足工程需要，又能发挥其效能，使各大型机械在各工程上进行综合流水作业，减少装、拆、运的次数，辅助配套机械的性能应与主导机械相适应。

对于某些施工技术要求高或比较复杂、技术上比较先进或施工单位尚未完全掌握的特殊分部分项工程，也应提出原则性的技术措施方案，如桩基施工、深基坑人工降水与支护、大体积混凝土的浇筑，高层建筑主体结构所采用的滑模、爬模、飞模、大模板的施工，重型构件、大跨度结构、整体结构的组运、吊装。这样才能事先进行技术和资源的准备，为工程施工的顺利开展和施工现场的合理布局提供依据。

4.3.6 主要工种工程的施工方法

主要工种工程是指工程量较大、占用工期较长、施工技术复杂、对工程质量起关键作用的工程，如土方工程、打桩工程、混凝土结构工程、结构安装工程等。主要工种工程的施工方法是整个建设项目能否顺利施工的重要基础。在确定主要工种工程施工方法时，应当尽可能采用工厂化、机械化施工方法。

正确地选择施工方法和施工机械是制定施工方案的关键。施工项目各个分部分项工程的施工，均可选用各种不同的施工方法和施工机械，而每一种施工方法和施工机械，又都有其各自的优缺点。因此，必须从先进、合理、经济、安全的角度出发，选择施工方法和施工机械，以达到保证施工质量，降低施工成本、确保施工安全、加快施工进度和提高劳动生产率的预期效果。

1. 选择施工方法与施工机械的要求

施工项目施工中，施工方法与施工机械选择主要应依据施工项目的建筑结构特点、工程量大小、施工工期长短、资源供应条件、现场施工条件、项目经理部的技术装备水平和管理水平等因素综合考虑来进行。

施工项目施工中，选择施工方法和施工机械应符合以下基本要求：

①应考虑主要分部分项工程施工的要求。应从施工项目施工全局出发，着重考虑影响整个施工项目施工的主要分部分项工程的施工方法和施工机械的选择。而对于一般的、常见的、工人熟悉或

工程量不大的及与施工全局和施工工期无多大影响的分部分项工程，可以不必详细选择，只要针对分部分项工程施工特点，提出若干应注意的问题和要求就可以了。

②应满足施工技术的要求。施工方法和施工机械的选择，必须满足施工技术的要求。如预应力张拉的方法、机械、锚具、预应力施加等必须满足工程设计、施工的技术要求；吊装机械类型、型号、数量的选择应满足构件吊装的技术和进度要求。

③应符合提高工厂化、机械化程度的要求。施工项目施工，原则上应尽可能实现和提高工厂化施工方法和机械化施工程度。这是建筑施工发展的需要，也是保证施工质量、降低施工成本、确保施工安全、加快施工进度、提高劳动生产率和实现文明施工的有效措施。这里所说的工厂化，是指施工项目的各种钢筋混凝土构件、钢结构件、钢筋加工等应最大限度地实现工厂化制作，最大限度地减少现场作业。所说的机械化程度，不仅是指施工项目要提高机械化程度，还要充分发挥机械设备的效率，减少繁重的体力劳动操作，以求提高工效。

④应符合先进、合理、可行、经济的要求。选择施工方法和施工机械，除要求先进、合理之外，还要考虑施工中是可行的，选择的机械设备是可以获得的，经济上是节约的。要进行分析比较，从施工技术水平和实际情况出发，选择先进、合理、可行、经济的施工方法和施工机械。

⑤应满足质量、安全、成本、工期要求。所选择的施工方法和施工机械应尽量满足保证施工质量、确保施工安全、降低施工成本、缩短施工工期的要求。

2. 主要分部分项工程的施工方法

(1) 土方工程

计算土方开挖工程量，確定土方开挖方法，选择土方开挖所需机械的类型、型号和数量；确定土方放坡坡度、工作面宽度或土壁支撑形式；确定排除地面水、地下水的方法，选择所需机械的类型、型号和数量；确定防止出现流砂现象的方法，选择所需机械的类型、型号和数量；计算土方外运、回填工程量，确定填土压实方法，选择所需机械的类型、型号和数量。

(2) 基础工程

浅基础施工中，应确定垫层、基础的施工要求，选择所需机械的类型、型号和数量；桩基础施工中，应确定预制桩的入土方法和灌注桩的施工方法，选择所需机械的类型、型号和数量；地下室施工中，应根据防水要求，留置、处理施工缝，确定模板及支撑的要求。

(3) 砌筑工程

砌筑工程施工中，应确定砌体的组砌和砌筑方法及质量要求；弹线、楼层标高控制和轴线引测；确定脚手架所用材料与搭设要求及安全网的设置要求；选择砌筑工程施工中所需机械的类型、型号及数量。

(4) 钢筋混凝土工程

确定模板类型及支模方法，进行模板支撑设计；确定钢筋的加工、绑扎和连接方法，选择所需机械的类型、型号和数量；确定混凝土的搅拌、运输、浇筑、振捣、养护方法，留置、处理施工缝，选择所需机械的类型、型号和数量；确定预应力混凝土的施工方法，选择所需机械的类型、型号和数量。

(5) 结构安装工程

确定构件预制、运输及堆放要求，选择所需机械的类型、型号和数量；确定构件安装方法，选择所需机械的类型、型号和数量。

(6) 层面工程

确定屋面工程中各层的做法及施工操作要求；确定屋面工程施工中所用各种材料及运输方式；选择屋面工程施工中所需机械的类型、型号和数量。

(7) 装饰工程

确定室内外装饰的做法及施工操作要求；确定材料运输方式及施工工艺；选择所需机械的类型、型号和数量。

3. 施工机械设备选择

(1) 塔吊的选择

塔式起重机是集起重、垂直提升及水平输送3种功能为一身的机械设备。垂直和水平运输长、大、重的物料，塔式起重机为首选机械，按其固定方式可分为固定式、轨道式、附墙式和内爬式4类。其中，对轨道式起重机一般沿建筑物长向布置，以充分发挥其效率。其位置尺寸取决于建筑物的平面形状、尺寸、构件质量、塔吊的性能及四周施工场地的条件等，其布置要求如下：

①单侧布置：当建筑物宽度较小，构件质量不大时可采用单侧布置。一般应在场地较宽的一面沿建筑物长向布置，其优点是轨道长度较短，并有较宽敞的场地堆放材料和构件。采用单侧布置时，其起重半径应满足下式要求：

$$R \geqslant B + A$$

式中 R——塔吊的最大回转半径，m；

B——建筑物平面的最大宽度，m；

A——轨道中心线与建筑物外墙外边线的距离，m。一般无阳台时，A＝安全网度宽度＋安全网外侧至轨道中心线的距离；当有阳台时，A＝阳台宽度＋安全网宽度＋安全网外侧至轨通中心线的距离。

②双侧布置（或环形布置）：当建筑物宽度较大，构件较重时可采用双侧布置或环形布置。采用双侧布置时，其起重半径应满足下式要求：

$$R \geqslant B/2 + A$$

(2) 井架的选择

井架属固定式垂直运输机械，它的稳定性好、运输量大，是施工中常用的也是最为简便的垂直运输机械，采用附着式可搭设超过100 m的高度。

井架的布置，主要根据机械性能、建筑物的平面形状和尺寸、施工段划分情况、建筑物高低层分界位置、材料来向和已有运输道路情况而定。布置的原则是：充分发挥垂直运输的能力，并使地面和路面的水平运距最短。布置时应考虑以下因素：

①当建筑物呈长条形，层数、高度相同时，一般布置在施工段的分界处。

②当建筑物各部位高度不同时，应布置在建筑物高低分界线较高部位一侧。

③井架的布置位置以窗口为宜，以避免砌墙留槎和减少井架拆除后的修补工作。

④井架应布置在现场较宽的一面，因为这一面便于堆放材料和构件，以达到缩短运输距离的要求。

⑤井架设置的数量根据垂直运输量的大小、工程进度、台班工作效率及组织流水施工要求等因素计算决定，其台班吊装次数一般为80～100次。

⑥卷扬机应设置安全作业棚，其位置不应距起重机械过近，以便操作人员的视线能看到整个升降过程，一般要求此距离大于建筑物高度，水平层外脚手架3 m以上。

⑦井架应立在外脚手架之外，并有一定距离为宜，一般为5～6 m。

⑧缆风设置，高度在15 m以下时设一道，15 m以上每增高10 m增设一道，宜用钢丝绳，并与地面夹角成45°，当附着于建筑物时可不设缆风。

（3）建筑施工电梯的选择

建筑施工电梯是高层建筑施工中运输施工人员及建筑器材的主要垂直运输设施，它附着在建筑物外墙或其他结构部位上。确定建筑施工电梯的位置时，应考虑便于施工人员上下和物料集散；由电梯口至施工处的平局距离应最短；便于安装附墙装置；接近电源，有良好的夜间照明。

（4）其他施工设备的选择

建筑施工设备包括很多，如搅拌机、灰浆机、钢筋加工和模板加工机械。

4.3.7 施工准备工作总计划和“三通一平”规划

1. 施工准备工作总计划

根据施工开展程序和主要工程项目的施工方案，编制好施工项目全场性的施工准备工作计划。其主要内容包括：

①安排好场内外运输、施工用主干道，水、电、气来源及其引入方案。

②安排好场地平整方案和全场性排水、防洪、环保、安全等技术措施。

③安排好生产和生活基地建设，包括商品混凝土搅拌站、预制构件厂、钢筋和木材加工厂、金属结构制作加工厂、机修厂等。

④安排现场区域内的测量工作。设置永久性测量标志，为放线定位做好准备。

⑤安排建筑材料、成品、半成品的货源、运输、储存方式。

⑥编制新技术、新材料、新工艺、新结构的试制试验计划和职工技术培训计划。

⑦冬季、雨季施工所需的特殊准备工作。

2. “三通一平”规划

在建设工程的范围内，修通道路、接通施工用水、接通用电管网及平整好施工场地，一般简称为“三通一平”。这是现场施工准备工作中的重要内容，也是搞好施工必须具备的必要条件。其主要内容包括：

（1）平整场地

清除障碍物后，即可进行场地平整工作，按照建筑总平面、施工总平面、勘测地形图和场地平整施工方案等技术文件的要求，通过测量，计算出填挖土方工程量，设计土方调配方案，确定平整场地的施工方案，组织人力和机械进行场地平整。应尽量做到挖填方量趋于平衡，总运输量最小，便于机械施工和充分利用建筑物挖方填土，并应防止利用地表土、软弱土层、草皮、建筑垃圾等做填方。

（2）路通

施工现场的道路是组织物资进场的动脉，拟建工程开工前，必须按照施工总平面图要求，修建必要的临时道路。为了节约临时工程费用，缩短施工准备工作时间，应尽量利用原有道路设施或拟建永久性道路，形成畅通的运输网络，使现场施工道路的布置能确保运输和消防用车等的行驶畅通。临时道路的等级，可根据交通流量和运输车辆确定。

（3）水通

施工用水包括生产、生活与消防用水，应按施工总平面图的规划进行安排，施工给水尽可能与永久性的给水系统结合起来。临时管线的铺设，既要满足施工用水的需要，又要施工方便，并且尽量缩短管线的长度，以降低铺设的成本。

（4）电通

电是施工现场的主要动力来源，施工现场用电包括施工动力用电和照明用电。由于施工供电面积大、启动电流大、负荷变化多和手持式用电机具多，施工现场临时用电要考虑安全和节能要求。开工前应按照施工组织设计要求，接通电力和电讯设施，应首先考虑从建设单位给定的电源上获得，如供电能力不足，则应考虑在现场建立自备发电系统，确保施工现场动力设备和通信设备的正常运行。

对施工准备工作和“三通一平”工作，工程建设前要高度重视、考虑周全、精心规划、及早动手。同时，又要认识到它贯穿于整个工程建设的全过程，是有计划、有步骤、分阶段进行的，随着各阶段的特点和要求不同，有不同的内容和重点。所以确定其全部和分期施工的规划、期限和具体任务的分工十分重要。

编制好施工总进度计划以后，就可据以编制出各种主要资源的需要量计划。

4.4 施工总进度计划

施工总进度计划是施工现场各项施工活动在时间上的体现，是施工组织总设计的核心内容之一。编制施工总进度计划就是根据施工部署中的施工方案和工程项目的开展程序，对各单位工程施工做出时间上的安排。其作用在于确定各个单位工程及其主要工种工程、准备工作和全场性工程的施工期限及其开工和竣工的日期，从而确定工程施工现场上劳动力、材料、成品、半成品、施工机械的需要量和调配情况，确定工程现场临时设施、水电供应、能源交通等方面的需要量。

4.4.1 施工总进度计划编制的原则和依据

施工总进度计划，包括建设项目的施工进度计划和施工准备阶段的进度计划。它按生产工艺和建设要求，确定投产建筑群的主要和辅助的建筑物与构筑物的施工顺序、相互衔接和开竣工时间，以及施工准备工程的顺序和工期。

（1）施工总进度计划的编制原则

①严格遵守合同工期，以配套投入使用为目标。

②准确计算所有项目的工程量，并填入工程量汇总表。项目划分不宜过细过多，应突出主要项目，一些附属、辅助工程、民用建筑可予以合并。

③投资控制上要有时间价值观念，在年度投资额分配上应尽可能将投资额少的工程项目安排在最初年度内施工，投资额大的工程项目安排在最后年度内施工，以减少投资贷款的利息。

④充分估计设计出图的时间和材料、设备、配件的到货情况，务必使每个施工项目的施工准备、土建施工、设备安装和调试的时间能够合理衔接。

⑤确定一些调剂项目，如办公楼、宿舍、附属或辅助车间等穿插其中，以达到既能保证重点，又能实现均衡施工的目的。

⑥采用可靠的施工方法，确保工程项目的施工在连续、稳定、安全、优质、均衡的状态下进行。土建工程中的主要分部分项工程（土方、基础、现浇混凝土、构件预制、结构吊装、砌筑和装修等）及设备安装工程分别组织流水作业、连续均衡施工，以此达到土方、劳动力、施工机械、材料和构建的五大综合平衡。

⑦合理安排施工顺序，保证在劳动力、材料物资以及资金消耗量最少的情况下，按规定工期完成拟建工程施工任务。

在施工顺序安排上，除应本着先地下后地上、先深后浅、先干线后支线、先地下管线后道路的原则外，还应使为进行主要工程所必需的准备工程及时完成；主要工程应从全场性工程开始；各单位工程应在全场性工程基本完成后立即开工；充分利用永久性建筑和设施为施工服务，以减少暂设工程费用开支；充分考虑当地气候条件，尽可能减少冬季、雨季施工的附加费用。

此外，施工总进度计划的安排还应遵守技术法规、标准，符合安全、文明施工的要求，并应尽可能做到各种资源的平衡消耗。

（2）施工总进度计划的编制依据

①工程项目的全部设计图纸，包括工程的初步设计（或扩大初步设计）、技术设计、施工图设计、设计说明书、建筑总平面图等。

②工程项目有关概（预）算资料、指标、劳动力定额、机械台班定额和工期定额。

③施工承包合同规定的进度要求和施工组织设计。

④施工总方案（施工部署和施工方案）。

⑤工程项目所在地区的自然条件和技术经济条件，包括气象、地形地貌、水文地质、交通水电条件等。

⑥工程项目需要的资源，包括劳动力状况、机具设备能力、物资供应来源条件等。

⑦地方建设行政主管部门对施工的要求。

⑧国家现行的建筑施工技术、质量、安全规范、操作规程和技术经济指标。

4.4.2 施工总进度计划的编制方法和步骤

施工总进度计划的编制应根据施工部署中分期分批投产顺序，将每个交工系统的各项工程分别列出，在控制的期限内进行各项工程的具体安排。总进度计划的编制方法和步骤，各行业和具体编制人员的经验不同而有所不同，一般可按下述方法进行编制。

1. 计算工程量

根据批准的总承建工程项目一览表，分别计算各工程项目的工程量。由于施工总进度计划主要起控制性作用，因此项目划分不宜过细，可按确定的工程项目的开展程序排列，应突出主要项目，一些附属、辅助工程及小型工程，临时建筑物工程可以合并。

计算各工程项目的工程量的目的是为了正确选择施工方案和主要的施工、运输安装机械；初步规划各主要工程的流水施工，计算各项资源的需要量。因此工程量计算只需粗略计算，可按初步（或扩大初步）设计图纸并根据各种定额手册进行计算。常用的定额、资料有以下几种：

①概算指标和扩大结构定额。这两种定额分别按建筑物的结构类型、跨度、层数、高度等分类，给出每 100 m^3 建筑体积和每 100 m^2 建筑面积的劳动力和主要材料消耗指标。

②万元或十万元投资工程量、劳动力及材料消耗扩大指标。这种定额规定了某一种结构类型建筑、每万元或十万元投资工程量中劳动力、主要材料等消耗数量。根据设计图纸中的结构类型，即可求得拟建工程各分项需要的劳动力和主要材料的消耗数量。

③标准设计或已建的同类型建筑物、构筑物的资料。在缺乏上述几种定额手册的情况下，可采用标准设计或已建成的类似工程实际所消耗的劳动力及材料，加以类推，按比例估算。但是，由于和拟建工程完全相同的已建工程是极为少见的，因此在采用已建工程资料时，一般都要进行换算调整。这种消耗指标都是各单位多年积累的经验数据，实际工作中常用这种方法计算。

除房屋外，还必须计算其他全工地性工程的工程量，例如场地平整、铁路、道路及各种管线长度等，这些可根据建筑总平面图来计算。

将计算所得的各项工程量填入工程量汇总表中，见表 4.1。

表 4.1 工程项目工程量汇总表

工程项目分类	工程项目名称	结构类型	建筑面积	幢（跨）数	概算投资	主要实物工程量					
						场地平整	土方工程	桩基工程	…	装饰工程	…
			100 m²	个	万元	1 000 m²	1 000 m²	100 m²		1 000 m²	
A全工地性工程											
B主体项目											
C辅助项目											
D永久住宅											
E临时建筑											
合计											

2．确定各建筑物或构筑物的施工期限

建筑物或构筑物的施工期限，应根据施工单位的施工技术力量、管理水平、施工项目的建筑结构特征、建筑面积或体积大小、现场施工条件、资金与材料供应等情况综合确定。确定时，还应参考工期定额。工期定额是根据我国各部门多年来的施工经验，在调查统计的基础上，经分析对比后制定的。

3．确定各建筑物或构筑物的开竣工时间和相互搭接关系

在施工部署中已确定总的施工期限、总的展开程序，再通过上面对各建筑物或构筑物施工期限（即工期）进行分析确定后，就可以进一步安排各建筑物或构筑物的开竣工时间和相互搭接关系及时间。在安排各项工程搭接施工时间和开竣工时间时，应考虑下列因素：

①同一时间进行的项目不宜过多，避免人力物力过于集中。

②要辅——主——辅的安排，辅助工程（动力系统、给排水系统、运输系统及居住建筑群、汽车库等）应先行施工一部分，这样既可以为主要生产车间投产时使用又可以为施工服务，以节约临时设施费用。

③安排施工进度时，应尽量使各工种施工人员、施工机械在全工地内连续施工，尽量组织流水施工，从而实现人力、材料和施工机械的综合平衡。

④要考虑季节影响，以减少施工措施费。一般大规模土方和深基础施工应避开雨季，大批量的现浇混凝土工程应避开在冬季，寒冷地区入冬前应尽量做好围护结构，以便冬季安排室内作业或设备安装工程等。

⑤确定一些附属工程或零星项目作为后备项目（如宿舍、商店、附属或辅助车间、临时设施等），作为调节项目，穿插在主要项目的流水施工，以使施工连续均衡。

⑥应考虑施工现场空间布置的影响。

4．编制施工总进度计划表

施工总进度计划可以用横道图表达，也可以用网络图表达。由于施工总进度计划只是起控制性作用，因此不必搞得过细，若把计划编得过细，由于在实施过程中情况复杂多变，调整计划反而不便。当用横道图表达总进度计划时，项目的排列可按施工总体方案所确定的工程开展程序排列。横道图上应表达出各施工项目的开竣工时间及其施工持续时间。表 4.2 为施工总进度计划的表格形式。

表 4.2 施工总进度计划

序号	工程项目名称	结构类型	建筑面积/m^2	工作量/万元	工作月数	施工进度表							
						××年（季度）				××年（季度）			
						一	二	三	四	一	二	三	四

5. 施工总进度计划的检查与调整优化

施工总进度计划表绘制完后，应对其进行检查，检查应从以下几个方面进行：

①是否满足项目总进度计划或施工总承包合同对总工期以及起止时间的要求。

②各施工项目之间的搭接是否合理。

③整个建设项目资源需要量动态曲线是否均衡。

④主体工程与辅助工程、配套工程之间是否平衡。

对上述存在的问题，应通过调整优化来解决。

施工总进度计划的调整优化，就是通过改变若干工程项目的工期，提前或推迟某些工程项目的开竣工日期，即通过工期优化、工期费用优化和资源优化的模式来实现的。当初步施工总进度计划经过调整符合要求后，即可形成正式的施工总进度计划。

4.5 总体施工准备与主要资源需要量计划

4.5.1 总体施工准备工作

总体施工准备包括技术准备、现场准备和资金准备等。

①技术准备包括施工过程所需技术资料的准备、施工方案编制计划、试验检验及设备调试工作计划等。

②现场准备包括现场生产、生活等临时设施（如临时生产、生活用房，临时道路、材料堆放场等），临时用水、用电和供热、供气等的计划。

③资金准备应根据施工总进度计划编制资金使用计划。

4.5.2 劳动力需要量计划

施工劳动力需要量计划是确定暂设工程设施和组织劳动力进场的主要依据。它是根据工程量汇总表、施工准备工作计划、施工总进度计划、概（预）算定额和有关经验资料，分别确定出每个单项工程专业工种的劳动量工日数、工人数和进场时间，然后逐项汇总，直至确定出整个建设项目劳动力需要量计划，见表 4.3。

表 4.3 建设项目施工劳动力汇总表

序号	工种名称	施工高峰需要人数/人	第×年（月或季）劳动力需要量计划/人				第×年（月或季）劳动力需要量计划/人				现有人数/人	多余（+）或不足（—）
			1	2	3	…	1	2	3	…		

4.5.3 主要材料和预制品需要量计划

主要材料和预制品需要量计划是组织材料和预制品加工、订货、运输、确定堆场和仓库的依据。它是根据施工图样、施工部署和施工总进度计划而编制的。

根据拟建的不同结构类型的工程项目和工程量汇总表，依据总进度计划，从而编制出主要材料和预制品需要量计划，见表 4.4、表 4.5。

表 4.4　主要材料需要量计划

工程名称	主要材料								
	水泥	木材	钢材	砂	砖	石	铝合金	玻璃	…

表 4.5　预制品需要量计划

序号	材料或预制加工品名称	规格	单位	需要量				需要量进度						
				合计	正式工程	大型临时设施	施工措施	第×年				第×年		
								一季	二季	三季	四季	一季	二季	…

4.6　施工总平面布置

施工总平面图是拟建项目施工现场的总布置图，它用以正确处理全工地在施工期间所需的各项设施和永久性建筑之间的空间关系。根据施工方案和施工进度的要求，施工总平面图对道路交通、材料仓库、附属企业、临时建筑、临时水电管线等做出合理规划，用以指导全现场的文明施工。

4.6.1 施工总平面布置的原则

根据《建设施工组织设计规范》(GB/T 50502—2009) 规定，施工总平面布置应符合下列原则：

①平面布置科学合理，施工场地占用面积少。

②合理组织运输，减少二次搬运。

③施工区域的划分和场地的临时占用符合总体施工部署和施工流程的要求，减少相互干扰。

④充分利用既有建（构）筑物和既有设施为项目施工服务降低临时设施的建造费用。

⑤临时设施应方便生产和生活，办公区、生活区和生产区宜分离设置。

⑥符合节能、环保、安全和消防等要求。

⑦遵守当地主管部门和建设单位关于施工现场安全文明施工的相关规定。

4.6.2 施工总平面布置图的内容

施工总平面布置图应包括下列内容：

①项目施工范围内的地形情况。

②全部拟建的建（构）筑物和其他基础设施的位置。

③项目施工用地范围内的加工设施、运输设施、存贮设施、供电设施、供水供热设施、排水排污设施、临时施工道路和办公、生活用房等。

④施工现场必备的安全、消防、保卫和环境保护等设施。

⑤相邻的地上、地下既有建（构）筑物及相关环境。

4.6.3 施工总平面图的设计方法

施工总平面图的设计方法，主要分为：运输道路的布置、仓库的布置、加工厂和搅拌站的布置、场内临时道路的布置、临时生活设施的布置、临时水电管网和其他动力线路的布置等。需要注意的是以上项目都应进行相应指标的计算，特别是水电用量必须满足全场生产生活需求，具体计算公式和方法见相关施工手册。

1．运输道路的布置

一般大型工业企业厂区内部都有永久性道路，可以提前修建为工程服务，但应恰当确定起点和进场位置，有利于施工场地的利用。

①当大宗施工物资由铁路运来工地时，必须解决如何引入铁路专用线问题，并考虑其转弯半径和坡度限制，铁路的布置最好沿着工地周围或各个独立施工区的周围铺设，以免与工地内部运输线交叉，妨碍工地内部运输。

②当大量物资采用公路运输时，公路应与加工厂、仓库的位置结合布置，使其尽可能布置在最经济合理的地方，并与场外道路连接，符合标准要求。

③当采用水路运输时，应充分利用原有码头的吞吐能力。当需增设码头时，卸货码头不应少于两个，当江河距工地较近时，可考虑在码头附近布置主要加工厂和转运仓库。

2．仓库的布置

仓库通常应设置在运输方便、位置适中、运距较短、安全防火的地方，一般应接近使用的地点，其纵向与线路平行，装卸时间长的仓库不宜靠近路边。仓库的一般性布置应注意以下几点：

①当采用铁路运输时，宜沿铁路布置中心仓库和周转仓库。

②当采用水路运输时，一般应在码头附近设置转运仓库，以缩短船只在码头上的停留时间。

③当采用公路运输时，仓库布置比较灵活，一般中心仓库布置在工地内使用方便的地方，也可布置在外部交通的连接处。

④水泥仓库和砂、石堆场，应布置在搅拌站的附近；钢筋、木材应布置在加工厂的附近；砖、块石和预制构件，应布置在垂直运输设备或用料地点附近。

⑤工具仓库应布置在加工区与施工区之间的交通方便处，零星小件、配件、专用工具仓库可分设于各施工区内。

⑥车库、机械站应布置在施工现场入口处。

⑦油料、氧气、电石仓库应布置在边远、人少的安全地点，易燃材料仓库要设置于拟建工程的下风向。

3．加工厂和搅拌站的布置

预制加工厂和混凝土搅拌站的布置，应以方便使用、安全防火、运费最小、相对集中为原则。在布置时应注意以下几点：

①搅拌站布置，根据工程的具体情况可采用集中、分散、集中与分散相结合 3 种方式布置。当现浇混凝土量大时，宜在工地设置混凝土搅拌站；当运输条件好时，宜采用集中搅拌；当运输条件差时，宜采用分散搅拌。

②钢筋加工厂宜设在混凝土构件预制加工厂及主要施工对象的附近，但不能与木材加工厂靠在一起。

③临时性的混凝土构件预制加工厂，尽量利用建设单位的空地、施工场地的扇形地带或场外临近处。

④木材加工厂的原木、锯材堆场应靠近运输线路；锯木、板材粗细加工车间和成品堆场，要按

工艺流程布置，一般应设在土建施工区域边缘的下风向位置。

⑤金属结构、锻工、电焊和机修厂（间）等生产联系比较密切，宜集中布置在一起。

⑥产生有害气体和污染空气的临时加工厂（如沥青熬制、生石灰熟化、石棉加工等），应设在下风向位置。

4. 场内临时道路的布置

在规划场内布置临时道路时，应考虑以下几点：

①临时道路要把仓库、加工厂、堆场和施工点贯穿起来，要尽可能利用原有道路或充分利用拟建的永久性道路，提前修建永久性道路或先修其路基和简单路面，为施工服务，以达到节约投资的目的。

②合理安排施工道路与场内地下管网间的施工顺序，保证场内运输道路时刻畅通，尽量避免临时道路与铁轨、塔轨交叉。

③场内主要道路应采用双车道环形布置，宽度不小于 6 m，次车道路宜采用单车道，宽度不小于 3.5 m；道路应有两个以上进出口，道路末端要设置回车场。

④合理选择运输道路的路面结构。

⑤临时道路还要尽量利用自然地形做好排水，以免道路积水，妨碍交通和增加养护工作及其费用。

5. 临时生活设施的布置

工地临时生活设施包括办公室、汽车库、职工休息室、开水房、食堂和浴室等，其所需面积应根据工地施工人数进行计算。

①应尽量利用现有的或拟建的永久性房屋为施工服务，数量不足时再临时修建，临时房屋应尽量利用活动房屋。

②全工地行政管理用房宜设在全工地入口处，以便对外联系；也可设在工地中间，便于全工地管理；现场办公室应靠近施工地点。

③职工用的生活福利设施，如小卖部、俱乐部等，宜设在工人较集中的地方或工人出入必经之处。

④职工宿舍一般设在场外，距工地 500～1 000 m 为宜，并应避免设在低洼潮湿及有烟尘不利于健康的地方。

⑤食堂可布置在生活区，也可视条件设在工地与生活区之间。

6. 临时水电管网布置

临时水电管网布置，不仅要做到路线最短，而且要安全可靠，使用方便。

当有可以利用的水源、电源时，可以将水电从外面接入现场，沿主要干道布置干管、主线，然后与各用户接通。当无法利用现有的水电时，为了解决电源，可设置临时发电站，由此把线路接出，沿干道布置主线；为了获得水源可以利用地表水或地下水，并设置抽水设备和加压设备（简易水塔或加压泵），以便储水和提高水压。然后把水管接出，布置管网。需要注意的是：

①临时总变电站应设置在高压电引入处，不应设置在工地中心，以免高压电线经过工地内部不利于安全。

②临时水池、水塔应设在用水中心和地势较高处，并使水头达到设计用水高程。

③施工现场临时自备发电设备，应设在施工现场的中心，或靠近主要用电区域。

④管网一般应沿道路布置，供电线路与其他管道分开，主要供水、供电管线采用环状，孤立点可采用枝状。

⑤管道穿路要用钢管保护。如一般电线用直径 50～60 mm 的钢管，电缆线用直径 100 mm 的钢

管，并埋入路面以下深度不得小于 600 mm。

⑥施工期限较长的工程项目，临时给排水管必须埋入冰冻线以下，地面以上部分要采取保温措施。

⑦根据工程防火规定，应设置消火栓、消防站。消防站应设置在易燃建筑物（木材、仓库等）附近，并有通畅的出口和消防车道，其宽度不宜小于 6 m，与拟建房屋的距离不得大于 25 m，也不得小于 5 m。沿道路布置消火栓时，其间距不得大于 120 m，消火栓到路边距离不得大于 2 m。

7. 绘制正式施工总平面图

以上各设计步骤，并不是截然分割各自孤立的，施工现场平面布置是一个系统工程，应全面考虑、统筹安排，正确处理各项内容的相互联系和相互制约的关系，精心设计，反复修改。当有几种方案时，尚应进行方案比较、择优，然后绘制正式施工总平面图。该图应使用标准图例进行绘制，并按照建筑制图规则的要求绘制完善。

4.6.4 施工总平面图的科学管理

在工程项目施工组织设计管理中，科学有效地进行施工总平面图的管理，有其特别的现实意义。概括地讲，施工总平面图的科学管理工作应做好以下工作：

（1）建立健全管理制度

建立统一的施工总平面图和单位工程施工平面图的管理制度，划分施工总平面图和单位工程施工平面图的使用管理范围。各区各片有人负责，严格控制各种材料、构件、机具的位置、占用时间和占用面积。遵守管理制度，做到按章办事。

（2）实行动态管理

实行施工总平面图和单位工程施工平面图的动态管理，定期对现场平面进行实录、复核，修正其不合理的地方，定期召开施工平面图执行检查会议，奖优罚劣，协调各单位关系。

（3）做好现场的清理和维护工作

在施工现场不准擅自拆迁建筑物和水电线路，不准随意挖断道路。大型临时设施和水电管路不得随意更改和移位。

（4）完工总结

完工清场后，要及时对施工平面图的管理进行总结，写出总结材料。

4.7 主要技术经济指标

对施工组织总设计中的主要技术经济指标进行科学的计算、分析是一项非常重要的工作。其目的是：论证施工组织总设计技术上的可行性，经济上的合理性，选择技术经济效果最佳的方案，为不断改进与提高施工组织总设计水平提供依据，为寻求增产节约和提高经济效益提供信息。

4.7.1 施工周期

施工周期是指建设项目从正式开工到全部竣工投入使用为止的持续时间，它包括施工准备期、部分投入使用期和单位工程工期。

①施工准备期指施工准备开始到主要工程项目开工的全部时间。

②部分投入使用期指主要工程项目开工到第一拟建工程项目投入使用为止的全部时间。

③单位工程工期指建筑群中各个单位工程从开工到竣工为止的全部时间。

4.7.2 劳动生产率

劳动生产率包括的相关指标主要有全员劳动生产率、单位面积用工和劳动力不均衡系数（劳动力不均衡系数＝施工高峰人数÷施工平均人数）。

4.7.3 工程质量等级

工程质量等级是说明工程质量达到的等级，包括：合格、市优（市级奖）、省优（省级奖）及鲁班奖（国家级）。获奖工程都属优良工程，单位工程优良率是在施工组织总设计中确定的主要控制目标，也是衡量承建单位技术水平和管理水平的重要指标。

单位工程优良率＝达优良标准的单位工程个数÷建设项目单位工程总个数×100％。

4.7.4 降低成本指标

降低成本指标，包括降低成本额和降低成本率两种，这也是衡量施工企业技术水平与管理水平高低的重要指标。

（1）降低成本额

降低成本额＝预算成本－施工组织总设计计划成本。

（2）降低成本率

降低成本率＝降低成本额（元）÷预算成本（元）×100％。

4.7.5 机械化施工程度指标

机械化施工程度指标，主要包括施工机械完好率、施工机械利用率和机械化程度指标3种。

（1）施工机械完好率

施工机械完好率＝报告期机械完好台日数÷报告期机械制度台日数×100％

（2）施工机械利用率

施工机械利用率＝报告期机械实作台日数÷报告期机械制度台日数×100％

（3）机械化程度指标

机械化程度指标＝机械化施工完成的工作量÷总工作量×100％

4.7.6 临时工程费用

临时工程建设要以实际需要为依据。临时工程费用比例大小，直接影响着工程总投资、施工企业的经济效益、施工进度的快慢和施工平面布置，也是技术经济的一项重要指标。

临时工程费用比等于全部临时工程费与建筑安装工程费用的比值。

4.7.7 主要材料节约指标

主要材料用量根据工程不同而异，节约指标靠材料节约措施来实现。一般工程主要考虑节约钢材、木材、水泥三大主材百分比，包括材料节约量和材料节约率两种。

（1）主要材料节约量

主要材料节约量＝预算用量－施工组织总设计计划用量

（2）主要材料节约率

主要材料节约率＝主要材料节约量÷主要材料预算用量×100％

【模块导图】

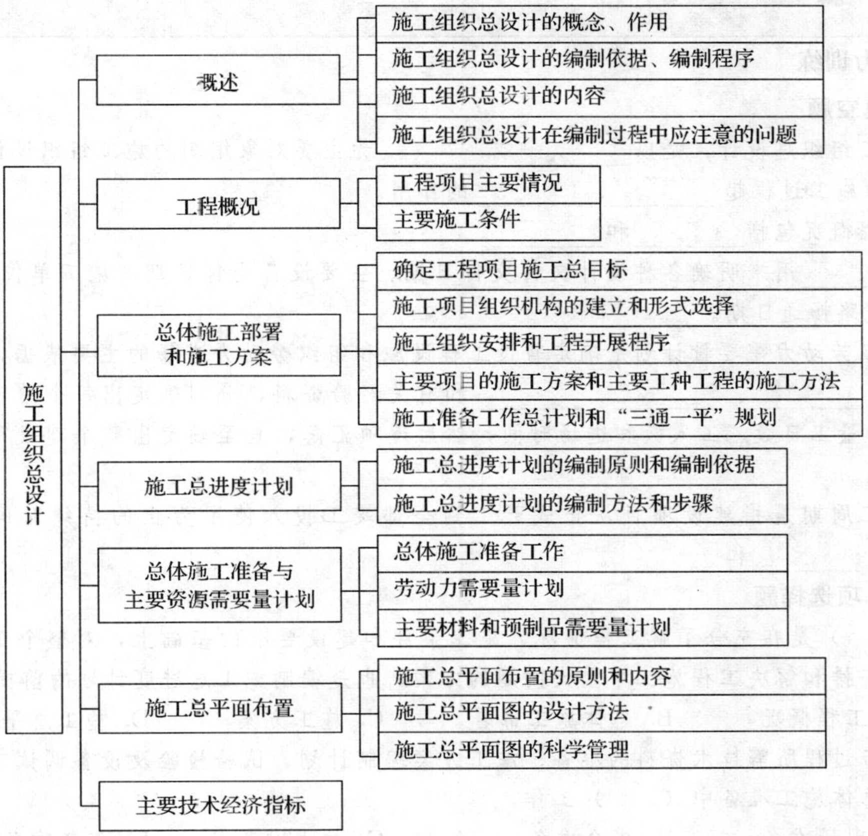

【工程术语】

1. 施工组织总设计（General Construction Organization Plan），是指以若干单位工程组成的群体工程或特大型工程项目为主要对象编制的施工组织设计，对整个工程项目的施工过程起统筹规划、重点控制的作用。

2. 施工部署（Construction Arrangement），是指对项目实施过程做出的统筹规划和全面安排，包括项目施工主要目标、施工顺序及空间组织、施工组织安排等。

3. 项目管理组织机构（Project Management Organization），是指施工单位为完成施工项目建立的项目施工管理机构，是施工单位内部的管理组织机构，是为某一具体施工项目而设立的，其岗位设置应和项目规模相匹配，人员组成应具备相应的上岗资格。

4. 施工进度计划（Construction Schedule），是指为实现设定的工期目标，对各项施工过程的施工顺序、起止时间和相互衔接关系所做的统筹策划和安排。

5. 施工资源（Construction Resources），是指为完成施工项目所需要的人力、物资等生产要素。

6. 施工总平面布置（General Construction SiteLayout Plan），是指拟建项目施工现场的总布置图，用以正确处理全工地在施工期间所需的各项设施和永久性建筑之间的空间关系。

拓展与实训

职业能力训练

一、填空题

1. 施工组织总设计，是以________或________为主要对象编制的施工组织设计，对整个工程项目的施工过程起________、________的作用。

2. 工程概况包括________和________。

3. ________用来明确各种设计文件交付日期、主要设备交付日期，施工单位进场日期，水、电及道路畅通日期。

4. 施工劳动力需要量计划是确定暂设工程设施和组织劳动力进场的主要依据，它是根据________、________、________、________和有关经验资料，分别确定出每个单项工程专业工种的劳动量工日数、工人数和进场时间，然后逐项汇总，直至确定出整个建设项目劳动力需要量计划。

5. 施工周期是指建设项目从正式开工到全部竣工投入使用为止的持续时间，它包括________、________和________。

二、单项选择题

1. (　　)是在充分了解工程情况、施工条件和建设要求的基础上，对整个工程进行全面安排和解决工程施工中重大问题的方案，也是编制施工总进度计划的前提。

A. 工程概况　　B. 总体施工部署　　C. 施工方案　　D. 施工总平面布置

2. 施工过程所需技术资料的准备、施工方案编制计划、试验检验及设备调试工作计划属于总体施工准备中(　　)工作。

A. 现场准备　　B. 资金准备　　C. 技术准备　　D. 组织准备

3. 某公司计划编制施工组织设计，已收集和熟悉了相关资料，调查了项目特点和施工条件，计算了主要工种的工程量，确定了施工的总体部署，接下来应该进行的工作是(　　)。

A. 拟定施工方案　　B. 编制施工总进度计划

C. 编制资源需求量计划　　D. 编制施工准备工作计划

4. 在施工总平面图设计中，铁路沿线仓库应布置在(　　)。

A. 铁路线两侧　　B. 靠近工地一侧　　C. 弯道外侧　　D. 坡道上部

5. 下列施工组织结构形式中，具有较大的机动性和灵活性，能够实现集权与分权的最优结合，但因存在双重领导，容易产生指挥矛盾现象的是(　　)。

A. 直线制　　B. 直线职能制　　C. 职能制　　D. 矩阵制

三、多项选择题

1. 根据《建筑施工组织设计规范》(GB/T 50502—2009)的规定，施工组织总设计的内容一般包括工程概况、总体施工部署、施工总进度计划以及(　　)。

A. 总体施工准备与主要资源配置计划　　B. 主要施工方法

C. 施工总平面布置　　D. 主要施工方案

E. 施工现场平面布置

2. 项目组织机构的设置时应遵循(　　)原则。

A. 用户满意原则　　B. 全能配套原则

C. 精干高效原则　　D. 管理跨度原则

E. 系统化管理原则

3. 施工总进度计划的编制方法包括（　　）。

A. 计算工程量

B. 确定各建筑物或构筑物的施工期限

C. 编制施工总进度计划表

D. 确定各建筑物或构筑物的开竣工时间和相互搭接关系

E. 施工总进度计划的调整优化

4. 施工总平面图的科学管理工作应做好以下（　　）工作。

A. 建立健全管理制度

B. 实行动态管理

C. 做好现场的清理和维护工作

D. 做好临时水电管网布置

E. 完工总结

5. 机械化施工程度指标主要包括（　　）。

A. 施工机械完好率

B. 机械化施工完成的工作量

C. 机械化程度指标

D. 施工机械利用率

E. 劳动力不均衡系数

四、判断题

1. 施工组织总设计应由施工项目负责人主持编制，应由总承包单位技术负责人负责审批。（　　）

2. 施工组织总设计中应对桩基施工、深基坑人工降水与支护、大体积混凝土的浇注，高层建筑主体结构所采用的滑模、爬模、飞模、大模板的施工，重型构件、大跨度结构、整体结构的组运、吊装等施工技术要求高或比较复杂、技术上比较先进或施工单位尚未完全掌握的特殊分部分项工程，提出原则性的技术措施方案。（　　）

3. 施工总进度计划应该详细编制，以防在实施过程中发生复杂情况而调整计划。（　　）

4. 根据工程的具体情况，搅拌站布置可采用集中、分散两种方式布置。（　　）

5. 工程质量等级是说明工程质量达到的等级：合格、市优（市级奖）、省优（省级奖）、鲁班奖（国家级）。获奖工程都属优良工程，单位工程优良率是在施工组织总设计中确定的主要控制目标，也是衡量承建单位技术水平和管理水平的重要指标。（　　）

五、简答题

1. 简述施工组织总设计的编制依据。

2. 施工组织总设计中应对工程项目总体施工做出哪些宏观部署？

3. 根据建设项目总目标要求确定工程分期分批施工的合理开展程序，应主要考虑哪些方面？

4. 简述施工总进度计划的编制原则。

5. 在规划场内临时道路时，应考虑哪些问题？

工程模拟训练

某市民用煤气工程施工组织总设计

1. 工程概况

本工程为某市民用煤气扩建工程，位于市区东侧焦化厂厂区内，属群体工程。主要单位工程由主厂房、排送机室、1号通廊及焦场等组成。各单位工程的设计概况见表4.6。

表 4.6 各建筑物、构筑物工程概况表

序号	单位工程名称	建筑面积/m²	建设层数	建筑跨度/m	建筑高度/m	设计概况	
						建筑概况	结构概况
1	主厂房	2 197	2～6	7.5	30.74	建筑全长 49 m，柱距 7 m，主体 5 层，局部 6 层，层高分别为 4.47 m、7.3 m、4.4 m、4.5 m、5.3 m 和 5.50 m。钢窗木门，不发火地面，屋面为珍珠岩保温层、卷材防水。仪表控制室为轻钢龙骨吊顶，纸面石膏板	钻孔灌注桩，全现浇钢筋混凝土框架结构，维护结构为 240 cm 厚空心砌块，内隔墙为 180 cm厚空心砌块，钢吊车梁
2	鼓风机室	54	1	6	4	3 间单层车间，东边与主厂房连接，砖墙、钢窗、木门、水泥地面、屋面做法同主厂房	砖混结构，屋面为钢筋混凝土大梁、预制多孔板、砖基础
3	排送机室	482	1～2	7.5	6～10.2	建筑全长 45 m，柱距 5 m，局部 2 层，砖墙、钢窗、木门、水泥地面、屋面做法同主厂房	钢筋混凝土基础，砖墙带柱。钢筋混凝土屋面大梁现浇屋面板
4	焦场						场地平整压实后，上浇混凝土 20 cm 厚
5	双曲线循环水冷却塔					两座，一座底部直径 12 m，高 24.6 m，一座底部直径 9.1 m，高 21 m	
6	1号转运站	108	地下1层和地下2层	6	8.9	该建筑为1号通廊起点，将焦厂煤炭运至主厂房，砖墙、钢窗、木门、水泥地面、屋面做法同主厂房	地下部分为钢筋混凝土结构，地下砖墙、现浇楼面、屋面
7	1号通廊					全长 97.71 m，宽 3.1 m，高 2.3 m，下起 1 号转运站，上楼主厂房，倾斜坡度为 16°	通廊为钢结构，中间设两道钢筋混凝土支撑
8	平流沉淀室					长 30 m，宽 16.5 m，深 6.5 m，埋入地下 4.09 m	钢筋混凝土结构
9	循环水泵房	243	1	9	6	建筑全长 27 m，宽 9 m，柱距 4.2 m 和 9 m，地面水磨石，其余同主厂房	全现浇钢筋混凝土框架结构，内设钢吊车梁，墙体同主厂房
10	缓冲气柜					圆形，直径 19.6 m	钢筋混凝土圆形基础，上做钢板气柜

2. 工程地质及气候情况

该工程地处长江边，地质勘测报告提供的工程建设场地地质情况见表 4.7，属软弱地基土。地下水位在自然地面下 0.4～1.75 m 范围内，随季节变化而有所变化。

该工程所处区域的年平均气温为 15.4 ℃，夏季（8月）最高气温为 38 ℃，冬季（1月）最低气温为－10 ℃。主导风向为东南风，最大风速为 1.4 m/s，年降水量为 1 000 mm 左右。

表 4.7 工程建设场地地质情况

土层号	土质名称及描述	土层厚度/m	压缩模量/MPa	备注
①	填筑土：颜色杂乱，稍湿至饱和，夹碎砖、焦炭、煤渣、草等	2.0	3.8	
②	粉土：青黄色、饱和，软至流塑	2.5	7.34	
③	粉土：青灰色、饱和，流塑，含云母锁片	1.8	9.65	
④	粉砂夹卵砾石：青灰色、饱和，稍密至中密，夹卵砾石	7.2	18.17	
⑤	粉质黏土：褐黄色，饱和，可塑至硬塑	9.8	10.9	

3. 现场交通情况

该工程于厂区主干道西侧一空地上，交通方便，可全天候运送各种施工所需物资。场地北侧也有混凝土道路通入。

4. 工程开、竣工时间：9月份开工，次年1月底竣工，总工期要求为135 d。

◇训练任务1 进行施工部署

根据已知资料分析，本工程施工必须有严密的组织计划，合理组织调动劳动力，各工种交叉施工，扩大构件工厂预制面，加强质量、安全技术措施，以保证工程进度，保证工程质量和安全施工。

(1) 以主厂房为主要施工工期控制线。主厂房基础为钻孔灌注桩，上部2～6层为框架结构，顶层由与1号通廊连接，檐口高度达30.74 m，结构较复杂，模板和混凝土用量都较大，又有大量设备需要施工中途提前进入其内，并进行交叉安装施工，总工期控制为120 d。

(2) 本工程大多数现浇钢筋混凝土结构，混凝土用量较多，但每次混凝土用量又不大，又有抗渗等要求。请对混凝土施工做具体要求：________________。

(3) 焦场工程是主要场地，碾压密实，将来作为煤炭堆放地，可以考虑________________措施。

(4) 施工临时用房安排：________________；________________。

请对水泥库房、排风机房、木工房进行详细部署：________________；________________。

◇训练任务2 编制施工总进度计划

(1) 划分施工区段

本工程单位工程较多，用工量较大，拟将一个项目组（两个施工队）全部用上，划分为两个施工段，分别由两个施工队承包施工，包进度、包质量、包安全、包成本，由项目组统一指挥。

两个区段划分为：________________；________________。

(2) 根据施工区段的划分及表4.8的资料，编制施工总进度计划，填入表4.9中。

表 4.8　各分部工程持续时间表

施工区段	序号	单位工程名称	工作持续时间/d				
			基础	主体	装饰	安装	开始时间
第一区段	1	主厂房	40	50	25	30	0
	2	鼓风机房	20	25	10	10	20
	3	排送机室	30	30	10	20	0
	4	焦场	10	10	—	—	0
	5	双曲线循环冷却塔	20	20	—	20	30
第二区段	6	1号转运站	20	10	10	10	0
	7	1号通廊	10	10	—	20	20
	8	平流沉淀室	30	20	—	10	20
	9	循环水泵房	30	20	—	—	50
	10	缓冲气柜	20	—	—	20	40

表 4.9　施工总进度计划

施工区段	序号	单位工程名称	进度计划/d													
			10	20	30	40	50	60	70	80	90	100	110	120	130	140
第一区段	1	主厂房														
	2	鼓风机房														
	3	排送机室														
	4	焦场														
	5	双曲线循环冷却塔														
第二区段	6	1号转运站														
	7	1号通廊														
	8	平流沉淀室														
	9	循环水泵房														
	10	缓冲气柜														

◇训练任务 3　绘制施工总平面图

(1) 主要施工机械

本工程除主厂房外，建筑物高度不高，垂直运输量不大，为节约机械费用，除主厂房使用塔吊外，其他垂直运输设备主要采用自制井字架，并尽可能做到一机多用。

现场其他施工机械主要由项目组调用，不足部分向公司设备租赁站租用。

(2) 布置施工总平面图

链接执考

1. 工程项目施工组织设计中，一般将施工顺序的安排写入（　　）。[2013 年全国一级建造师考试《建设工程项目管理》试题]

A. 施工进度计划

B. 施工总平面图

C. 施工部署和施工方案

D. 工程概况

2. 编制施工组织总设计时，在施工总进度计划确定之后，才可以进行的工作是（　　）。[2013 年全国一级建造师考试《建设工程项目管理》试题]

A. 拟定施工方案

B. 确定施工总体部署

C. 编制资源需求量计划

D. 计算主要工种工程的工程量

3. 如果一个进度计划系统由总进度计划、项目子系统进度计划、项目子系统的单项工程进度计划组成。该进度计划系统是由（　　）的计划组成的计划系统。[2013 年全国一级建造师考试《建设工程项目管理》试题]

A. 不同功能

B. 不同项目参与方

C. 不同深度

D. 不同周期

4. 编制施工组织总设计时，必须遵循的顺序有（　　）。[2012 年全国一级建造师考试《建设工程项目管理》试题]

A. 拟定施工方案后，才能编制总进度计划

B. 编制总进度计划后，才能编制资源需求量计划

C. 确定施工部署后，才能制定施工方案

D. 计算完工程量后，才能确定施工部署

E. 确定资源需求量计划后，才能编制施工准备工作计划

模块 5

单位工程施工组织设计

【模块概述】

单位工程施工组织设计是沟通设计与施工的桥梁，它既要体现国家有关法规和施工图的要求，又要符合施工活动的客观规律。它起着指导单位工程施工活动全过程的作用，是单位工程施工中必不可少的指导性文件，也是施工企业实现生产科学管理的重要依据和手段。

【学习目标】

1. 了解工程建设概况。
2. 熟悉施工准备工作。
3. 熟悉工程施工特点。
4. 掌握施工准备工作的内容。

【技能目标】

1. 单位施工组织设计的内容。
2. 工程施工组织设计的方法。
3. 熟悉施工方案的编制。
4. 施工进度计划编制。

【课时建议】

6～8课时

工程导入

本工程为某住宅楼工程，建设地点在黑龙江省密山市。

建筑规模：本工程建筑面积为 2 698.48 m^2，占地面积为 698.70 m^2，建筑总长为 55.3 m，总宽为 9.14 m，总高度为 19 m，平面为矩形布置。一层设有车库、图书馆、资料室以及干部活动室等；2～5 层为单元式住宅。

建筑结构：本工程主体为砖混结构 5 层，采用墙下毛石基础（部分柱下独立基础）。外墙为 490 mm 厚红砖墙体，内墙为 240 mm 厚、120 mm 厚红砖砌体，山墙为 620 mm 厚红砖墙体。

5.1 概述

单位工程施工组织设计是以单位工程为对象，由施工承包单位的工程项目经理部编制的，用以指导施工全过程各项目施工活动的技术、组织、经济综合性文件。它是报批开工、备工、备料、备机及申请预付工程款的基本文件，是施工单位对工程项目进行科学管理的基础，是施工单位有计划地开展施工、检查、控制工程进展情况的重要文件，是施工队组安排施工作业计划的主要依据，是协调各单位、各工种之间施工、各资源之间的空间布置和时间安排之间关系的依据，是建设单位配合施工、监理、落实工程款项的基本依据。它是施工前的一项重要准备工作，也是施工企业实现生产科学管理的重要依据和手段。

5.1.1 单位工程施工组织设计的任务

单位工程施工组织设计的任务，就是根据编制施工组织设计的基本原则、施工组织总设计和有关原始资料，对建筑产品生产的全过程进行全面规划（包括时间规划、资源规划和空间规划）。它为建筑产品生产的节奏性、均衡性和连续性提供最优化方案，从而以最少的资源消耗取得最大经济效益，使最终产品的生产在时间上达到速度快、工期短；在质量上达到精度高和功能好；在经济上达到消耗少、成本低和利润高的目的。

5.1.2 单位工程施工组织设计编制的依据

在通常情况下，单位工程施工组织设计的编制依据包括以下几方面内容：

①工程使用的全套施工图纸和设计说明。

②建设单位和上级主管部门对该单位工程的有关要求，如建设工期、质量标准、推广新技术、新材料、新工艺的要求和其他施工要求等。

③施工组织总设计（或大纲）对该单位工程的安排、要求和规定的有关指标。

④施工企业的年度生产计划对本工程的安排和规定的各项指标。

⑤施工现场的地质与气象资料。地质资料包括地形、地质、地下水、地上与地下施工障碍物等；气象资料包括施工期间的最高和最低气温、主导风向、雨期时间和降雨量、冬期施工时间和降雪量等，还包括暴雨后场地积水情况和排水情况。

⑥建设单位可提供的条件，如施工用地、临时设施、水电供应等，其中水电供应包括水源供应量及水质、电源供应量以及是否需要单独设置变压器等。

⑦主要材料、预制构件及半成品的来源及供应情况，以及预制构件的运输条件和运输距离等。

⑧施工企业可提供的资源情况，如劳动力、材料加工、机械设备的配备情况。

⑨国家及地区的有关规定、规范、规程和定额手册。

5.1.3 单位工程施工组织设计的编制内容

单位工程施工组织设计的内容，根据工程性质、规模、繁简程度的不同，其内容和深广度要求不同，一般应包括：工程概况及施工特点分析，施工方案设计，单位工程施工进度计划，单位工程施工准备工作计划，劳动力、材料、构件、加工品、施工机械和机具等需要量计划，单位工程施工平面图设计，保证质量、安全、降低成本和冬、雨期施工的技术组织措施，各项技术经济指标。

(1) 工程概况和施工条件分析

工程概况和施工条件分析是对拟建工程的特点、地区特征和施工条件等所做的一个简要的、重点的介绍，其主要内容包括以下几个方面：

①工程建设概况主要介绍拟建工程的工程名称、工程规模、性质、用途、资金来源及工程投资额、开竣工的日期、建设单位、设计单位、施工单位（包括施工总承包和分包单位）、施工图纸情况、施工合同、主管部门的有关文件或要求及组织施工的指导思想等。

②建筑设计特点一般需说明拟建工程的建筑面积、层数、高度、平面形状及总尺寸、平面组合情况及室内外的装修做法等，并附平面、剖面简图。

③结构设计特点一般需说明基础的类型与埋置深度、主体结构的类型、主要构件的设计尺寸、预制构件的类型及安装、抗震设防的烈度、工程主要材料强度等级等。

④建设地点的特征：主要介绍拟建工程的位置、地形、工程地质条件、不同深度土层的分析、土壤冻结时间与冻结深度、地下水位、水质、气温、冬雨期施工时间、主导风向、风力等。

⑤施工条件包括现场的“三通一平”情况（建设单位提供的水源及管径、电源容量及电压等），现场周边的环境，施工用场地内地上、地下各种管线的位置，当地交通运输的条件，预制构件的生产及供应情况，预拌混凝土供应情况，施工企业的机械、设备和劳动力的落实情况，劳动的组织形式和内部承包方式等。

⑥工程施工特点应概括说明本单位工程的施工特点、难点和施工中的关键问题，以便在选择施工方案、组织资源供应、配备技术力量以及施工组织时采取有效的措施，保证施工顺利进行。

(2) 施工准备工作计划

施工准备工作计划是单位工程施工组织设计的一项重要内容。施工准备工作宏观地分为物的准备和人的准备两大部分，施工准备工作计划应根据单位工程施工进度计划来编制。

(3) 施工方案的选择

施工方案是施工组织设计的核心内容。在编制施工方案的过程中，要运用“系统”的观念及方法，研究其技术特征与经济作用，针对不同类型、等级、结构特点的工程制定出不同的施工方案。

(4) 单位工程施工计划

单位工程施工计划包括施工进度计划及劳动力、材料、构件、机械设备等资源需要量计划两部分。

(5) 单位工程施工平面图

单位工程施工平面图的内容包括垂直运输机械、搅拌站、加工棚、仓库、堆料、临时建筑物及临时性水电管线等临时设施的位置。

(6) 技术与组织措施

技术与组织措施主要是指在技术、组织方面对保证工程质量、安全、成本等和进行季节性施工等所采取的方法与措施，主要内容如下：

①保证工程质量措施。

为了保证工程质量，应对工程施工中易发生质量通病的工序制定防治措施；对采用新工艺、新材料、新技术和新结构的工作制定有针对性的技术措施；对确保基础工程质量、主体结构中关键部位的质量和内外装修的质量制定有效的技术组织措施；对复杂或特殊工程的施工制定相应的技术措施等。

首先应建立工程项目的施工质量控制系统，利用 PDCA 循环原理进行质量目标的控制，编制详细的质量计划，以体现企业对质量责任的承诺。还要加强施工过程的质量控制，利用工程质量的统计分析方法，对质量问题产生的原因进行分析并随时纠正，以达到预定的质量目标。

同时应建立健全质量监督体系，建立起自查、互查、质量员检查、施工负责人检查、监理人员监察的质量检查系统，以确保单位工程的质量。

②保证施工安全措施。

安全生产是指在安全的场所和环境条件下，使用安全的生产设备和手段，采用安全的工艺和技术，遵守安全作业和操作规程所进行的、必须确保涉及人员和财产安全的生产活动。

保证安全措施是指对施工中可能发生的安全问题提出预防措施并进行落实，主要包括以下内容：新工艺、新材料、新技术、新结构施工中的安全技术措施；预防自然灾害，如防雷击、防滑坡等技术措施；高空作业的防护措施；安全用电和机具设备的保护措施等。

③冬、雨期施工措施。

冬期施工的措施是：根据所在地区的气温、降雪量、工程特点、施工条件等因素，在保温、防冻、改善操作环境等方面，制定相应的施工措施，并安排好物资的供应和储备；对于不适宜在冬期或在冬期不容易保证质量的工作，可合理安排在冬期以前或以后进行。

雨期施工的措施是：根据工程所在地区的雨期时间、降雨量、工程特点和部位，制定出工程、材料及设备的防淋、防潮、防泡、防淹等各种措施，如进行遮盖、加固、排水等；做好道路的防滑措施，同时防止因雨期而拖延工期，如采取改变施工顺序、合理安排施工内容等措施。

④降低成本措施。

降低成本的措施包括：采用先进技术、改进作业方法以提高劳动生产率、节约劳动量的措施；综合利用材料、推广新材料以节约材料消耗的措施；提高机械利用率、发挥机械效能以节约机械设备费用的措施；合理进行施工平面图设计以节约临时设施费用的措施等。它是根据预算成本和技术组织措施计划而编制的。

⑤防火措施。

防火措施是对临时建筑的位置、结构、防火间距，对易燃或可燃材料的存放地点、堆垛体积，对消防器材的配备，对现场消防给水管道和消火栓的设置，对消防通道布置以及对临时供电线路架设的方位和电压等，进行周密的设计和布置；对高耸建（构）筑物应及时安装避雷系统，同时应建立安全防火管理制度，制定电力线路免超负荷或短路措施等。

对于一般常见的建筑结构类型且规模不大的单位工程，施工组织设计可以编制得简单一些，其主要内容为施工方案、施工进度计划和施工平面图，简称“一图一案一表”，并辅以简明扼要的文字说明。

技术提示

工程概况的内容应尽量采用图表进行说明。

(1) 工程建设概况

拟建工程的建设单位、工程名称、用途，资金来源及工程投资额、设计单位、监理单位、施工单位、施工图纸情况等。

(2) 工程施工概况

①建筑设计特点。拟建工程的建筑面积、平面形状和平面组合情况、层数、层高、总高、总宽、总长等尺寸及室内外装修的情况。

②结构设计特点。基础的类型、埋置类型、设备基础的形式、主体结构的类型、预制构件的类型及安装位置等。

③建设地点的特征。拟建工程的位置、地形、工程与水文地质条件、不同深度土壤的分析、冻结期间与冻层厚度、地下水位、水质、气温、冬雨季起止时间、主导风向、风力等。

④施工条件。水、电、道路及场地平整的“三通一平”情况，施工现场及周围环境情况，当地的交通运输条件，预制构件生产及供应情况，施工企业机械、设备、劳动力的落实情况，内部承包方式，劳动组织形式及施工管理水平，现场临时设施、供水供电问题的解决等。

(3) 工程施工特点

应简明扼要分析出单位工程的施工特点和施工中的关键问题，以便在选择施工方案、组织资源供应、技术力量配备以及在施工准备工作上采取有效措施，使解决关键问题的措施落实于施工之前，提高施工企业的经济效益和管理水平。

5.2 单位工程施工方案设计

施工方案是单位工程施工组织设计的核心，所确定的施工方案合理与否，不仅影响到施工进度计划的安排和施工平面图的布置，而且将直接关系工程的施工安全、效率、质量、工期和技术经济效果。施工方案的设计主要包括确定施工程序、确定单位工程施工起点和流向、确定施工顺序、合理选择施工机械和施工工艺方法及相应技术组织措施等内容。

5.2.1 确定施工程序

施工程序是指单位工程中各分部工程或施工阶段的先后次序及其相互制约关系，其任务主要是从总体上确定单位工程主要分部分项工程的施工顺序。

1. 做好施工准备工作

单位工程的施工准备工作分内业和外业两部分：

①内业准备工作包括熟悉施工图、图纸会审、编制施工预算、编制施工组织设计、落实劳动力、资源与设备需求计划、落实协作单位及对职工进行施工安全、防火、文明施工教育等。

②外业准备工作包括完成场地拆迁、障碍清理、管线迁移、场地平整、设置施工所需临时建筑、完成附属加工设施、敷设临时水电管网、完成临时道路、大型机械设备进场以及必要的材料进场检验验收和存储等。

2. 遵循基本的施工原则

在单位工程施工中，施工程序一般按“先地下、后地上”“先主体，后围护”“先结构、后装饰”“先土建、后设备”的原则进行。由于影响施工的因素很多，施工程序并不是一成不变的，在土木工程产品生产中，应当结合具体工程的结构特征、施工条件和建设要求，合理确定该工程的施工程序。例如，随着高层、超高层建筑的兴起，工程基础埋设越来越深，但城市内施工场地普遍比较狭小，为了保证基坑边坡及周边建筑的稳定性，深基坑施工中可采用“逆施法”“逆支正施法”等特殊程序，其中逆施法是指在桩基础施工后，从零层板开始，地上、地下同时施工的特殊程序。

3. 合理安排土建施工与设备安装的施工程序

工业厂房的施工除了要完成一般土建工程外，还要同时完成工艺设备和工业管道等的安装工程。为了使工厂早日投产，不仅要加快土建工程施工速度为设备安装工程提供作业面，还要根据设备性质、安装方法、厂房用途等因素，合理安排土建工程与工艺设备安装工程之间的施工程序。工业建筑的土建工程与设备安装工程之间的程序，主要决定于工业建筑的种类，如对于精密仪器厂房，一般要求土建、装饰工程完成后进行工艺设备安装；而对于重型工业厂房，先安装工艺设备后建设厂房或设备安装与土建施工同时进行，如冶金车间、发电厂的主厂房、水泥厂的主车间等。

4. 做好竣工扫尾工作

竣工扫尾工程也称为收尾工程，是指工程接近交工阶段时一些未完的零星项目，其特点是分散、工程量小、分布面广。进行收尾工作时，应首先做好准备工作，摸清收尾项目，然后落实好相应劳动力和机具材料，逐项解决、完成。

5.2.2 确定施工起点流向

施工流向是指单位工程在平面或空间上施工的开始部位及其展开方向，这主要取决于生产需要、缩短工期和保证质量等要求。一般来说，对单层建筑物，只要按其工段、跨间分区分段地确定平面上的施工流向；对多层建筑物，除了确定每层平面上的施工流向外，还要确定其层间或单元空间上的施工流向。

施工流向的确定，影响一系列施工过程的开展和进程，是组织施工的重要环节。应考虑以下几个因素：

①生产工艺或使用要求。

生产工艺上影响其他工段试车投产或生产使用上要求急的工段或部分可先安排施工。工业厂房内要求先试生产的工段应先施工；高层宾馆、饭店等，可在主体结构施工到相当层数后，即进行地面上若干层的设备安装与室内外装修。

【例 5.1】 B 车间生产的产品需受 A 车间生产的产品影响，A 车间划分为 3 个施工段，因此，Ⅱ、Ⅲ段的生产受Ⅰ段的约束，故其施工起点流向应从 A 车间的工段开始，如图 5.1 所示。

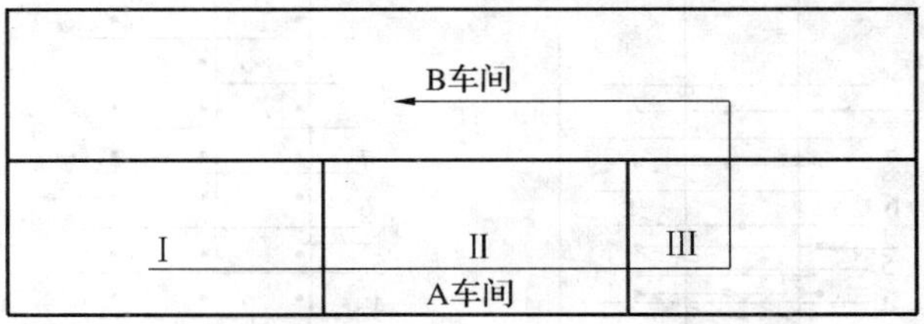

图 5.1 施工流向示意图

②单位工程各部分的繁简程度。

对技术复杂、施工进度较慢、工期较长的工段或部位应先施工。例如，高层现浇钢筋混凝土结构房屋，主楼部分应先施工，裙房（也称为裙楼，比主楼层数少）部分后施工。

③房屋高低层或高低跨情况。柱的吊装应从高低层或高低跨并列处开始；高低层并列的多层建筑物中，层数多的区段常先施工；屋面防水层施工应先高后低；基础施工应先深后浅。

④工程现场条件和施工方案。施工场地大小、道路布置和施工方案所采用的施工方法及机械也是确定施工流程的主要因素。例如，土方工程施工中，边开挖边外运余土，则施工起点应确定在远离道路的部位，由远及近地展开施工。

⑤施工技术与组织上的要求。例如，多层建筑物层高不等时，施工流向自局部下沉或局部突出单元开始，易使各施工过程的工作队在各施工段上（包括各层的施工段）连续施工。

⑥分部工程或施工阶段的特点。如基础工程由施工机械和施工方法决定其平面的施工流向；主体结构工程从平面上看，从哪一边先开始都可以，但竖向一般应自下而上施工；装饰工程的竖向流程比较复杂，室外装饰一般采用自上而下的工程流向，室内装饰则有自上而下（图 5.2）、自下而上（图 5.3）及自中而下再自上而中（图 5.4）3 种流向。

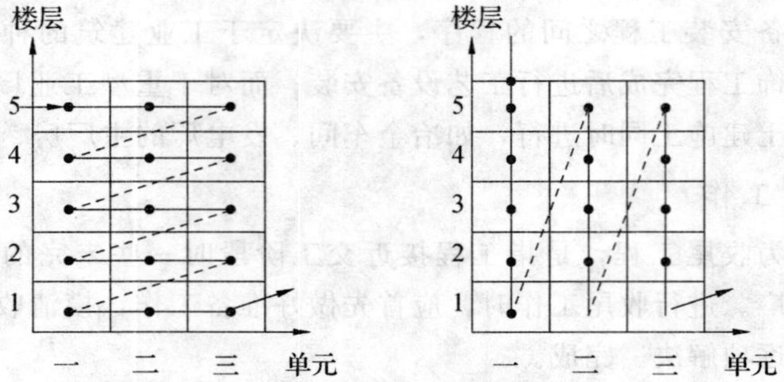

(a)水平向下　(b)垂直向下

图 5.2　室内装修装饰工程自上而下的起点流向

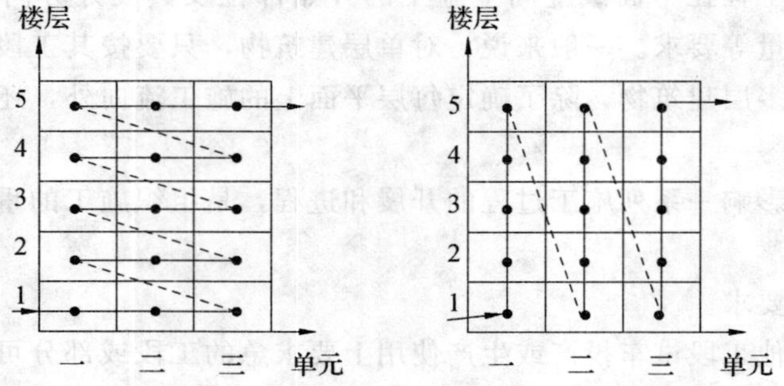

(a)水平向上　(b)垂直向上

图 5.3　室内装修装饰工程自下而上的起点流向

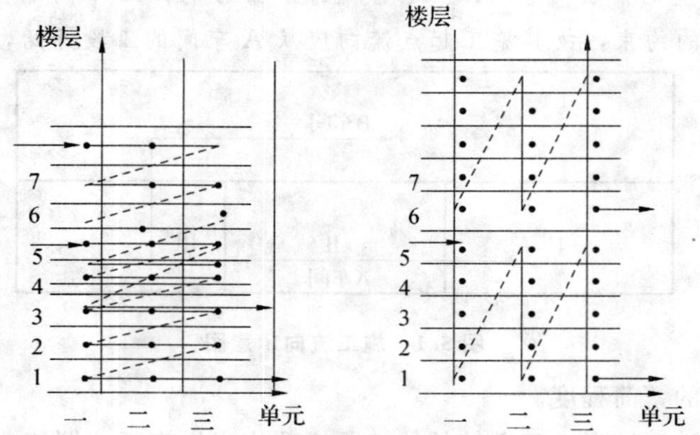

(a)水平向下　(b)垂直向下

图 5.4　室内装修工程自中而下再自上而中的起点流向

5.2.3 确定施工顺序

确定施工顺序主要是指分项工程施工的先后次序，既是为了按照客观施工规律组织施工，也是为了解决工种之间的时间搭接和空间配合问题。在保证质量与安全施工的前提下，充分利用空间、争取时间，实现缩短工期的目的。

1. 确定施工顺序的影响因素

（1）遵循施工程序

施工程序确定了施工阶段或分部工程之间的先后次序，确定施工顺序必须遵循施工程序。

（2）满足施工工艺要求

各施工过程之间存在着一定的工艺顺序关系，随施工对象结构、构造和使用功能的不同而变化。在确定施工顺序时，应注意分析该施工对象各施工过程的工艺关系。如预制钢筋混凝土柱的施工顺序为：支模板→绑钢筋→浇混凝土→养护→拆模；而现浇钢筋混凝土柱的施工顺序为：绑钢筋→支模板→浇混凝土→养护→拆模。

（3）施工顺序应与所采用的施工方法和施工机械相一致

确定施工顺序时，要注意与该工程的施工方法和所选择的施工机械相协调一致。如基坑开挖对地下水的处理可采用明排水，其施工顺序应是在挖土过程中排水；如果可能出现流砂时，常采用轻型井点降低地下水，其施工顺序则应是在挖土之前先降低地下水位。两种不同的施工方法，所采用的抽水设备不同，其施工顺序也就不同。

（4）满足施工组织要求

有些施工过程的施工顺序，在满足施工工艺的条件下有可能会有多种施工方案，此时就应考虑施工组织上的要求进行分析、对比，选择最经济合理的施工顺序。在相同条件下，优先选用能为后续施工过程创造较优越施工条件的施工顺序，如图 5.5 所示。

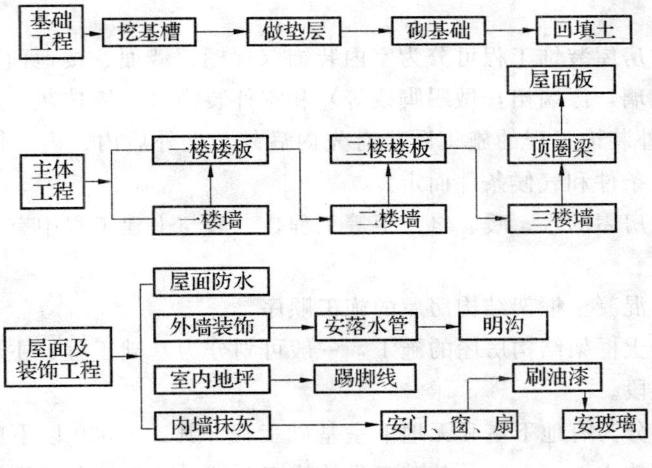

图 5.5　混合结构施工顺序

（5）满足施工质量的要求

在安排施工顺序时，要以能确保工程质量为前提条件。如果有可能出现影响工程质量的情况，则应重新安排施工顺序或采取必要的技术措施。例如，顶层顶棚的粉刷应安排在屋面防水层完成后进行，以防屋面板缝渗水而损坏顶棚粉刷层。

（6）施工当地的气候条件

在安排施工顺序时，必须考虑施工地区的气候条件。例如，南方地区应注意多雨和热带风暴多的特点，而北方地区应多考虑严寒冻害对施工的影响。

（7）满足施工安全的要求

在确定施工顺序时，必须力求各施工过程的搭接不致产生不安全因素，以避免安全事故的发生。例如，不能为了加快施工进度而在同一施工段上一边吊装楼板一边进行其他工作。对于不可避免的垂直交叉作业，必须采取可靠的安全措施才允许进行施工。

2. 几种常用结构房屋的一般施工顺序

下面分别介绍几种具有代表性的房屋的施工顺序，如多层砖混结构居住房屋、多层全现浇钢筋混凝土框架结构房屋及装配式钢筋混凝土单层工业厂房。

(1) 多层混合结构居住房屋的施工顺序

多层混合结构居住房屋的施工，一般可划分为基础工程、主体结构工程、屋面及装饰工程几个施工阶段。

多层混合结构居住房屋的基础工程施工阶段是指室内地坪（±0.0000）以下的所有工程施工阶段。其施工顺序一般是挖土→做垫层→砌基础→地圈梁→回填土。

多层混合结构居住房屋主体结构施工阶段的工作，通常包括搭脚手架、墙体砌筑、安门窗框、安预制过梁、安预制楼板和楼梯、现浇构造柱、楼板、圈梁、雨篷、楼梯、屋面板等分项工程。若楼板为预制件时，此砌墙和安装楼板是主体结构工程的主导施工过程。在组织施工时，应尽量使砌墙连续施工，现浇厨房、卫生间楼板的支模、绑钢筋可安排在墙体砌筑的最后一步插人，在浇筑构造柱、圈梁的同时浇筑厨房、卫生间楼板，各层预制楼梯段的吊装应在砌墙、安装楼板的同时相继完成。

多层混合结构居住房屋屋面工程的施工顺序一般为基层→隔气层→保温层→找平层→冷底子油结合层→防水层。对于刚性防水屋面的现浇钢筋混凝土防水层，分割缝施工应在主体结构完成后开始，并尽快完成，以便为室内装饰创造条件。一般情况下，屋面工程可以和装饰工程搭接或平行施工。

多层混合结构居住房屋装饰工程可分为室内装饰（顶棚、墙面、楼地面、楼梯等抹灰，门窗扇安装，门窗油漆、安玻璃，漆墙裙，做踢脚线等）和室外装饰（外墙抹灰、勒脚、散水、台阶、明沟、水落管等）。室内外装饰工程的施工顺序有先内后外、先外后内、内外同时进行 3 种，具体确定为哪种顺序应视施工条件和气候条件而定。

多层混合结构居住房屋的水、暖、电、卫等工程，一般与土建工程中有关的分部分项工程进行交叉施工，紧密配合。

(2) 多层现浇钢筋混凝土框架结构房屋的施工顺序

多层现浇钢筋混凝土框架结构房屋的施工，一般可划分为基础工程、主体结构工程、围护工程和装饰工程 4 个施工阶段。

其基础工程一般可分为有地下室和无地下室基础工程。其±0.000 以下的施工顺序，若有地下室一层，且房屋建造在软土地基上时，基础工程的施工顺序一般为桩基→围护结构→土方开挖→垫层地下室底板→地下室墙、柱（防水处理）→地下室顶板→回填土；若无地下室，且房屋建造在土质较好的地区时，基础工程的施工顺序一般为挖土→垫层→基础（扎筋、支模、浇混凝土、养护、拆模）→回填土。

在基础工程施工之前，先处理好基础下部的松软土、洞穴等，然后分段进行平面流水施工。施工时，应根据当地的气候条件，加强对垫层和基础混凝土的养护，在基础混凝土达到拆模要求时及时拆模，并提早回填土。

主体结构工程的施工顺序为绑柱钢筋→安柱、梁、板模板→浇注混凝土→绑扎梁、板钢筋→浇梁、板混凝土。柱、梁、板的支模、绑扎钢筋、浇混凝土等施工过程的工程量大，耗用的劳动力和材料多，而且对工程质量和工期也起着决定性作用，需把多层框架在竖向上分层、在平面上分段，即分成若干个施工段，组织平面上和竖向上的流水施工。

围护工程的施工包括墙体工程、安装门窗框和屋面工程。墙体工程包括砌筑用脚手架的搭拆，内、外墙砌筑等分项工程。不同的分项工程之间可组织平行、搭接、立体交叉流水施工。屋面工程、墙体工程应密切配合，如在主体结构工程结束之后，先进行屋面保温层、找平层施工，待外墙砌筑到顶后，再进行屋面油毡防水层的施工。脚手架应配合砌筑工程搭设，在室外装饰之后、做散水坡之前拆除。内墙的砌筑则应根据内墙的基础形式而定，或在地面工程完成后进行，或在地面工程之前与外墙同时进行。

屋面工程、装饰工程的施工顺序与混合结构房屋的施工顺序基本相同。

（3）装配式钢筋混凝土单层工业厂房的施工顺序

单层工业厂房由于生产工艺的需要，无论在厂房类型、建筑平面、造型或结构构造上都与民用建筑有很大差别，具有设备基础和各种管网，其施工要比民用建筑复杂。装配式钢筋混凝土单层工业厂房的施工可分为基础工程、预制工程、结构安装工程、围护工程和装饰工程 5 个施工阶段。

单层工业厂房的柱基础一般为现浇钢筋混凝土杯形基础，其施工顺序与现浇钢筋混凝土框架结构的独立基础施工顺序相同。杯形基础的施工应按一定的流向分段进行流水施工，并与后续的预制工程、结构安装工程的施工流向一致。在安排各分项工程之间的搭接施工时，应根据当时的气温条件适当考虑基础垫层和杯口基础混凝土养护时间。

单层工业厂房附属生活用房的基础施工及其他分项工程的施工，与多层混合结构施工基本相同，其基础一般在主体结构吊装后进行。多数单层工业厂房都有设备基础，特别是重型机械厂房设备基础既大又深，其施工难度大，技术要求高，工期也较长。设备基础的施工顺序如何安排，常会影响到主体结构的安装方法和设备安装的进度。因此，在单层工业厂房基础施工阶段，关键在于安排好设备基础的施工顺序。当厂房柱基础的埋置深度大于设备基础的埋置深度时，采用“封闭式”施工，即厂房柱基础先施工、设备基础后施工；当设备基础的埋置深度大于厂房柱基础的埋置深度时，通常采用“开敞式”施工，即设备基础与厂房柱基础同时施工。

单层工业厂房结构构件的预制方式，一般可采用加工厂预制和现场预制相结合的方法。通常，对于尺寸大、自重大的大型构件，因运输困难，多采用在拟建厂房内部就地预制，如柱、托架梁、屋架、鱼腹式预应力吊车梁等；对于种类及规格繁多的异形构件，可在拟建厂房外部集中预制，如门窗过梁等；对于数量较多的中小型构件，可在加工厂预制，如大型屋面板等标准构件、木制品及钢结构构件等。

预制构件现场预制的施工顺序为：场地平整夯实支模→扎筋（有时先扎筋后支模）→预留孔道→浇筑混凝土→养护→拆模→张拉预应力筋→锚固→灌浆。现场内部就地预制的构件，一般来说只要基础回填土、场地平整完成一部分以后就可以开始制作。但构件在平面上的布置、制作的流向和先后次序，主要取决于构件的安装方法、所选择起重机性能及构件的制作方法。制作的流向应与基础工程的施工流向一致，以便为结构安装工程提早开始创造条件。

当预制构件采用分件安装时，若场地狭窄而工期又允许时，不同类型的预制构件可分别进行制作；当预制构件采用综合安装方法时，由于是分节间安装完各种类型的所有构件，因此需一次制作构件，其构件在平面布置问题上，需视场地的具体情况确定出构件是全部在拟建厂房内就地预制，还是一部分在拟建厂房外预制。

结构安装工程是装配式单层工业厂房的主导施工阶段，应单独编制结构安装工程的施工作业设计，结构安装工程的施工顺序取决于安装方法。结构吊装的流向通常应与预制构件制作的流向一致。当厂房为多跨且有高、低跨时，构件安装应从高、低跨柱列开始，先安装高跨，后安装低跨，以适应安装工艺要求。

围护工程的工作内容包括墙体砌筑、安装门窗框等施工过程。墙体工程又包括搭设脚手架、内外墙砌筑等各项工作。其施工顺序与现浇钢筋混凝土框架结构房屋的基本相同。装饰工程的施工分为室内装饰和室外装饰，一般不占总工期。

单层工业厂房的水、暖、电、卫等工程与混合结构居住房屋的水、暖、电、卫等工程的施工顺序基本相同，但应注意空调设备安装工程的安排。生产设备的安装，一般由专业公司承担，由于其专业性强、技术要求高，应遵照有关专业的生产顺序进行。

3. 一般高速公路工程的施工顺序

①箱涵工程的施工顺序为：测量放线→土方开挖→垫层→底板钢筋→支设底板模板→浇底板混凝土→支设内模→墙、顶钢筋绑扎→支设外模→浇筑混凝土→回填土→锥坡及洞口铺砌。

②钢筋混凝土中桥工程的施工顺序为：测量放线→钻孔灌注桩基础→墩柱→桥台、盖梁→支座安装→预制空心板吊装→湿接头绑筋→混凝土浇筑→桥面混凝土铺装层施工→护栏。

③路基路面工程的施工顺序为：测量放线→基底处理→路堑开挖及路基填筑→通信管道施工→石灰土底基层摊铺碾压→混合料基层摊铺碾压→养护→透层、封层处理→铺压底面层→铺压上面层→边坡防护及排水设施。

5.2.4 选择施工方法和施工机械

1. 选择施工方法

（1）确定施工方法应遵循的基本原则

①施工方法的技术先进性与经济合理性相统一。

②兼顾施工机械的适用性和多用性，尽可能充分发挥施工机械的使用效率。

③充分考虑施工单位的技术特点、技术水平、劳动组织形式、施工习惯以及可利用的现有条件等。

（2）拟定施工方法的重点

拟定施工方法应着重考虑影响整个单位工程施工的分部分项工程的施工方法。对于那些按常规做法和生产人员比较熟悉的分部分项工程可适当简单些，只要提出应该注意的特殊要点和解决措施即可。对于下列项目，在拟定施工方法时则应详细、具体，必要时还应编制单项作业设计：

①工程量大、在单位工程中占重要地位、对工程质量起关键作用的分部分项工程，如基础工程、钢筋混凝土等隐蔽工程。

②施工技术比较复杂、施工难度比较大或采用新技术、新工艺、新结构、新材料的分部分项工程，如采用钢结构预应力、不设缝的结构施工、软土地基等。

③施工人员不太熟悉的特殊结构或专业性很强的特殊专业工程，如仿古建筑、灯塔及大型钢结构整体提升等。

（3）拟定施工方法的要求

①拟定主要的操作过程和方法，包括施工机械的选择。

②提出质量要求和达到质量要求的技术措施，指出可能产生的问题和防治措施。

③提出季节性施工措施和降低成本的措施。

④提出切实可行的安全施工措施。

（4）主要分部分项工程的施工方法

①测量放线。

a. 选择确定测量仪器的种类、型号与数量。

b. 确定测量控制网的建立方法与要求。

c. 平面定位、标高控制、轴线引测、沉降观测的方法与精度要求。

d. 测量管理（如交验手续、复合、归档制度等）方法与要求。

②土石方与地基处理工程。

a. 确定土方开挖的方式、方法，机械型号及数量，开挖流向、层厚等。

b. 放坡要求或土壁支撑方法、排降水方法及所需设备。

c. 确定石方的爆破方法及所需机具、材料。

d. 制定土石方的调配、存放及处理方法。

e. 确定土石方填筑的方法及所需机具、质量要求。

f. 地基处理方法及相应的材料、机具设备等。

③基础工程。

a. 基础的垫层、基础砌筑或混凝土基础的施工方法与技术要求。

b. 大体积混凝土基础的浇筑方案、设备选择及防裂措施。

c. 桩基础的施工方法及施工机械选择。

d. 地下防水的施工方法与技术要求等。

④混凝土结构工程。

a. 钢筋加工、连接、运输及安装的方法与要求。

b. 模板种类、数量及构造，安装、拆除方法，隔离剂的选用。

c. 混凝土拌制和运输方法、施工缝设置、浇筑顺序和方法、分层高度、工作班次、振捣方法和养护制度等。

⑤结构安装工程。

a. 根据选用的机械设备确定吊装方法，安排吊装顺序、机械布置及行驶路线。

b. 构件的制作及拼装、运输、装卸、堆放方法及场地要求。

c. 确定机具、设备型号及数量，提出对道路的要求等。

⑥现场垂直、水平运输。

a. 计算垂直运输量（有标准层的要确定标准层的运输量）。

b. 确定不同施工阶段垂直运输及水平运输方式、设备的型号及数量、配套使用的专用工具设备（如砖车、砖笼、吊斗、混凝土布料架、卸料平台等）。

c. 确定地面和楼层上水平运输的行驶路线，合理地布置垂直运输设施的位置。

d. 综合安排各种垂直运输设施的任务和服务范围。

⑦脚手架及安全防护。

a. 确定各阶段脚手架的类型、搭设方式、构造要求及搭设、使用要求。

b. 确定安全网及防护棚等设置。

⑧屋面及装饰装修工程。

a. 屋面材料的运输方式；屋面各分项工程的施工操作及质量要求。

b. 装饰装修材料的运输及储存方式。

c. 装饰装修工艺流程和劳动组织、流水方法。

d. 主要装饰装修分项工程的操作方法及质量要求等。

⑨特殊项目。

a. 采用新结构、新材料、新技术、新工艺。

b. 高耸或大跨结构、重型构件以及水下施工、深基础和软弱地基等项目，应按专项单独选择施工方案。

c. 对深基坑支护、降水以及爆破、高大或重要模板及支架、脚手架、大体积混凝土、结构吊装等，应进行相应的设计计算，以保证方案的安全性和可靠性。

2. 选择施工机械

施工工艺、施工方法和所用施工机械密切相关，施工机械的选择是确定施工方案的一个重要环节。施工机械选择的内容主要是施工机械的类型、型号、数量，选择原则一般是可行、经济、合理3点，并综合考虑适用性（据工程特点选择适宜主导工程的施工机械）、协调性（相互配套，生产能力应协调)、通用性(种类和型号应尽可能少,适当利用多功能机械)、经济性(首选单位现有机械,租赁或购买应进行技术经济分析)。

①选择施工机械时,应首先根据工程特点选择适宜的主导工程的施工机械。如在选择装配式单层工业厂房结构安装用的起重机类型时,当工程量较大而集中时,可以采用生产率较高的塔式起重机;但当工程量较小或工程量虽大却相当分散时,则采用无轨自行式起重机较经济;在选择起重机型号时,应使起重机在起重臂外伸长度一定的条件下能适应起重量及安装高度的要求。

②各种辅助机械或运输工具应与主导机械的生产能力协调配套,以充分发挥主导机械的效率,如土方工程中采用汽车运土时,汽车的载重量应为挖土机斗容量的整数倍,汽车的数量要保证挖土机连续工作。

③在同一工地上,应力求建筑机械的种类和型号尽可能少一些,以利于机械管理。为此,工程量大且分散时,宜采用多用途机械施工,如挖土机械既可用于挖土,又能用于装卸、起重和打桩。

④机械选择应考虑充分发挥施工单位现有机械的能力。当本单位的机械能力不能满足工程需要时,则应购置或租赁所需新型机械或多用途机械,并进行必要的技术经济分析。

5.3 单位工程施工进度计划

单位工程施工进度计划是施工组织设计的主要部分,是具体指导施工的计划文件。其任务是在施工方案的基础上,根据规定工期和各种资源供应条件,确定单位工程中各工序的合理施工顺序、施工时间及其搭接关系,并用图表的形式表达出来,指导和保证单位工程在规定期限内有条不紊地完成施工任务。在单位工程施工进度计划正式编制完后,就可以编制各项资源需要量计划,用以确定建筑工地的临时设施,并按计划供应材料、调配劳动力。

5.3.1 施工进度计划的作用

单位工程施工进度计划的作用有:

①控制单位工程的施工进度,保证在规定工期内完成符合质量要求的工程施工任务。

②确定单位工程各个施工过程的施工顺序、施工持续时间以及相互间的逻辑关系、土木工程与其他专业工程间的配合关系。

③为编制季度、月度生产作业计划提供依据。

④为制定各项资源(劳动力、材料、机械设备)的需要量计划和编制施工准备工作计划的依据。

5.3.2 编制依据

编制单位工程施工进度计划的主要依据有:

①经过审批的建筑总平面图和单位工程全套施工图以及地质图、地形图、工艺设计图、设备图及其基础图,采用的各种标准图等图样及技术资料。

②施工组织总设计对本单位工程的有关规定。

③施工工期要求及开、竣工日期。

④施工条件、劳动力、材料、构件及机械的供应条件、分包单位的情况等。

⑤主要分部分项工程的施工方案,包括施工程序、施工段划分、施工流程、施工顺序、施工方法、技术及组织措施等。

⑥工程量清单、施工图预算、劳动定额、机械台班定额。

⑦施工合同及其他技术资料等。

5.3.3 施工进度计划的表示方法

单位工程施工进度计划通常按照一定的格式编制，一般应包括各分部分项工程名称、工程量、劳动量、每天安排的人数和施工时间等内容。表 5.1 是常用的横道图形式表示的单位工程施工进度计划表。

表 5.1 单位工程施工进度计划横道图表

序号	分部分项工程名称	工程量		时间定额	劳动量		需用机械		每天工作班数	每班工作人数	工作天数	施工进度		
												×年×月		
		单位	数量		工种	工日数	机械名称	台班数量				10	20	30

施工进度计划表一般由两部分组成，一部分是工程项目和有关施工参数，列出各种计算数据，如分部分项工程名称、相应的工程量、采用的定额、需要的劳动量或机械台班数、每天施工的工人数和施工的天数等；另一部分是时间图表部分，即规定的开工之日起到竣工之日止的日历表。

5.3.4 编制内容和步骤

单位工程施工进度计划编制的一般方法是，根据流水作业原理，首先编制各分部工程进度计划，然后搭接各分部工程流水，并合理安排其他不便组织流水施工的某些工序，形成单位工程进度计划。施工进度计划编制的主要步骤和方法如下：

1. 确定施工过程

编制进度计划时，首先应按照图纸和施工顺序将拟建单位工程的各个施工过程列出，并结合施工方法、施工条件、劳动组织等因素，经适当调整使其成为编制施工进度计划所需的施工过程。

分部分项工程项目划分的粗细程度应根据进度计划的具体要求而定。对于控制性的进度计划，项目的划分可粗一些，一般只列出分部工程的名称；而对于实施性的进度计划，项目应划分得细一些，特别是对工期有影响的项目不能漏项，以使施工进度能切实指导施工。

为使进度计划能简明清晰，原则上在可能条件下应尽量减少工程项目的数目，避免划分过细而重点不明，一般可将某些分项工程合并到主要分项工程中去，如安装门窗框可以并入砌墙工程。项目的合并比较灵活，应根据具体情况进行，一般在合并项目时考虑施工过程在施工工艺上是否接近、施工组织上是否有联系等，如对工业厂房中的钢窗油漆、钢门油漆、钢支撑油漆、钢楼梯油漆合并为钢构件油漆一个施工过程。即对在同一时间内、由同一工程队施工的项目进行合并；对于次要的、零星的分项工程可合并成一项，以“其他工程”单独列出，在计算劳动量时统一进行考虑。

分部分项工程项目的划分要结合所选择的施工方案。由于施工方案和施工方法的不同，会影响工程项目的名称、数量及施工顺序，因此，工程项目划分应与所选定的施工方法相协调一致。具体采用的施工过程名称可参考现行定额手册的项目名称，拟建所有施工过程应大致按施工顺序的先后进行排列，填在施工进度计划表的有关栏目内。

通常施工进度计划表中只列出直接在建筑物或构筑物上进行施工的砌筑安装类施工过程，构件制作和运输等则不需列出，如门窗制作和运输的施工过程；但当某些构件采用现场就地预制方案，单独占工期，且对其他分部分项工程施工有影响或其运输工作需与其他分部分项工程施工密切配合（如楼板随运随吊），也需将其列入。

施工过程的划分还与所选择的施工方案有关。如结构安装工程，若采用分件吊装法，施工过程的名称、数量和内容及其安装顺序应按照构件来确定；若采用综合吊装法，施工过程应按施工单元（节间、区段）来确定。

水、暖、电、卫工程和设备安装工程通常由专业机构负责施工，在施工进度计划中只需反映出这些工程与土建工程如何配合即可，不必细分。总之，施工过程的划分要粗细得当，单位工程施工进度计划的工程项目不宜列得过多（一般小于 40 项为宜）。工程项目应包括从准备工作在内的全部土建工程，也包括有关的配合工程（如水电安装等），切忌漏项或重复。

2. 计算工程量

工程量计算应严格按照施工图纸和工程量计算规则进行。如编制施工进度计划时已有了预算文件，可以直接采用施工图预算的数据，但应注意有些项目的工程量应按实际情况做适当调整。如计算柱基土方工程量时，应根据土壤级别和采用施工方法（单独基坑开挖、基槽开挖还是基坑开挖，放边坡还是加设支撑）等实际情况进行计算。计算工程量时应注意以下几方面：

①各分部分项工程的工程量计算单位应与现行消耗量定额中所规定的单位相一致，以便计算劳动量、材料、机械台班消耗量时直接套用，避免进行换算，产生错误。

②结合分部分项工程施工方法和技术安全的要求计算工程量，例如，土方开挖应考虑土的类别、挖土的方法、边坡护坡处理和地下水的情况。

③结合施工组织的要求分层、分段地计算工程量。

④直接采用预算文件中的工程量时，应按施工过程的划分情况将预算文件中有关项目的工程量汇总。如“砌筑砖墙”一项要将预算中按内墙、外墙，按不同墙厚、不同砌筑砂浆及强度等级计算的工程量进行汇总。

3. 确定劳动量和机械台班数量

劳动量和机械台班数量应当根据各分部分项工程的工程量、施工方法和现行的施工定额，并结合当时当地的具体情况加以确定。一般计算公式为

$$P=\frac{Q}{S}$$

或

$$P=Q\cdot H \tag{5.1}$$

式中 P——完成某施工过程所需的劳动量（工日）或机械台班数量（台班）；

Q——完成某施工过程所需的工程量；

S——某施工过程所采用的产量定额；

H——某施工过程所采用的时间定额。

对于“其他工程”项目的劳动量或机械台班量，可根据合并项目的实际情况进行计算。实践中常根据工程特点，结合工地和施工单位的具体情况，以总劳动量的一定比例估算，一般占总劳动量的 10%～20%；水暖电卫、设备安装的工程项目，一般不计算劳动量和机械台班需要量，仅安排与一般土建工程配合的进度。

此外，在使用消耗量定额时，常遇到定额所列项目工作内容与编制施工进度计划所列项目不一致的情况，应计算综合劳动定额。

当某一分项工程是由若干项具有同一性质而不同类型的分项工程合并而成时，应根据各个不同分项工程的劳动定额和工程量，按合并前后总劳动量不变的原则，计算合并后的综合劳动定额，即

$$S=\frac{\sum_{i}^{n}Q_i}{\frac{Q_1}{S_1}+\frac{Q_2}{S_2}+\cdots\cdots+\frac{Q_n}{S_n}} \tag{5.2a}$$

或

$$S=\frac{\sum Q_i}{Q_1S_1+Q_2S_2+\cdots\cdots+Q_nS_n} \tag{5.2b}$$

【例 5.2】门窗油漆工程项是由钢门油漆和钢窗油漆两项合并而成，已知钢门面积 Q_1 为 368.52 m²，钢窗面积 Q_2 为 889.66 m²，钢门油漆的产量定额 S_1 为 11.2 m²/工日，钢窗油漆的产量定额 S_2 为 14.63 m²/工日，则综合产量定额为

$$S=\frac{Q_1+Q_2}{\frac{Q_1}{S_1}+\frac{Q_2}{S_2}}=\frac{368.52+889.66}{\frac{368.52}{11.2}+\frac{889.66}{14.63}}=13.43\ \text{m}^2/\text{工日}$$

当合并前各分项工程的工作内容和工程量单位不完全一致时，公式中 $\sum_{i=1}^{n}Q_i$ 应取与综合劳动定额单位一致且工作内容也基本一致的各分项工程之和；综合劳动定额单位应与合并前某分项工程之一的劳动定额单位一致，应视使用方便而定。

【例 5.3】某预制钢筋混凝土构件工程，其施工参数见表 5.2，求各分项工程合并后的综合劳动定额。

表 5.2　钢筋混凝土预制构件施工参数

施工过程		工程量		劳动定额	
		数量	单位	数量	单位
A	安装楼板	165	10 m²	2.67	工日/10 m²
B	绑扎钢筋	19.5	T	15.5	工日/T
C	混凝土浇筑	150	m³	1.9	工日/T

解析： 合并前各分项工程的工作内容和定额单位不同，由于是钢筋混凝土工程，合并后的综合定额以混凝土工程单位为准。

表 5.2 中劳动定额为时间定额，则

$$S=\frac{\sum Q_i}{Q_1H_1+Q_2H_2+\cdots\cdots+Q_xH_x}$$

$$=\frac{150}{165\times2.67+19.5\times15.5+150\times1.90}=0.146\ \text{m}^3/\text{工日}$$

该综合劳动定额所表示的意义为：每工日完成 0.146 m³ 混凝土的浇筑，并包括该部分混凝土的模板安装和绑扎钢筋的工作。

当进度计划中的某个项目采用了尚未列入现行定额的新技术或特殊的施工方法，计算时可参考类似项目的定额或经过实际测算确定其临时定额。

4. 确定各施工过程的工作时间

确定施工过程的工作时间即计算各施工过程的流水节拍，详见模块 2 相关内容，一般可根据可配备的人数或机械台数计算工作天数，或者根据工期的要求倒排进度。工作班制一般宜采用一班制，因其能利用自然光照，适宜于露天和空中交叉作业，有利于保证安全施工和工程质量。若采用两班或三班制工作可加快施工进度，并且能够使施工机械得到更充分的利用，但会引起技术监督、工人福利以及作业地点照明等方面费用的增加。一般来说，应该尽量把辅助工作和准备工作安排在

第二班内，以使主要的施工过程在第二天白班能够顺利地进行。只有那些使用大型机械的主要施工过程（如使用大型挖土机挖土、使用大型的起重机安装构件等），为了充分发挥机械的效率才有必要采用两班制工作。三班制工作应尽量避免，因为在这种情况下，施工机械的检查和维修无法进行，不能保证机械经常处在完好的状态。三班制施工只有在以下几种情况下采用：①工艺要求不能间断地工作；②从安全施工角度考虑，应尽快完成的工作；③工期有特殊要求的工作。

对于机械化施工过程，如果计算出的工作天数与所要求的时间相比太长或太短，则可以增加或减少机械的台数，从而调整工作的持续时间。在安排每班的劳动人数时，必须考虑：

①最小劳动组合是指某一分项工程要进行正常施工所必需的最低限度人数及其合理组合。

②最小工作面是指每一个工人或一个班组施工时必须要有足够的工作面，才能发挥生产效率，保证施工安全。

③可能安排的人数是指根据现场实际情况（如劳动力供应情况、技工术等级及人数等），在最少必需人数和最多可能人数的范围之内安排的工人人数。如果在最小工作面的情况下，安排了最多人数仍不能满足工期要求时，则组织两班制或三班制施工。

5. 编制施工进度计划的初始方案

编制施工进度计划时，必须考虑各分部分项工程的合理施工组织和立体交叉流水施工，力求主导工序及主要工种的工作队连续施工。

①划分主要施工阶段（分部工程），组织流水施工。首先安排主导施工过程的进度，使其尽可能连续施工，其他穿插施工过程尽可能与它配合、穿插、搭接或平行作业。

②配合主要施工阶段，安排其他施工阶段（分部工程）的施工进度。

③按照工艺的合理性和工序间尽量穿插、搭接或平行作业方法，将各施工阶段（分部工程）的流水作业图表最大限度地搭接起来，即得单位工程施工进度计划的初始方案。

所编制的施工进度计划初始方案，必须满足合同规定的工期要求，否则应进行调整。此外还要保证工程质量和安全文明施工，尽量使资源的需要量均衡，避免出现过大的峰值。

例如，多层混合结构工程主体结构施工是该工程的主导分部工程，应先安排该分部工程中的主导分项工程，即砌墙和吊装楼板的施工进度，而基础工程和装饰等分部工程应服从主体工程的施工进度。当在安排基础和装饰分部工程进度时，挖基础土方和内墙抹灰又分别是该两分部工程中的主导施工过程，也应优先考虑，然后再安排其他分项工程的施工进度。

6. 检查、调整和优化施工进度计划表

编制施工进度时需考虑的因素很多，初步编制时往往会顾此失彼，难以统筹全局。因此初步进度仅起框架作用，编制后还应进行检查、平衡和调整。一般应检查以下几项：

①各分部分项工程的施工时间和施工顺序的安排是否合理。

②安排的工期是否满足规定要求。

③所安排的劳动力、施工机械和各种材料供应是否能满足，资源使用是否均衡，主要施工机械是否充分发挥作用及利用的合理性等。

经过检查，对不符合要求的部分，可采用增加或缩短某些分项工程的施工时间；在施工顺序允许的情况下，将某些分项工程的施工时间向前或向后移动；必要时，改变施工方法或施工组织等方法进行调整。调整某一分项工程时要注意它对其他分项工程的影响，进而做资源和工期优化，使进度计划更加合理，形成最终进度计划表。

通过调整可使劳动力、材料的需要量更为均衡，主要施工机械的利用更为合理，这样可避免或减少短期内资源的过分集中。无论是整个单位工程还是各个分部工程，其资源消耗都应力求均衡。

资源消耗的均衡程度常用资源动态图和资源不均衡系数 K 来表示。资源动态图是把单位时间内各施工过程消耗某一种资源的数量进行累计，然后把单位时间内所消耗的总量按统一比例绘制而成的图形，考察该图形的离散程度，离散程度越小，表明该资源的消耗比较均衡。资源不均衡系数 K 一般控制在 1.5 左右为最佳，当有几个单位施工工程统一调配资源时该值可适当放宽。其计算公式如下：

$$K=\frac{R_{max}}{\overline{R}} \tag{5.3}$$

式中 R_{max}——单位时间内资源消耗的最大值；

$\overline{R}$——该单位施工期内资源消耗的平均值。

5.4 单位工程施工资源需要计划

单位工程施工进度计划确定以后，根据施工图样、工程量数据、施工方案、施工进度计划等有关技术资料，编制劳动力、材料、构配件、施工机械、器具等资源需要量计划，用于确定建筑工地的临时设施，并按照施工先后顺序，组织材料的采购、运输、现场的堆放、调配劳动力和大型设备的进场。资源需要量计划不仅是为了明确各种技术工人和各种技术物资的需要量，还是做好劳动力与物资的供应、平衡、调度、落实的依据，也是施工单位编制月、季生产作业计划的主要依据之一。

5.4.1 劳动力需要量计划

劳动力需要量计划主要是调配劳动力、安排生活和福利设施。其编制方法是将单位工程施工进度计划表内所列各施工过程中每单位时间（天、旬、月）所需工人人数，按工种汇总列成表格，送交劳动人事部门统一调配，其表格形式见表 5.3。

表 5.3 劳动力需要量计划

序号	工种名称	人数	月份需用人数									备注
			1月	2月	3月	4月	5月	6月	7月	8月	……	
1												
2												
…												

5.4.2 主要材料需要量计划

主要材料需要量计划是根据施工预算中供料分析表、施工进度计划表、材料的储备和消耗定额、工程量，按材料名称、规格、使用时间并考虑材料、构配件的贮存和损耗情况进行统计并汇总成表，送交材料供应部门和有关部门组织采购和运输，其表格形式见表 5.4。

表 5.4 主要材料需要量计划

序号	材料名称	规格	需要量		月份需要时间							备注
			单位	数量合计	1	2	3	4	5	6	7	

5.4.3 构件和半成品需要量计划

构件和半成品需要量计划，是根据施工图纸和施工进度计划表而编制，其作用是落实加工订货单位，按照所需规格、数量、时间组织加工和运输，并确定仓库或堆场面积，其表格形式见表5.5。

表5.5 构件和半成品需要量计划

序号	构件名称	规格	图号型号	需要量	使用部位	加工量	加工单位	供应时间	备注

5.4.4 施工机械需要量计划

根据所采用的施工方案和施工进度计划，确定施工机械和设备的型号、规格、数量、进退场时间等，汇总成表。在安排施工机械进场日期时，有些大型机械应考虑铺设轨道及安装时间，如塔式起重机、打桩机械等，其表格形式见表5.6。

表5.6 施工机械需要量计划

序号	机具名称	规格型号	需要量	来源	使用起止日期	备注

5.5 单位工程施工单位图设计

单位工程施工平面图是用以指导单位工程施工的现场平面布置图，它涉及与单位工程有关的空间问题，是施工总平面图的组成部分。单位工程施工平面图设计的主要依据是单位工程的施工方案和施工进度计划，一般按1∶200～1∶500的比例绘制。

5.5.1 施工平面图设计的内容

单位工程施工平面图应表明以下内容：

①施工现场内已建和拟建的地上和地面以下的一切建筑物、构筑物以及其他设施。

②移动式起重机的开行路线、其他垂直运输机械以及其他施工机械的位置，如井架、混凝土搅拌机等。

③地形等高线、测量放线标志桩位置和有关取弃土方的场地位置。

④为施工服务的一切临时设施的位置和要求的面积，主要有工地内外的运输道路，各种材料、半成品、构配件以及工艺设备堆放的仓库和场地。

⑤装配式结构构件制作和拼装的地点。

⑥生产、行政管理和生活用的临时建筑，如办公室、工作车间、食堂等。

⑦临时供水、供电、排水的各种管线。

⑧一切安全和消防设施的位置，如高压线、消火栓的布置位置等。

上述内容，应根据工程规模、施工条件和生产需要适当增减。例如，当现场采用商品混凝土时，混凝土的制备往往在场外进行，则施工现场的临时堆场较为简单；但现场的临时道路要求相对高一些，路面必须硬化，宽度应在 6 m 以上，以方便会车。当工程规模较大，各施工阶段或分部工程施工比较复杂时，其施工平面图应根据情况分阶段地进行设计。

5.5.2 施工平面图设计的依据

单位工程施工平面图应在施工设计人员踏勘现场、取得现场第一手资料的基础上，根据施工方案和施工进度计划的要求进行设计。设计时依据的资料有以下几方面：

1. 建设地区的原始资料

①自然条件调查资料，包括气象、地形、工程地质及水文等资料。这主要用以解决由于气候(冰冻、洪水、大风冰雹等)、运输等因素而带来的相关问题，也用于布置地表水和地下水的排水沟，确定易燃、易爆及有碍人体健康设施的位置，安排冬、雨期施工期间所需设施的地点。

②建设地域的竖向设计资料和土方平衡图。这用以考虑水、电管线的布置和安排土方的填挖及弃土、取土位置。

③建设单位及施工现场附近可供利用的房屋、场地、加工设备及生活设施。这用以确定临时建筑及设施所需要的数量及其平面位置。

2. 设计资料

①建筑总平面图。这用以正确确定临时用房及其他设施位置，以及修建现场运输道路和解决现场排水问题等。

②一切已有和拟建的地下、地上管道位置。这用以确定原有管道的利用或拆除，以及新管线的敷设与其他工程的关系，并避免在拟建管道的位置上搭设临时设施。

3. 施工组织设计资料

①单位工程的施工方案、施工进度计划及劳动力、施工机械需要量计划等。这用以了解各施工阶段的情况，以利于分阶段布置现场，如根据各阶段不同的施工方案确定各种施工机械的位置，根据吊装方案确定构件预制、堆场的布置等。

②各种材料、半成品、构件等的需用量计划。这用以确定仓库、材料堆放场地位置、面积及进行场地的规划。

5.5.3 施工平面图设计的原则

设计单位工程施工平面图时，应考虑以下主要原则：

①在保证施工顺利进行的前提下尽量少占施工用地。除了在解决城市场地拥挤和少占农田方面有重要意义外，对于土木工程施工而言也减少了场内运输工作量和临时水电管网，既便于管理又减少了施工成本。

②在保证工程顺利进行的前提下尽量减少临时设施的用量。为了降低临时工程的施工费用，最有效的办法是尽量利用已有或拟建的房屋和各种管线为施工服务。另外，对必须建造的临时设施，应尽量采用装拆式或临时固定式。临时道路的选择方案应使土方量最小，临时水电系统的选择应使管网线路的长度为最短等。

③最大限度地缩短在场内的运输距离，特别是尽可能减少场内二次搬运。为了缩短运输距离，各种材料必须按计划分期分批地进场，以充分利用场地。合理安排生产流程、施工机械的位置，材料、半成品等的堆场应尽量布置在使用地点附近。合理地选择运输方式和工地运输道路的铺设，以保证各种建筑材料和其他资源的运输距离及转运次数为最少；在同等条件下，应优先减少楼面上的水平运输工作。

④要符合劳动保护、技术安全、消防和文明施工的要求。为了保证施工的顺利进行，要求场内道路畅通，机械设备所用的缆绳、电线以及排水沟、供水管等不得妨碍场内交通。易燃设施（如木工房、油漆材料仓库等）和有碍人体健康的设施应满足消防、安全要求，并布置在空旷和下风处。主要的消防设施（如灭火器等）应布置在易燃场所的显眼处并设有必要的标志。

5.5.4 施工平面图设计的步骤

1. 起重运输机械的布置

起重运输机械的位置直接影响搅拌站、加工厂及各种材料、构件的堆场或仓库等的位置和道路、临时设施及水、电管线的布置等，因此它是施工现场全局布置的中心环节，应首先确定。

单位工程所用垂直起重机械依其结构规格不同，其布置原则和要求也各有不同。

（1）固定式起重机械

布置固定式垂直运输机械（如井架、桅杆式和定点式塔式起重机等），主要应根据机械的运输能力、建筑物的平面形状、施工段划分情况、最大起升荷载和运输道路等情况来确定。其目的是充分发挥起重机械的工作能力，并使地面和楼面的运输量最小且施工方便。一般低、中层砖混结构多采用井架（或龙门架）卷扬机；中、高层结构或多栋房屋同时施工时，多以塔式起重机为主。

通常，当建筑物各部位高度相同时，布置在施工段界线附近；当建筑物高度不同或平面较复杂时，布置在高低跨分界处或拐角处；当建筑物为点式高层时，采用内爬式塔式起重机布置在建筑物中间或转角处，这些布置的特点是使各施工段上的楼面水平运输互不干扰且服务范围广。

（2）轨道式起重机械

轨道式起重机械的布置，主要取决于建筑物的平面形状、大小和周围场地的具体情况。应尽量使起重机在工作幅度内能将建筑材料和构件直接运到建筑物的任何施工地点，避免出现运输死角。但有时难免会出现局部死角，应采取其他措施解决。

（3）自行杆式起重机械

自行杆式起重机主要用于结构安装工程。布置起重机的开行路线时，要考虑建（构）筑物的平面形状、构件的质量、安装高度、安装方法等，并在吊装各楼层及屋面的构件时考虑起重机的最小起重臂长的影响，避免起重臂与已建结构或构件相碰撞。起重机的开行路线宜尽量短，尤其对汽车式或轮胎式起重机，尽量使其停机一次能吊装足够多的构件，避免反复设置支腿影响吊装速度。

2. 搅拌机械的布置

考虑到运输和装卸料的方便，搅拌站、材料和构件堆场、仓库的位置应尽量靠近使用地点或在起重机服务范围以内，以缩短运输距离，避免二次搬运。根据施工阶段、施工部位和垂直运输机械类型的不同，布置中一般应遵循以下几点要求：

①当采用塔式起重机进行垂直运输时，材料和构件的堆场以及搅拌机出料口的位置，应布置在塔式起重机的有效服务范围内；当采用固定式垂直运输设施时，宜布置在垂直运输设施附近；当采用自行杆式起重机进行水平或垂直运输时，应沿起重机的开行路线布置，且其位置应在起重机的最大起重半径范围内。

②多种材料同时布置时，对大宗的、质量大的和先期使用的材料尽可能靠近使用地点或在垂直运输设施附近布置；而少量的、轻的、后期使用的材料则可布置得稍远一些。如砂、石、水泥等大宗材料，应尽量布置在搅拌站附近，使搅拌材料运至搅拌机的运输距离尽量短。按不同的施工阶段使用不同材料的特点，在其相同的位置上可先后布置不同的材料。

③施工现场仓库位置，应根据其材料使用地点优化确定。各种加工厂位置，应根据加工品使用地点和不影响主要工种工程施工为原则，通过不同方案优选来确定。

3. 材料堆场和仓库布置的总要求

尽量要方便施工，运输距离较短；避免二次搬运以提高生产效率和节约成本。应根据施工阶段、施工位置的标高和使用时间的先后确定布置位置。一般有以下几种布置：

①建筑物基础和第一层施工时所用的材料应尽量布置在建筑物的附近，并根据基槽（坑）的深度、宽度和放坡坡度确定堆放地点，与基槽（坑）边缘保持一定的安全距离，以免造成土壁塌方事故。

②第二层以上施工用材料、构件等应布置在垂直运输机械附近。

③砂、石等大宗材料应布置在搅拌机附近且靠近道路。

④当多种材料同时布置时，对大宗的、质量较大的和先期使用的材料，应尽量靠近使用地点或垂直运输机械；少量的、较轻的和后期使用的材料则可布置在稍远处；对于易受潮、易燃和易损的材料则应布置在仓库内。

⑤在同一位置上按不同施工阶段先后可堆放不同的材料。如混合结构基础施工阶段，建筑物周围可堆放毛石，而在主体结构施工阶段时可在建筑物四周堆放标准砖。

当材料和构配件仓库、堆场位置初步确定以后，应根据材料储备量来确定所需面积。即

$$A=\frac{Q\cdot T_n\cdot K}{T_Q\cdot q\cdot K_1} \tag{5.4}$$

式中 A——仓库、堆场所需的面积，m^2；

Q——计算时间内材料的总需用量，可根据施工进度计划求得；

T_n——材料在现场的储备天数，应根据该材料的供应、运输和工期需要确定，也可查表 5.7 作为参考；

K——材料使用不均衡系数，可根据计算或查表 5.7 确定；

T_Q——计算进度内的时间，即该材料的使用时间；

q——该材料单位面积的平均储备量，可查表 5.7 和表 5.8 确定；

K_1——仓库、堆场的面积有效利用系数，可查表 5.7 和表 5.8 确定。

表 5.7 计算仓库面积的有关参考系数

序号	材料半成品	单位	储备天数 T_n	不均衡系数 K	每平方米储存定额 q	面积有效利用系数 K_1	仓库类别	备注
1	水泥	t	30～50	1.5	1.5～1.9	0.65	封闭	堆高 12 袋
2	砂石	m^3	30	1.4	1.2～2.5	0.7	露天	堆高 2 m
3	块石	m^3	15～30	1.5	1	0.7	露天	堆高 1.2 m
4	钢筋（R）	t	30～50	1.4	2～2.4	0.6	露天	堆高 0.5 m
5	钢筋（p）	t	30～50	1.4	0.8～1.2	0.6	露天	堆高 1 m
6	型钢	t	30～50	1.4	0.8～1.8	0.6	库或棚	堆高 0.5 m
7	木材	m^3	30～45	1.4	0.7～0.8	0.5	露天	堆高 1 m
8	门窗扇框	m^3	30	1.2	2～2.8	0.6	露天	堆高 2 m
9	木模板	m^3	3～7	1.4	4～5	0.7	露天	堆高 2 m
10	钢模板	m^3	3～7	1.4	1.2～2	0.7	露天	堆高 1.8 m
11	标准砖	千块	15～30	1.2	0.7～0.8	0.6	露天	堆高 2 m

表 5.8 钢筋和钢筋混凝土预制件堆存系数

序号	材料半成品	堆置高度/层	面积利用系数 K_1	每平方米面积堆置定额
1	两类钢筋骨架	3	0.67～0.7	0.05 t
2	板类钢筋骨架	3	0.5	0.04 t
3	屋面板构件	5	0.6	0.23 m^2
4	空心板构件	6	0.6	0.4 m^2
5	大型梁类构件	1～2	0.6～0.7	0.28 m^2
6	小型梁类构件	6	0.6～0.7	0.8 m^2
7	其他构件	5	0.6～0.7	0.8 m^2

4. 现场作业车间的布置

单位工程现场作业车间主要包括钢筋加工车间、木工车间等，有时还需考虑金属结构加工车间和现场小型预制混凝土构件的场地。现场预制件加工厂应布置在人员较少往来的偏僻地区，并要求靠近砂、石堆场和水泥仓库；加工厂（如木工棚、钢筋加工棚）的位置，宜布置在建筑物四周稍远的位置，且应有一定的材料、成品的堆放场地，应远离办公、生活和服务性房屋，远离火种、火源和腐蚀性物质。作业车间面积的计算公式为

$$A=\frac{Q\cdot K}{T\cdot R\cdot K_1} \tag{5.5}$$

式中 A——作业车间的面积，m^2；

Q——车间加工总量；

K——生产不均衡系数；

R——产量指标，可查表 5.9 确定。

T——生产时间，由进度确定；

K_1——场地利用系数，可查表 5.9 确定。

表 5.9 现场制作车间面积参考指标

名称	单位	不均衡系数		R	K_1	备注
		年度	季度			
钢筋车间	t	1.5	1.5	0.37～0.55 t/(m^2·月)	0.6～0.7	作业棚 20%
混凝土预制构件场	m^2	1.3	1.3	屋架、屋面板 0.2 其他 0.5 m^3/(m^2·月)	0.6	露天预制 自然养护
粗木车间	m^3	1.5～1.6	1.2～1.3	0.5～2 m^3/(m^2·月)	0.6～0.7	作业棚 20%
金属焊接场	t	1.5～1.6	1.2～1.3	0.6～0.7 t/(m^2·月)	0.6～0.7	露天

5. 场内临时施工道路的布置

为便于单位工程施工材料的水平运输，现场运输道路应按照材料和构件运输的需要，沿着仓库和堆场进行布置。应当尽可能利用永久性道路或先做好永久性道路的路基，在交工之前再铺路面。道路宽度要符合规定，通常单行道不应小于 3 m，双行道不应小于 6 m，具体取值可参考表 5.10。

表 5.10 现场道路宽度参考指标

车辆类别及要求	道路宽度/m	车辆类别及要求	道路宽度/m
汽车单行道	≥3.0	平板拖车单行道	≥4.0
汽车双行道	≥6.0	平板拖车双行道	8.0

布置时应保证车辆行驶通畅，有回转的可能，最好能围绕建筑物布置成一条环形道路，便于运输车辆回转、调头。若无条件布置成一条环形道路，应在适当的地点布置回车场。道路两侧一般应结合地形设置排水沟，沟深不小于 0.4 m，底宽不小于 0.3 m。

6. 临时供水、供电、安全消防设施的布置

临时供水，应先进行用水量、管径计算，然后进行布置。单位工程的临时供水管网，一般采用枝状布置方式。供水管径可通过计算或查表选用，一般面积为 5 000～10 000 m^2 的建筑物，其施工用水主管直径为 50 mm，支管直径为 25 mm。还应将供水管分别接到各用水点（如砖堆、石灰池、搅拌站等）附近，分别接出水龙头，以满足现场施工用水需要。在保证供水的前提下，应使管线越短越好，管线可暗铺，也可明铺。

工地内要设置消火栓，消火栓距离建筑物不应小于 5 m，也不应大于 25 m；距路边不大于2 m，且最好在转弯处。工地上总用水量包括施工用水、生活用水和消防用水，具体计算方法可参阅建筑施工手册。

临时供电，也应先进行用电量和导线截面计算（计算方法参阅建筑施工手册），然后进行布置。单位工程的临时供电线路，一般采用枝状布置，其要求如下：

①尽量利用原有的高压电网及已有变压器。

②变压器应布置在现场边缘高压线接入处，离地应大于 30 cm，在 2 m 以外四周设置高度大于 1.7 m 铁丝网防护栏，并有明显的标志。不要把变压器布置在交通道口处。

③线路应架设在围墙边或道路一侧，距在建工程或脚手架应大于 4 m，架设高度应不低于 4 m，跨越道路时应不低于 6 m，电杆间距一般为 25～40 m，分支线及引入线均应在杆上横担处连接。

④线路应布置在起重机械的回转半径之外。否则必须搭设防护栏，其高度要超过线路 2 m，机械运转时还应采取相应措施，以确保安全。现场机械较多时，可采用埋地电缆代替架空线路，以减少互相干扰。

⑤供电线路跨过材料、构件堆场时，应有足够的安全架空距离。

⑥各种用电设备的闸刀开关应单独设置，不容许一闸多机使用，闸刀开关的安装位置应便于操作。

⑦配电箱等在室外时，应有防雨措施，严防漏电、短路及触电事故。

技术提示

单位工程施工组织设计是以单位工程为对象编制的，直接用以指导现场施工生产活动的技术经济文件。随着建筑业的改革，建设工程实行招标投标制，建设监理制后单位工程施工组织设计有着不同的内涵，它不仅是指导施工的具体技术经济文件，而且也是施工企业是否获得中标的关键，故单位工程施工组织设计分标前设计和标后设计两种。

【知识拓展】

工程质量的关键是从全面质量管理的角度，建立质量保证体系，采取切实可行和有效措施，从材料加工、运输、堆放、施工、验收等各方面去保证质量。保证质量的措施应从以下几个方面考虑：

①确保工程定位放线、轴线尺寸、标高测量等准确无误的措施。

②对复杂地基的处理，应采取保证地基承载力符合设计要求的技术措施。

③确保各种基础、地下结构施工质量的措施。

④对主体承重结构各主要施工过程的质量要求，各种预制承重构件检查验收的措施；各种材料、半成品、砂浆、混凝土等检验及使用要求。

⑤对新结构、新工艺、新材料、新技术的施工操作提出质量措施或要求。

⑥确保屋面防水、装饰工程的施工质量措施。

⑦季节性施工的质量措施；消除质量通病及其预防措施。

⑧执行施工质量的检查、验收制度。

⑨提出各分部工程的质量评定的目标计划等。

5.6 单位工程施工组织设计实例

为使读者对单位工程施工组织设计有一个全面、完整的认识，本工程模拟选录了一个多层混合结构的民用房屋的施工组织设计为实例，作为教学参考，由于篇幅限制，其中部分内容从简。

5.6.1 工程概况

本工程为北京某高档住宅区施工组织总设计，工程地点位于北京，总建筑面积为31 967.58 m^2。各单体建筑情况见表5.11。

表5.11 各单体建筑情况

名称	建筑面积/m^2	层数及各层面积/m^2	数量/栋	建筑面宽/m	进深/m	高度/m	建筑等级	防火等级	结构	抗震烈度	防水等级
A型 独体豪华居住型	436.36	3层 210.00，158.00，68.36	10	19.67	16.37	9.70 女儿墙	二级	二级	砖混	7度	Ⅲ级
B型 独体豪华休闲型	419.76	3层 198.90，153.50，67.36	8	18.69	14.70	9.70 女儿墙	二级	二级	砖混	7度	Ⅲ级
C型 独体舒适居住型	387.07	3层 195.00，128.00，64.07	10	13.20	15.22	10.20 屋脊	二级	二级	砖混	7度	Ⅲ级
D型 独体舒适休闲型	366.52	3层 189.00，141.00，36.52	9	15.24	13.92	10.80 屋脊	二级	二级	砖混	7度	Ⅲ级
E型 独体普通居住型	327.32	2层 171.00，156.32	10	13.74	14.76	10.10 檐口	二级	二级	砖混	7度	Ⅲ级

续表 5.11

名称	建筑面积/m²	层数及各层面积/m²	数量/栋	建筑面宽/m	进深/m	高度/m	建筑等级	防火等级	结构	抗震烈度	防水等级
G型独体经济型	275.56	3层 154.40，105.30，15.86	9	14.34	14.04	9.00 屋脊	二级	二级	砖混	7度	Ⅲ级
H型联体普通型	214.66	3层 110.29，78.20，26.17	14	21.87	14.16	9.00 屋脊	二级	二级	砖混	7度	Ⅲ级

1. 基础工程

本工程基础为混凝土条形基础和钢筋混凝土独立基础。

2. 墙体工程

本工程除注明外均采用 240 mm 厚 MU10 多孔砖和 120 mm 厚 MU10 多孔砖，轴线居中。隔墙及阳台隔板为 100 mm 厚陶粒混凝土隔墙板，陶粒混凝土板的安装固定采用板内预埋铁件与主体结构钢筋焊接。外墙保温采用外墙外贴 50 mm 厚聚苯板保温层。

3. 门窗工程

车库门为卷帘门，内门为装饰木门，外门窗均为塑钢门窗。一层外窗均加窗护栏。

4. 外装修工程

外饰面为深黄色和白色涂料，墙裙为灰色仿石砖，阳台为铁艺栏杆。台阶档墙贴仿石砖。散水坡为水泥砂浆。玻璃幕墙为铝合金隐框保温幕墙。玻璃幕墙与每层楼板、隔墙之间的缝应采用不燃材料填充且厚度不小于 100 mm。

5. 内装修工程

主要装修为白色内墙涂料、卫生间釉面砖墙面、大理石及地砖地面，部分房间为复合木地板，另外，还有水泥砂浆地面及细石混凝土地面。

所有房间阳角均用 1∶2 水泥砂浆做护角，护角宽 100 mm、高 2 000 mm。

凡用水房间楼地面应低于相邻房间地面 20 mm，设地漏房间地面均以 0.5%坡度坡向地漏，用水房间楼地面防水层均上卷 300 mm，卫生间及淋浴间结构楼板比相邻房间结构楼板低 50 mm，装修完成面比相邻房间低 20 mm。

6. 防水工程

本工程防水层采用 SBS 改性沥青防水卷材，卫生间采用聚氨酯防水涂料防水，侧墙泛水到顶。

7. 设备设施

本工程主要包括生活给水、排水系统，所有卫生器具均为节水型。

8. 综合布线

弱电设有综合布线系统、监控系统及有线电视。

9. 其他注意事项

①施工时请与各专业密切配合，对各专业预留洞口施工前应与有关技术人员核对其数量、位置、尺寸后方可施工，以确保工程质量。

②楼板预留洞待设备管道安装完毕后用 C20 细石混凝土封堵密实，其耐火极限应相当同一层楼板。

③选用标准图中如有预埋件、预留洞，请按标准图预留。

④预埋木砖及贴邻墙体的木质面均做防水处理，外露铁件均做防锈处理。

⑤施工过程中请严格执行国家《建设工程安全生产管理条例》及其他生产安全和劳动保护方面的法律法规。

⑥施工过程中请严格执行国家现行工程施工及验收规范。

⑦本施工图如需更改，应经设计院认定同意提出设计变更及修改意见后方可改动。

⑧本施工图须经主管部门审批后方可施工。

5.6.2 施工准备

施工准备工作内容及责任部门见表5.12。

表5.12 施工准备

项目	工作内容	责任部门
现场准备	临时道路、场地规划及施工	工程部
	临时设施施工	工程部
	场地平整定位	工程部
	大型设备进场	物资部
技术准备	图纸会审	技术质量部
	编制现场施工平面布置图	技术质量部
	编制施工组织设计	技术质量部
	编制关键工序施工方案	技术质量部
	提出材料需用量计划	经营部
	编制施工图预算	经营部
物资准备	建筑材料进厂	物资部
	施工用具机具进场	物资部
劳动组织准备	组织劳动力进场	经营部
	采购合同签订	经营部

1. 技术准备

①按施工及设计要求，准备好相关的技术规范及施工图集。将工程所需的各种规范、图集、标准、法规及新工艺等在开工前准备齐全，组织有关工程技术人员学习、掌握。

②在工程开工前组织各专业工程技术人员熟悉、审阅图纸，将看图过程中发现图纸中存在的遗漏、相互矛盾、实际施工可能遇到的问题及存在疑问等整理汇总，在设计交底会上与设计单位协商解决，经其确认后下发有关施工技术人员并整理存档。

③收集工程前期设计、招标资料，包括工程特点、工期要求、质量要求、技术的难点资料，为制定施工方案及现场布置做好准备。

④对工程的地形与环境条件、地下障碍物、工程水文、地质条件、气候条件进行调查。

⑤按总平面图的要求，到施工现场复测出建筑物的精确位置，引出主要的有关轴线，设置并保护好轴线控制网及标高控制点，办理测量放线手续，保证顺利放线定位。

⑥落实好的货源，做好各种材料的检验、化验工作，按设计要求做好混凝土及砂浆的配比试验工作。

⑦现场质量控制。项目经理部严格把好质量关，做到对施工全过程的质量控制，在工地上设立

质量责任区，组织质量责任考核，对劳务人员开展质量教育、质量奖惩，建立质量样板层、样板间，进行质量自检、互检、专检，组织QC小组，开展质量攻关，推行“三全”现场管理标准化活动，努力创造有利于提高质量水平的管理环境。本工程的总体质量目标为：确保所有分项合格率100%，主体工程、基础工程、关键部位均符合优良标准，质量保证，资料真实、完整、规范、及时、符合规定。

施工方案一览表见表5.13。

表5.13 施工方案一览表

序号	方案名称	编制部门
1	施工组织设计	技术科
2	质量计划	质量科
3	临时用水方案	水电专业
4	临时用电方案	水电专业
5	试验方案	质量科
6	计量方案	质量科
7	测量方案	技术科
8	钢筋工程施工方案	技术科
9	模板工程施工方案	技术科
10	混凝土施工方案	技术科
11	防水工程施工方案	技术科
12	屋面工程施工方案	技术科
13	装饰工程施工方案	技术科
14	脚手架施工方案	技术科
15	水电及暖通施工方案	技术科
16	机械安装设计及拆除施工方案	工程科
17	现场文明施工措施及环境保护措施	工程科
18	现场消防保卫措施	工程科
19	安全防护措施	工程科
20	成品保护措施	技术科
21	季节性施工	技术科

2. 主要器具配置

①工程测量及检测仪器一览表见表5.14。

表 5.14　工程测量及检测仪器一览表

序号	设备名称	规格型号或精度	数量	产地	制造年份
1	高精度全站仪	(1+1 ppm) /0.5″	1	江苏	2004
2	经纬仪	J2	4	北京	2006
3	水准仪	DS32	8	江苏	2005
4	塔尺	5 m	8	江苏	2006
5	检测尺	2 m	15	天津	2006
6	钢卷尺	50 m	4	哈尔滨	2006
7	钢卷尺	30 m	10	哈尔滨	2006
8	钢卷尺	5 m	20	天津	2006
9	条式水平尺	2 mm/m	8	天津	2005
10	游标卡尺	0.02 mm	2	天津	2005
11	磁力线坠	5 m	4	天津	2005
12	大线坠	10 kg	1	哈市	2004
13	墨斗		4	哈尔滨	2007
14	钢板尺	300 mm	2	哈尔滨	2006
15	直角尺	500 mm×250 mm	2	哈尔滨	2006
16	噪声监测仪		1台	北京	2005

②工程试验仪器见表 5.15。

表 5.15　工程试验仪器

序号	设备名称	数量
1	磅秤	2 台
2	天平	1 个
3	坍落度桶	6 个
4	混凝土试模	15 组
5	回弹仪	1 台
6	温度计	4 根
7	养护箱	5 个
8	混凝土抗渗试模	2 组
9	砂浆试模	4 组
10	环刀	1 套

3. 生产准备

(1) 施工队伍的选择

施工队伍选用参加过类似工程施工、具有较强实力的整建制劳务施工队伍。根据定额工程量和以往的施工经验，合理布置劳动力，控制内部的工人技术等级比例，确定合理的劳动组织，并经过优化组合，加强人员高度管理，开展技术革新，以满足施工高峰期对人员的需要，使人力资源得到充分、合理的运用。

(2) 劳动力管理

根据有关要求及行业规定严格执行施工人员管理制度，与所有施工队伍签订劳务合同，加强劳务管理、明确人员分工，做到有计划、有落实、有检查。所有工人在进场前必须严格进行“三级”教育，考核并颁发上岗证。分队组编制组织上岗培训，主要有规章制度、安全施工、基本操作技术和精神文明教育4个方面。进场施工人员必须“三证”齐全，进场后按分包关系统一着装，佩带填有表明单位、工种（职位）、照片等内容的身份胸卡，加强进出场管理。落实施工计划和技术责任制，施工前对施工人员按管理系统逐级进行交底，交底内容包括：工程施工进度计划和月、旬作业计划；各项安全技术措施，降低成本措施和质量保证措施；质量标准和验收规范要求；以及设计变更和技术核定事项等，必要时进行现场示范。

4. 劳动力计划

根据施工部署及进度计划要求，本工程劳动力计划见表5.16。

表5.16 劳动力计划

工种	按工程施工阶段投入劳动力情况/人			
	基础	主体	装饰装修	收尾找零
力工	100	140	140	50
钢筋工	25	50	5	0
模板工	50	80	5	5
混凝土工	50	40	10	5
瓦工	50	80	20	10
抹灰工	10	15	160	20
架子工	50	50	50	25
电工	5	8	35	50
水暖工	5	8	40	40
电焊工	8	15	15	5
防水工	2	5	10	15
修理工	4	5	5	5
机械手	12	8	8	8
油工	0	10	20	80
合计	391	514	523	318

5. 物资、设备准备

按设计图纸及进度计划编制详细的物资采购计划，采购部门对以往与公司有合作关系的合格分供方进行再次评价，认为其仍为合格分供方后进行采购，所有采购物资均需有合格证明文件。做好大型机具（塔吊及混凝土搅拌站等）设备进场准备。

(1) 现场试验室、试验工作计划

①在施工现场设置养护箱，主要用作混凝土及砂浆试块的制作及养护，并设立专职试验员负责施工过程中各种材料、成品的试验检测工作。

②结合相应规范、标准及工程师要求，本工程试验计划见表5.17。

表 5.17　工程试验计划

序号	施工阶段	试验项目
1	土建施工	水泥、砂、碎石、多孔砖、隔墙板、钢材、焊件、混凝土试块、砂浆试块、防水卷材、回填土、聚苯板
2	装饰装修施工	墙砖、门窗、涂料
3	水电施工	阀门、开关、插座

注：其他未提及项目按有关规范及设计要求进行测试

（2）材料准备

①由于本工程所使用的材料种类多，项目部要建立一套完整的材料管理体系，从材料计划、货源选择、材料送批、订货、运输、验收检验做到三级审核，保证材料、设备的规格、型号、性能等技术指标明确、数量准确。

②施工前认真核实施工图纸、设计说明及设计变更文件，及时准确地编制施工预算、列出明细表。根据施工进度计划的要求进行施工预算材料分析，编制建筑材料需用量计划，为制定材料采购计划、施工备料、确定仓库和料场面积以及组织运输提供依据。

③根据材料计划，请建筑师、监理单位共同考察供货厂家，实行采购招标，做到货比三家，确保所选拔的生产厂家信誉好，能保证资源充足、供货及时、质量好、价格合理。

④对加工工艺复杂、加工周期长的材料，在要求的时间内，提前将样品及有关资料报监理工程师审批；同时专门编制工艺设备需用量计划，为组织运输和确定堆放面积提供依据。

⑤在材料的采购方面积极采用建设部推荐采用的新型材料。

⑥在施工中选用的材料除了保证常规的质量要求之外，要充分考虑到结构的耐久性和满足使用功能，切实做到百年大计、质量第一的目标。

⑦本工程施工现场材料种类多，因此在现场设材料调度机构，负责全天的材料进场协调，以能满足施工需要，灵活调拨。生产部门合理安排施工计划，制订详细的构件、材料运输计划，保障各种材料能分期、分批到场，减少现场占用率。材料部门负责各种材料及料场标志，避免混乱，且建立台账，完善进出库手续。

6. 施工用电准备

本工程临时用电由生产用电、生活区用电和消防用电 3 部分组成，临电接地系统采用 TN－S 方式，电源由甲方在现场提供的变压器引出，在施工现场设配电室、值班室各一间，内设总配电箱一台，现场用电由总配电箱供至现场。现场所用电缆均采用 VV29 铜芯电缆，电缆的绝缘电阻不得低于 10 mΩ，电缆埋设深度不小于 0.8 m，电缆上、下各敷设 5～10 cm 细砂或软土，上端满敷红砖或硬物保护。现场临电负荷见表 5.18。

表 5.18　现场临电负荷

序号	名称	规格	数量	功率/kW	总功率/kW
1	塔吊	QT40	6	27.4×6	164.4
2	混凝土搅拌机	750	2	15×2	30
3	搅拌机	350	12	7.5×2	90
4	钢筋切断机	QJ40－1	2	5.5×2	11
5	钢筋弯曲机	WJ40－16－40	2	3.5×2	7
6	钢筋调直机	GP12	2	3×2	6

续表 5.18

序号	名称	规格	数量	功率/kW	总功率/kW
7	直流电焊机	AX－500	2	26	52
8	交流电焊机	BX3－300－2	2	11.5	23
9	混凝土振捣器	HZ6X－50	20	1.1×20	22
10	平板振捣器	HG2－20	4	2.2	8.8
11	打夯机	HZ－380A	10	4×10	40
合计					378.2 kW 75 kVA

考虑以上各台机械设备不可能同时使用，现场设一台 500 kV·A 变压器。施工用电由变压器引至工地配电室，再引至分配电柜，再经配电箱引至操作部位及各机械设备。

7. 施工用水准备

(1) 一般生产用水中的每个单位工程的施工用水量（考虑混凝土养生 20 m³、浇砖 5 万块、搅拌机清洗及搅拌砂浆 25 m³ 同时进行）

$$q_1 = K_1 \times \sum Q_1 N_1 / t \times K_2 / (8 \times 3\,600)$$

式中 q_1——施工用水量；

K_1——未预计的施工用水系数（此处取为 1.1）；

Q_1——年（季）工程量；

N_1——各工种施工用水定额（养生、搅拌砂浆取 300 L/m³、浇砖取 250 L/千块、搅拌机清洗 600 L/台班）；

K_2——每班用水不均衡系数（现场施工用水取 1.5）；

t——每天工作班数，按每天一班计。

(2) 施工机械用水

$$q_2 = K_1 \times \sum Q_2 N_2 K_3 / \ (8 \times 3\,600)$$

式中 q_2——施工机械用水量，L/s；

Q_2——同一种机械台数；

N_2——该种机械台班用水定额；

K_3——施工机械用水不均衡系数；

K_1——未预见的用水修正系数。

此处无耗用水机械，故不计算此项用水量。

(3) 施工现场生活用水量

$$q_3 = P_1 N_3 K_4 / t \times \ (8 \times 3\,600)$$

式中 q_3——施工现场生活用水量，L/s；

P_1——施工现场高峰昼夜人数；

N_3——施工现场生活用水定额；

K_4——施工现场用水不均衡系数；

t——每天工作班数。

(4) 生活区生活用水量

$$q_4 = P_2 N_4 K_5 / \ (24 \times 3\,600)$$

式中 q_4——生活区生活用水量，L/s；

P_2——生活区居民人数；

N_4——生活区昼夜全部生活用水定额，每一居民每昼夜按 100 L/s 考虑；

K_5——生活区用水不均衡系数（此处取为 2.4）。

（5）消防用水

本工程施工现场及生活区消防用水查消防用小定额取 10 L/s。

$$q_5 = 10\ \text{L/s}$$

（6）总用水量

$$q = q_1 + q_2 + q_3 + q_4$$

供小管直径：$D = \sqrt{\frac{4Q}{\pi V}} = \sqrt{\frac{4\times10}{1\,000\times3.14\times1.5}} = 0.092\ \text{mm}$

式中　V——管中水流速度，m/s，一般生活及施工用水取 1.5 m/s，消防用水取 2.5 m/s，这里取 $V=1.5$ m/s。

5.6.3 主要分部分项施工方法

1. 测量放线

本工程建筑物占地面积较大，测量工作显得尤为重要。为了确保施工进度和精度，提高施测效率，充分体现科学施工的精神，在测量工作中，将全面推行数字化测量控制，为施工过程、施工质量提供控制依据。

本工程施工测量放线工作主要包括结构平面位置测放、楼层标高控制、竖向结构垂直度控制等。

施测布置及任务安排内容如下：

①在进场后首先与建设及相关单位办理红线桩、控制桩的交接工作。

②对所交接的桩点进行校测。

③在原有测量控制（桩点）精度满足要求并布设合理的前提下，原则上沿用原有控制（桩点），并且根据结构施工的特点对其进行加密，形成新的平面控制网和高程控制网。

④楼层放线等细部测量工作按照施工的整体布置进行。

⑤施测顺序为：平面控制网测设→高程控制网测设→细部测设→施工控制测量→检验测量（验线）。

2. 土方施工

（1）土方开挖

①土方开挖前期准备工作内容如下：

a. 现场工程定位放线工作已完成，场区内的控制网点已设立，且不受土方开挖的影响。

b. 开挖边线已用白灰撒好，其范围内的障碍物不影响土方开挖。

c. 地下管线、障碍物已进行可靠的处理。

d. 土方按建设单位要求运至现场指定地点已选好。

②施工机械的选择。

为了加快土方开挖进度，为此工程选用 3 台 WD100 型反铲挖掘机挖土，8 台自卸式汽车配合运土；2 台自卸式汽车配预留 200 mm 厚土层人工挖除。

③本工程中基础为混凝土条形基础，机械挖土预留 200 mm 厚原土人工清槽。

④作业程序为定位放线→开挖→修坡→整平→础施工完毕后进行开挖，故在开挖过程中桩钢筋笼可能影响挖掘铲的正常挖土，因此施工时要特别注意，采取必要的人工挖土。根据设计基底标高

及基础形式确定开挖形式，根据基础的距离采用独立开挖与条形开挖相结合的方式进行。土方采用反铲挖掘机与人工相结合开挖，自卸汽车运至场区内指定地点施工。

⑤土方挖运和平衡：土方开挖前，做好场地平整及土方平衡调配计算，确定该工程填、挖方工程量，为尽量降低土方运费，基础所挖土方根据现场实际情况进行运出，若堆置在施工现场内，必须保证工程正常施工。

⑥基坑开挖后，在施工现场夜晚设红灯警戒。

⑦基础开挖时，根据现场土质情况进行放坡，根据土质情况暂定边坡坡度（高：宽）为1：0.4，施工过程中认真控制好挖土深度。根据建设单位提供的水准点，利用水准仪将±0.00引测至钢管制作的龙门桩上，然后用水准仪随挖随测。

⑧土方挖好后采用生石灰将基础的外框线放好，在基础的外框线四角及横、纵条基础外框交点处打入Φ10 mm短钢筋头，然后用水准仪将基础底标高抬高700 mm标注在钢筋头上，最后进行人工修整至钢筋头向下700 mm，在修整的同时严禁扰动基底持力层，如因特殊原因造成局部超深处严禁用虚土回填，可用C10混凝土逐层填充，回填至设计标高，确保持力层承载力符合设计要求。

⑨人工修整基底土方完成后及时通知建设（监理）单位代表及设计单位、地质勘探部门有关人员进行地基验槽，验槽合格后方可进行下步工程施工。

⑩如因遇雨季，开挖前应做好场地排水措施，防止地表水流入基槽中，现场土质为粉质黏土，无地下水影响，为防止雨水浸泡造成塌方，挖方进行适当放坡。基槽底设排水沟400 mm（宽）×400 mm（深）。集水坑400 mm×400 mm深800 mm，配备污水泵，以便雨期排除雨水，排水沟位置距基础边缘距离不小于400 mm。

（2）土方回填

在基础部分施工完毕且模板全部拆除后，进行自检合格后，再经建设单位、监理单位、设计单位、质量监督站等部门对基础工程验收合格后方可进行土方回填。基础现浇混凝土达到一定强度，方可回填，避免因回填土而使混凝土构件受损伤。

3. 脚手架工程

根据工程结构及施工特点，本工程柱子脚手架采用井字形方架；内墙脚手架采用单排单立杆脚手架；外脚手架搭设采用双排外脚手架。

5.6.4 施工机械计划

拟投入的主要施工机械设备见表5.19。

表5.19 拟投入的主要施工机械设备

序号	机械或设备名称	型号规格	数量	产地	制造年份	额定功率/kW	生产能力	用于施工部位	进出厂计划
1	挖掘机	PC－2	2	日本	2001		120 m³/h	基础	6.30～8.7
2	自卸汽车	15T	8	江苏	2001			基础	6.30～8.7
3	铲车	40	1	柳州	2003			现场	6.30～12.10
4	塔吊	QT40	6	牡丹江	2004	27.4＊6		基础、主体、屋面、装饰	6.30～11.20
5	混凝土搅拌站	750	2	山东	2005	15＊2		基础、主体	6.30～9.2

续表 5.19

序号	机械或设备名称	型号规格	数量	产地	制造年份	额定功率/kW	生产能力	用于施工部位	进出厂计划
6	搅拌机	350	2	哈尔滨	2003	7.5*2	5 m^3/h	基础、主体、屋面、装饰	6.30～11.20
7	钢筋切断机	QJ40－1	2	江苏	2003	5.5*2		基础、主体	6.30～8.30
8	钢筋弯曲机	WJ40－16－40	2	黄山	2002	3.5*2		基础、主体	6.30～8.30
9	钢筋调直机	GP12	2	黄山	2003	3*2		基础、主体	6.30～8.30
10	直流电焊机	AX－500	2	青岛	2001	10*4		基础、主体、屋面、装饰	6.30～11.20
11	交流电焊机	BX3－300－2	2	青岛	2002	9*2		基础、主体、屋面、装饰	6.8～11.1
12	混凝土振捣器	HZ6X－50	10	青岛	2004	1.1*10		基础、主体	6.30～8.30
13	平板振捣器	HG2－20	2	青岛	2004	2.2*2		基础、主体、屋面、装饰	6.30～11.20
14	圆锯机	NJ525	2	哈尔滨	2003	3*2		基础、主体	6.30～8.31
15	打夯机	HZ－380A	2	天津	2002	4*1		基础	6.30～8.10
16	无齿锯		2	佳木斯	2003	2.5*2		基础、主体	6.30～8.10
17	潜水泵		2	大连	2004	2.2*2		基础	6.30～8.2
18	电渣压力焊	HB100	4	哈尔滨	2003	1.2*4		基础、主体	6.30～8.30
19	手推车		50	哈尔滨	2004			基础、主体、屋面、装饰	6.1～12.20

5.6.5 劳动力保障措施及进场计划

1. 劳动力保障措施

为确保工程质量管理及实物质量处于有效受控状态，一方面项目经理部建立精干高效的项目班子与各级管理人员，另一方面选用技术水平过硬、综合素质高的劳动力队伍。因此，施工前，将多年与本公司合作的劳务队伍重新审查其资质、信誉及《施工许可证》《经营手册》《营业执照》《资质等级》等，并根据如下情况，以保证工程的需要：

①劳务队伍的信誉、人员配套情况及近阶段的实际表现。

②劳务队伍的技术素质、施工能力和施工质量能否满足需要。

③劳务单位以往完成的施工对象和合同履行能力等表现。

④劳务队伍选用与我公司有长期合作、配合密切，并富有施工经验的队伍。

针对工程的特点和工期要求，合理准确地安排好施工进度计划（横道图）及相应的确定倒排工期、关键线路的网络计划。根据各时段工程量确定各工种投入的人数，提前联系好，备足精干人员，并预留充足调整人员以备调整时使用。

对现场的施工队伍进行严格的资质审查，施工班组必须配备兼职质量员，随做随检。

对已进场的队伍进行动态管理，不允许擅自扩充和随意抽调，以确保施工素质和人员相对稳定。

未经项目部质量、安全培训的操作工人不允许上岗，定期组织劳务队伍的各种人员进行培训。

加强对劳务单位的管理，凡进场的单位必须配备一定数量的专职协调、质量、安全的管理人员。

根据施工各阶段计划、工期要求和劳动定额用工，安排作业班组。为了保证质量和提高效率，在作业班组基本固定的基础上，组织混合承包队，按项目、部位进行承包，以利于协调工种之间的关系和工序搭接，减少人员调动。

根据现场施工进度情况及关键线路的控制工期要求，及时调整各工种劳动力投入情况，确保既定工期的实现。防止出现延误总工期的情况发生，为工程达到优良标准和如期交工奠定坚实基础。

2. 劳动力计划表

本工程劳动力计划见表5.20。

表5.20 本工程劳动力计划

工种	按工程施工阶段投入劳动力情况/人		
	基础施工阶段	主体施工阶段	屋面及装饰施工阶段
力工	50	40	50
钢筋工	35	50	20
模板工	50	50	20
混凝土工	50	40	20
瓦工	20	60	65
抹灰工	10	60	80
架子工	50	50	55
电工	5	15	10
水暖工	5	10	20
电焊工	8	15	15
防水工	2	10	15
修理工	4	5	5
机械手	12	8	8
油工	0	20	30
合计	301	433	413

5.6.6 确保工程质量技术组织措施

工程的施工质量应该从各方面加以控制，原材料、成品、半成品的质量直接涉及工程的最终质量，操作人员的技术水平及管理人员的管理水平直接影响到施工质量。另外，机械设备、施工方法、环境因素对工程质量的影响也不容忽视，因此，工程质量的保证应该从多方面考虑。

5.6.7 施工总平面布置设计

(1) 总平面规划布置的依据

根据工程技术人员到现场勘察、招标人出具的施工现场建筑物总平面图，结合本施工组织设计提出的施工目标和主要施工方法，对施工现场进行平面布置。

(2) 施工平面布置图设计的要求

①从施工现场的实际情况出发，遵循施工方案和施工进度计划的要求。

②充分发挥施工现场的潜力，尽可能利用现场已有的建筑物、构筑物和各种道路、管线为施工服务，减少暂设工程的费用。

③最大限度地缩短工地内部的运输距离，尽可能避免场地二次搬运，以减少材料损耗和节约劳动力。

④要符合劳动保护、安全技术、卫生防疫和防火规定。

⑤为争取成为文明工地和标准化工地创造条件。

(3) 主要生产、生活设施的安排

①施工用场地在场内布置，施工人员的住宿采用场内布置与场外布置相结合的方法，但场内住宿人员实行全封闭管理，建立严格的出入登记制度，确保施工现场的安全。

②生产临时设施根据工程进度计划要求和业主对建设临时设施的统一要求搭建办公室、搅拌机棚、钢筋加工棚、木工棚、配电室、材料库房、水泥库房等，并合理布置堆场，减少材料二次搬运。

③生产临时设施及生活临时设施，根据实际情况采用轻钢结构配以彩钢板材搭建，并按防火要求留出一定间距，配备灭火器材，要求布局合理，整齐美观。

④施工用水电均由建设单位指定点接入，现场排水经沉淀后排入现有排水网络。

5.6.8 降低成本的措施

在确保工程质量的前提下，降低成本，是工程技术管理的一方面，为此制定此措施。

(1) 加强合同预算管理，增加工程收入

认真会审图纸，提出便于施工、降低成本的修改意见。对图纸中的要求弄清弄懂，分工种进行详细的技术交底，制订科学合理的施工方案，将人、材、物有机地结合起来，有效地提高机械设备效率，杜绝材料浪费，提高工效。

(2) 制订合理的施工组织设计，加强施工管理

①选择经济合理的施工方案，合理布置施工现场。

②采用先进的施工方法和施工工艺提高建筑工业化、现代化水平。

③组织均衡生产，搞好现场调度和协作配合，注意收尾工程。

④确定合理工期，注意工期与成本优化相结合。

⑤合理安排施工，采取立体交叉穿插作业的施工方法，缩短工期，减少人工、机械、材料等费用支出。

5.6.9 质量通病防治措施

①项目经理部成立以项目经理为首的，由技术负责人、质量负责人参加的预防质量通病领导小组。

②针对本工程可能出现的质量通病，由项目技术负责人组织技术员编制详细的预防措施，将预防措施在施工前下发到各施工班组或责任部门。

③监督员根据施工进度情况，对施工过程进行全过程跟踪检查、旁站监督，及时纠正错误作法，确保预防措施有效落实。

5.6.10 竣工保修措施

施工单位不仅重视施工过程中的质量控制，而且也同样重视对工程的质量回访及保修服务。从工程竣工交付之日起，工程回访、保修工作随即展开。在保修期间，施工单位将依据保修合同，本

着“对用户服务，向建设单位负责，让用户满意”的认真态度，以有效的制度、措施作保证，以优质、迅速的维修服务维护用户的利益，特制定如下工程质量回访：

（1）工程质量保修期限

①基础和主体工程为设计文件规定的合理使用年限。

②屋面防水工程 5 年，供热系统 2 个采暖期。

③电气管线、给排水管道、设备安装和装修工程 2 年。

④在上述项目保修年限基础上再增加一年保修期。

（2）工程回访服务

公司工程部负责编制回访计划，在工程交付使用后组织项目经理部、总工办、技术科、质量科、经济科，对交付使用后的工程进行回访，听取用户意见，解决发生问题，并做到随时进行保修服务。

①保修期回访计划：

a. 季节性回访：每年雨季对屋面防水工程及墙面防水情况进行回访检查；每年冬季对采暖系统进行回访检查。

b. 技术性回访：对工程中采用的新材料、新技术、新工艺的技术性能和使用后的效果进行回访。

②回访小组在回访过程中要发现和解决问题，并以达到建设单位使用者满意为标准，并负责填写《质量信息反馈卡》。

③工程保修期满前由公司工程科邀请建设单位、设计单位、监理单位对工程质量及保修期服务进行一次全面检查验收，并提出验收意见。针对验收中发现的问题编制合理可行的维修计划和维修方案，及时进行处置，以确保工程在保修期外长久使用。

（3）保修措施

①工程竣工后，由公司生产部向建设单位发放《工程质量保修卡》，保修卡内容主要包括工程简况、房屋使用要求、保修范围和内容及保修时间、保修说明、保修情况记录及公司的联系方式。

②在保修期限内严格执行合同条款，凡在工程质量回访中或建设单位来人来电投诉工程质量时，公司立即派工程部、总工办、技术部、质量部到现场察看情况分析原因，并拟定维修方案，派出作业人员到现场维修。

③对工人进行安全文明施工教育，做到工完场清，每日产生的垃圾运置楼外统一堆放、运出场外。

④每次维修完成后，即对维修楼层进行清扫干净。

⑤维修工作完成后由总工办组织技术质量部检查验收合格后，填写《工程质量保修卡》，并经建设单位验收，确认满意后做出评价报公司生产部存档。

⑥在施工过程中严要求，胜过后期任何周到的维修。

单位工程施工组织设计的核心是施工方案及进度计划。施工方案的重点是施工方法的确定、施工机具的选择以及施工顺序的安排，其中施工方法是施工方案的核心，具有决定性的作用，选择施工方法的时候，对多种方案进行经济对比，以降低工程造价（成本），使企业获得更大的利润；选择机具时应注意从全局出发，做到各种机具相互配套，综合利用，充分发挥机械效力；确定施工顺序要注意技术合理，保证工程质量和安全，便于成品保护，减少工料的消耗降低成本，缩短工期。施工进度计划也是单位工程施工组织设计的主要组成部分，它是施工方案在时间上的具体反映，在做计划时，要做到工程质量、劳动量计划准确；计划要切实可行，既要考虑工期的要求，符合国家工期定额要求，又要保证工程质量，降低成本，主要各工序间的合理衔接，避免组织工作过于复杂；另外施工进度计划要力争做到劳动力、机械、材料使用合理、均衡。在施工中要注意根据实际情况对进度计划进行检查、调整、修正，使其经济合理。

除施工方案和进度计划外，劳动力、材料、构件、机具等资源需要量及施工现场平面布置也是单位施工组织设计的有机组成部分，是施工方案与进度计划得以实现的前提和保证。组织设计的几项内容是相互制约、密不可分的，在学习中必须联系实际将它们有机地结合起来。通过学习，要掌握单位施工组织设计的编制方法，灵活运用原理，施工组织设计没有固定模式，要因地制宜，便于施工管理，确保工程质量和施工安全。

拓展与实训

职业能力训练

一、填空题

1. 单位工程施工方案选择的内容包括________、________、________和________。
2. 施工方案技术经济评价的方法有________和________。
3. 设计单位工程施工平面图，首先应布置________。
4. 单位工程施工组织设计的核心是________、________和________。
5. 单层工业厂房的基础施工，一般有________和________施工方法。

二、选择题

1. 标前施工组织设计中包括施工程序、施工方法选择、施工机械选用以及劳动力、资源、半成品的投入量的是下列（　　）内容。

   A. 施工进度计划　　B. 施工方案
   C. 施工准备工作　　D. 工程概况

2. 标前施工组织设计的内容除施工方案、技术组织措施、平面布置以及其他有关投标和签约需要的设计外还有（　　）。

   A. 施工进度计划　　B. 降低成本措施计划
   C. 资源需要量计划　　D. 技术经济指标分析

3. 施工顺序是各施工过程之间在时间上的先后顺序，受两方面的制约，它们是（　　）。

   A. 技术关系和组织关系　　B. 工艺关系和组织关系
   C. 结构关系和技术关系　　D. 技术关系和工艺关系

4. 施工组织中，编制资源需要量计划的直接依据是（　　）。

   A. 工程量清单　　B. 施工进度计划
   C. 施工图　　D. 市场的供求情况

5. 编制单位工程施工进度计划时，应用经验估计法确定的项目持续时间应当是（　　）。

   A. 最短持续时间　　B. 最可能持续时间
   C. 期望持续时间　　D. 平均持续时间

三、问答题

1. 单位工程施工组织设计包括哪些内容？
2. 简述单位工程施工组织设计编制的程序。
3. 单位工程施工方案的选择应包括哪些内容？
4. 单位工程施工进度计划有何作用？

工程模拟训练

工程概况：本工程为牡丹江农垦管局水务局住宅楼工程，建设地点在黑龙江省密山市。

建筑规模：本工程建筑面积为 2 698.48 m^2，占地面积为 698.70 m^2，建筑总长为 55.3 m，总宽为 9.14 m，总高度为 19 m，平面为矩形布置。一层设有车库、图书馆、资料室以及干部活动室等；2～5 层为单元式住宅。

建筑结构：本工程主体为砖混结构 5 层，采用墙下毛石基础（部分柱下独立基础）。外墙为 490 mm 厚红砖墙体，内墙为 240 mm 厚、120 mm 厚红砖砌体，山墙为 620 mm 厚红砖墙体。

建筑地面：

1. 地面面层由用户自定；踢脚线为防滑地面砖。
2. 卧室、客厅无地面：踢脚线采用与地面相同的材料。
3. 厨房、卫生间为防滑地砖；踢脚线采用与地面相同的材料。

墙面、天棚：

1. 墙面：厨房、卫生间为瓷砖到顶；其他房间为白色乳胶漆。
2. 卫生间为 PVC 板条吊顶；其他房间为白色内墙涂料。

屋面：两道防水设防，一道高分子防水卷材，一道刚性防水层；一道 A 型隔气胶，屋面为彩色钢板。排水形式为有组织排水。

门窗：门由用户自定，施工时只需留置洞口；窗为塑钢保温窗。

工程承包方式：包工包料。

工程内容：施工图所示全部内容（特殊说明不包含的内容除外）。

质量要求：达到现行国家有关建筑工程施工质量验收规范及建筑工程施工质量验收统一标准和黑龙江省《建筑工程施工质量验收统一标准》要求的合格标准。

工期要求：要求在 2015 年 10 月 31 日前竣工。

请根据工程概况试写出一份工程施工方案。

链接执考

1. 下列合同实施偏差的调整措施中，属于组织措施的是（　　）。[2013 年全国一级建造师《建设工程项目管理》单选题]

   A. 增加人员投入　　B. 增加资金投入

   C. 变更技术方案　　D. 变更合同条款

2. 建设项目工程总承包方的项目管理工作主要在项目的（　　）。[2013 年全国一级建造师《建设工程项目管理》单选题]

   A. 决策阶段、实施阶段、使用阶段

   B. 实施阶段

   C. 设计阶段、施工阶段、保修阶段

   D. 施工阶段

3. 当工程项目实行施工总承包管理模式时，业主与施工总承包管理单位的合同一般采用（　　）。[2013 年全国一级建造师《建设工程项目管理》单选题]

   A. 单价合同　　B. 固定总价合同

   C. 变动总价合同　　D. 成本加酬金合同

4. 根据《建设工程安全生产管理条例》，下列施工起重机械进行登记时提交的资料中，属于机械使用有关情况的是（　　）。[2013 年全国一级建造师《建设工程项目管理》单选题]

A. 制造质量证明书　　B. 起重机械的管理制度

C. 检验证书　　D. 使用说明书

5. 为了实现项目的进度目标，应选择合理的合同结构，以避免过多的合同交界面而影响工程的进展，这属于进度控制的（　　）。[2013 年全国一级建造师《建设工程项目管理》单选题]

A. 组织措施　　B. 经济措施

C. 技术措施　　D. 管理措施

模块 6

工程进度控制

【模块概述】

建设工程进度控制是指依据建设工程项目总进度目标，按资源优化的原则对工程项目建设各阶段的工作内容、工作程序、持续时间、衔接关系等进行进度计划编制，然后实施，并在实施的过程中经常检查实际进度是否按原计划要求进行，对出现的偏差情况进行分析，采取补救措施或调整、修改原计划，再实施，如此循环，直至建设工程竣工验收交付使用。

本模块从进度控制的概念、方法入手，逐步介绍进度控制的工作任务、进度控制的目标确定、进度控制的内容、进度计划实施中的检查与调整方法及实际进度与计划进度的比较方法。

【学习目标】

1. 了解进度控制的概念与方法。
2. 了解影响工程进度的三要因素。
3. 熟悉进度控制的工作任务。
4. 掌握进度控制的工作流程。
5. 掌握施工阶段进度控制目标的确定。
6. 掌握施工阶段进度控制的内容。
7. 掌握施工进度计划实施中的检查与调整方法。
8. 掌握实际进度与计划进度的比较方法。
9. 掌握挣值法的相关内容及应用。
10. 熟悉工期索赔的程序、方法以及应用。

【技能目标】

1. 具备熟练进行实际进度与计划进度比较的能力。
2. 能够熟练进行进度计划的检查与调整。
3. 能够分析实际进度滞后的原因，并能制定控制的具体措施，为今后很好地适应工作打下良好的基础。
4. 能根据工程实际进行工期索赔。
5. 能利用挣值法进行进度、成本偏差分析。

【学习重点】

横道图比较法、前锋线比较法、S曲线比较法、进度计划的调整、工程索赔、挣值法。

【课时建议】

10～12课时

工程导入

某开发商开发甲、乙、丙、丁4幢住宅楼，分别与监理单位和施工单位签订了监理合同和施工合同。地下室为混凝土箱形结构、1～6层为砖混结构。施工单位确定的基础工程进度安排见表6.1。

表6.1 基础工程进度安排

施工过程	各幢住宅基础施工时间/周			
	甲	乙	丙	丁
土方开挖	3	2	1	2
基础施工	4	5	2	5
基坑回填	2	2	1	2

在甲幢基坑土方开挖时发现土质不好，需在基坑一侧（临街）打护桩，致使甲幢基坑土方开挖时间增加1周；同时业主对乙、丁两幢地下室要求设计变更，将原来地下室改为地下车库。由于该变更将会使该两幢住宅每幢基坑土方开挖时间增加0.5周，基础施工时间均增加1周；甲、乙、丁每幢基坑回填时间增加0.5周。该工程的工期将变为多长？现要缩短工期，如何调整？

6.1 进度控制概述

6.1.1 进度控制的概念及方法

1. 进度控制的概念

建设工程进度控制是指依据建设工程项目总进度目标，按资源优化的原则对工程项目建设各阶段的工作内容、工作程序、持续时间、衔接关系等进行进度计划编制，然后实施，并在实施的过程中经常检查实际进度是否按原计划要求进行，对出现的偏差情况进行分析，采取补救措施或调整、修改原计划，再实施，如此循环，直至建设工程竣工验收交付使用。

建设工程进度控制的最终目的是确保建设项目按预定的时间动用或提前交付使用，建设工程进度控制的总目标是建设工期，即实际进度要满足计划进度的要求。

建设工期是指建设项目或单项工程从正式开工到全部建成投产所经历的时间。建设工期应按日历工日数计算。

建设工程的进度控制贯穿于工程建设的全过程。

进度计划不管编制得如何周密，一定会受到各种干扰因素的影响，使工程无法按原计划进行，故进度控制必须遵循动态控制原理，在计划执行过程中不断检查，并将实际状况与计划安排进行对比，在分析偏差及其产生原因的基础上，通过采取纠偏措施，使之能正常实施。如果采取措施后不能维持原计划，则需要对原进度计划进行调整或修正，再按新的进度计划实施。进度控制示意图如图6.1所示。

在实施过程中，监理工程师运用各种监理手段和方法，依据合同文件和法律法规所赋予的权力，监督工程项目任务承揽人采用先进合理的技术、组织、经济等措施，不断检查调整自身的进度计划，在确保工程质量、安全和投资费用的前提下，按照合同规定的工程建设期限加上监理工程师批准的工程延期时间以及预订的计划目标去完成项目建设任务。

进度控制是监理人员的主要工作之一，监理人员必须懂得进度控制的方法、知识，掌握动态控

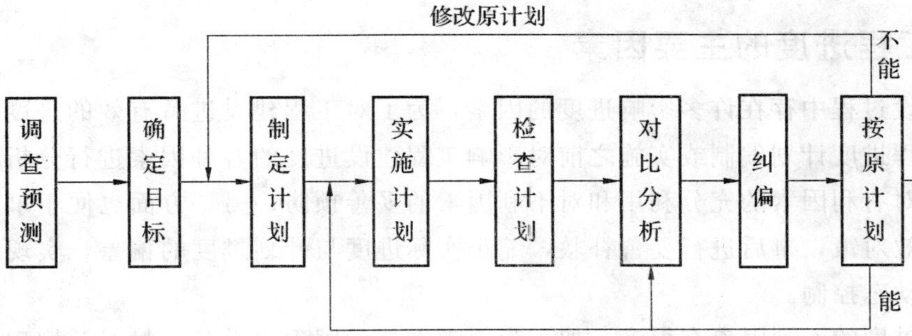

图 6.1　进度控制示意图

制的原理，方能很好地进行建设工程进度控制。

2. 建设工程进度控制的方法

工程进度涉及业主和承包人的重大利益，是合同能否顺利执行的关键。在施工监理工作中，一般都把计划进度和实际工程进度间的平衡作为控制进度的关键环节。实现计划进度的方法是在工程实施过程中密切注视工程实际进度与计划进度间可能出现的差距，及时地督促承包人加快工程进度，以便按照计划完成工程。在项目实施过程中，监理工程师要制定出一套控制进度的方法，并根据合同赋予的职权监督承包人执行计划，以保证工程在合同规定的期限内顺利完成。

(1) 单项工程进度控制

在工程开工之后，监理工程师应对整个工程进行专业分析，建立工程分项的月、旬进度控制图表，以便对分项施工的月、旬进度进行监控。其图表宜采用能直观地反映工程实际进度的形式，如形象进度图等，可随时掌握各专业分项施工的实际进度与计划进度间的差距。当出现差距时应及时向承包人发出进度缓慢信号，要求承包人采取措施，加快进度，及时向监理工程师汇报并提供资料，供监理工程师对工程实际进展情况进行综合评价。如果承包人实际施工进度确实影响到整个工程的完工日期，应要求承包人尽快调整施工进度计划。

(2) 采用进度表控制工程进度

进度表是监理工程师要求承包人每月按实际完成的工程进度向监理工程师提交的报表，监理工程师详细审查进度表，并向业主报告。当月进度报表反映的实际进度和计划进度失去平衡时，监理工程师应对这种不平衡情况进行详细的分析，结合现场记录和各分项所控制的进度以及实际完成的工程和工程支付的实际情况进行综合性评价。如果监理工程师根据评价的结果，认为工程或其工程的任何部分进度过慢与进度计划不相符合时，应立即通知承包人并要求承包人采取监理工程师同意的必要措施加快进度，以确保工程按计划完成。

(3) 采用网络计划控制工程进度

用网络法制定施工计划和控制工程进度，可以使工序安排紧凑，便于抓住关键，保证施工机械、人力、财力、时间均获得合理的分配和利用。因此承包人在制定工程进度计划时，采用网络法确定本工程关键线路是相当重要的。监理工程师除要求承包人制定网络计划外，监理机构内部也要求监理人员随时用网络计划检查工程进度。

(4) 采用工程曲线控制工程进度

分项工程进度控制通常是在分项工程计划的条形图上画出每个工程项目的实际开工日期、施工持续时间和竣工日期，这种方法比较简单直观，但就整个工程而言，不能反映实际进度与计划进度的对比情况。采用工程曲线法进行工程进度的控制则比较全面。工程曲线是以横轴为工期（或以计划工期为 100%，各阶段工期按百分率计），竖轴为完成工程量累计数（以百分率计）所绘制的曲线。把计划的工程进度曲线与实际完成的工程进度曲线绘在同一图上，并进行对比分析，当发现工程实际进度与计划进度出现差距时，监理工程师可通知承包人采取措施，调整计划，以确保按期完成工程。

6.1.2 影响工程进度的主要因素

由于在工程建设过程中存在许多影响进度的因素，为了对工程建设进行有效的进度控制，工程监理人员必须在工程进度计划编制或实施之前对影响工程建设进度的各种因素进行分析和预测。这样一方面可以促进对有利因素的充分利用和对不利因素的妥善预防；另一方面也便于事先制定预防措施，事中采取有效对策，事后进行妥善补救，缩小实际进度与计划进度的偏差，实现对工程建设进度的主动控制和动态控制。

影响建设工程进度的不利因素有很多，如人为因素，技术因素，设备、材料及构配件因素，机具因素，资金因素，水文、地质及气象因素，其他自然与社会环境等因素，其中人为因素是最大的干扰因素。

在工程建设过程中，常见的影响因素有以下几个方面：

（1）与工程建设相关单位的影响

影响工程建设施工进度的单位不只是施工单位，只要是与工程建设有关的单位（如政府主管部门、建设单位、勘察设计单位、物资供应单位、资金贷款单位、运输部门、通讯部门、消防部门、供电部门等），其工作进度的拖后都会对工程进度产生影响。因此，控制工程进度计划必须充分发挥监理的作用，利用监理的工作性质和特点，协调好各工程建设相关单位之间的进度关系。

（2）工程材料、物资供应进度的影响

施工过程中需要的工程材料、构配件、施工机具和工程设备等，如果不能按照施工进度计划要求抵达施工现场，或者抵达施工现场后发现其质量不符合要求，都会对施工进度产生影响。因此，工程施工人员和工程监理人员应严格把关，采取有效的措施控制好工程材料和物资的采购、质量的控制及进入施工现场时间的控制。

（3）建设资金的影响

有关方拖欠资金，资金不到位，资金短缺，汇率浮动，通货膨胀等都会影响进度，因此工程监理人员应督促建设单位及时拨付工程预付款和工程进度款，以免资金供应不足而影响工程进度。工程施工人员应根据建设单位的资金供应能力，安排好工程进度。

（4）工程设计变更的影响

在施工过程中出现设计变更是在所难免的，可能是设计有问题需要修改，也可能是建设单位提出了新的要求，也可能是施工单位原因而发生的变更。工程监理人员应加强图纸的审查管理，严格控制随意的变更，特别应对施工单位提出的变更要求进行严格控制。

（5）工程施工条件的影响

施工过程中一旦遇到气候、水文、地质及周围环境等方面的变化而产生不利因素，一定会影响工程进度，此时，施工单位应利用自身的施工技术和管理能力，在未发生时采取预防措施，发生后积极采取措施加以克服。工程监理人员应积极疏通各方关系，协助施工单位解决问题。

（6）组织管理因素

向有关单位提出的各种申请审批手续延误；合同签订时遗漏条款、表达不当；计划安排不周密，组织协调不力，导致停工待料、相关作业脱节；领导不力、指挥不当，使参加建设的各单位、各专业、各施工过程之间交接不上，配合不好等。此时，监理人员应提醒督促各单位，协助各单位解决问题，确保工程进度控制目标的实现。

（7）其他各种风险因素的影响

其他各种风险因素包括政治、社会、经济、技术及自然等方面的各种可预见、不可预见的因素。政治方面有战争、内乱、罢工、拒付债务、制裁等；社会方面有社区居民权益、民工保险等；经济方面有延迟付款、汇率浮动、通货膨胀、施工分包单位违约等；技术方面有工程事故、试验失败、标准变化等；自然方面有地震、洪水等。工程监理人员必须对各种风险因素进行分析，提出控制措施，并对发生的各种风险事件给工程带来的影响予以恰当的处理。

6.2 施工阶段的进度控制

6.2.1 施工阶段进度控制的任务及工作流程

施工阶段建设工程进度控制的主要任务是通过完善建设工程控制性进度计划、审查施工单位施工进度计划、做好各项动态控制工作、协调各单位关系、预防并处理好工期索赔，以求实际施工进度达到计划施工进度的要求。

为完成施工阶段进度控制任务，监理工程师应当做好以下工作：

①根据施工招标和施工准备阶段的工程信息，进一步完善建设工程控制性进度计划，并据此进行施工阶段进度控制。

②审查施工单位施工进度计划，确认其可行性并满足建设工程控制性进度计划要求。

③制定业主方材料和设备供应进度计划并进行控制，使其满足施工要求。

④审查施工单位进度控制报告，督促施工单位做好施工进度控制。

⑤对施工进度进行跟踪，掌握施工动态。

⑥研究制定预防工期索赔的措施，做好处理工期索赔工作。

⑦在施工过程中，做好对人力、材料、机具、设备等的投入控制工作以及转换控制工作、信息反馈工作、对比和纠正工作，使进度控制定期连续进行。

⑧开好进度协调会议，及时协调有关各方关系，使工程施工顺利进行。

建设工程施工阶段进度控制的工作流程如图 6.2 所示。

6.2.2 施工进度控制目标

为了对施工进度实施控制，必须建立明确的进度目标，并按项目的分解建立各分层次的进度分目标，由此构成一个完整的建设施工进度目标系统。

为了提高进度计划的预见性和进度控制的主动性，在确定施工进度控制目标时，进度控制管理人员应认真考虑下列因素：

(1) 项目总进度计划对施工工期的要求

项目可按进展阶段的不同分解为多个层次，项目的进度目标则可按此层次分解为不同的进度分目标。施工进度目标是项目总进度目标的分目标，它应满足总进度计划的要求。

(2) 项目的特殊性

施工进度目标的确定，应考虑项目的特殊性，以保证进度目标切合实际，有利于进度目标的实现。如大型建设工程项目，应根据尽早提供可动用单元的原则，集中力量分期分批建设，以便尽早投入使用，尽快发挥投资效益。

(3) 合理的施工时间

任何建设项目都需要经过一定的时间才能完成，不能随意制定施工期限，否则将会造成项目在实施过程中的失控。为了合理地确定施工时间，应参照施工工期定额和以往类似工程施工的实际进度。

(4) 资金条件

资金是保证项目进行的先决条件，如果没有资金的保证，进度的目标则不能实现。所以，施工进度目标的确定应充分考虑资金的投入计划。

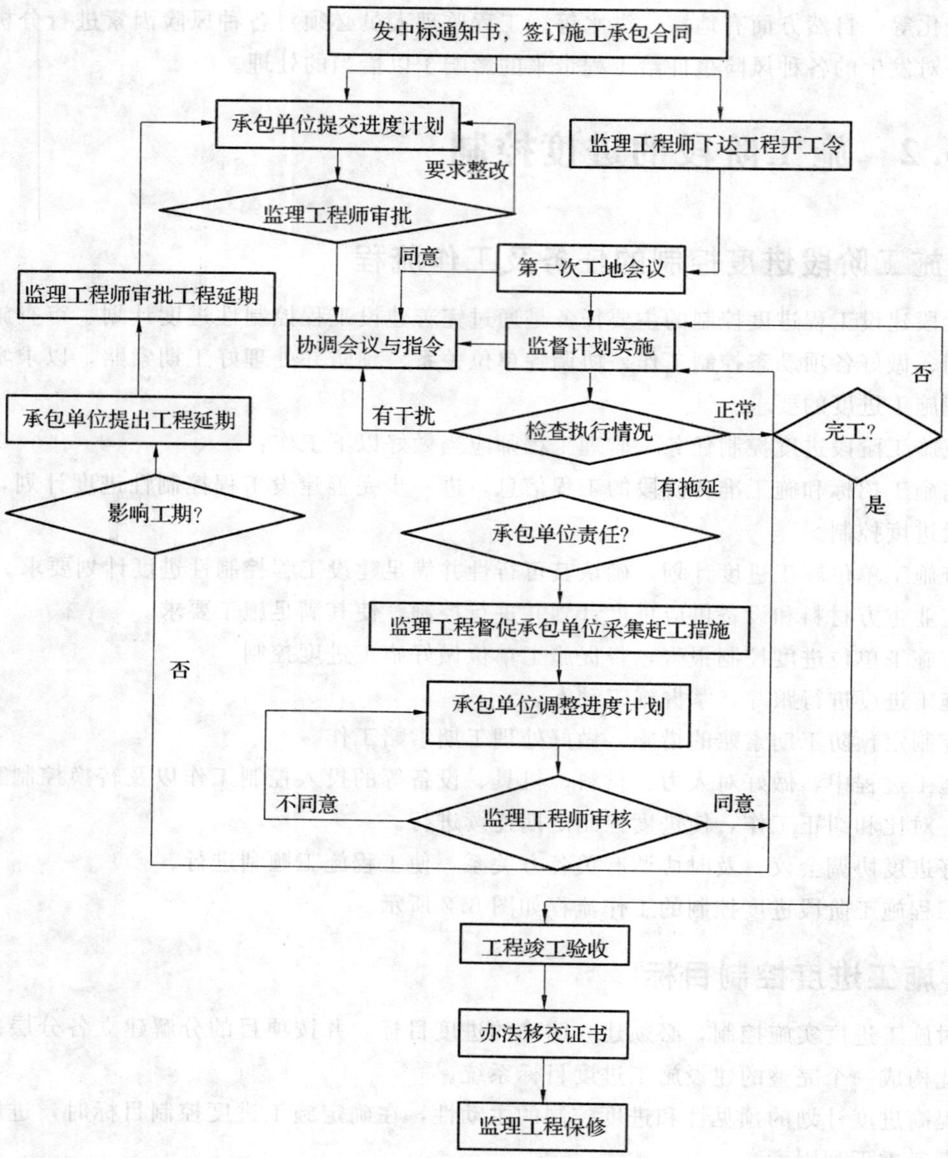

图 6.2　施工阶段进度控制的工作流程图

(5) 人力条件

施工进度目标的确定应与可能投入的施工力量相适应。

(6) 资源条件

确定施工进度目标应充分考虑材料、设备、构件等各种资源供应的可能性，还有这些资源的可供应量和供应时间。

(7) 外界环境的影响

考虑工程项目所在地区地形、地质、水文、气象等方面的限制条件。

(8) 其他

施工进度目标可按施工阶段、专业工种、施工单位等分解，监理工程师应根据所确定的分解目标，来检查和控制进度计划的实施。

施工进度目标可按子项目、单位工程、分部工程及计划期进行分解，进度控制管理人员应根据所确定的分解目标，来检查和控制进度计划的实施。

作为建设项目管理人员，要想真正实现对工程项目的施工进度控制，就必须有明确、合理的各层次进度目标，只有实现了各个分进度目标，才能保证整个项目进度目标的实现。

施工进度控制目标就是以实现合同约定的竣工日期为最终目标。

6.2.3 施工进度控制中各相关单位的职责与权限

1. 监理单位的职责和权限

①审批施工单位在开工之前提交的总施工进度计划、现金流动计划和总说明书，以及根据总施工进度计划编制的年度计划和施工阶段提交的各种详细计划与变更计划。

②审批承包人根据总体施工进度计划编制的年度计划；根据施工合同，在施工过程中检查、监督计划的实施。当防治工程施工未能按计划进行时，有权要求施工单位调整或修改计划，采取必要的措施加快施工进度。

③在施工过程中检查和监督计划的实施。当工程未能按计划进行时，应要求承包人调整或修改计划，并通知承包人采取必要的措施加快施工进度，以使实际施工进度符合施工合同的要求。定期向业主报告工程进度情况，当施工进度可能导致合同工期严重延误时，有责任提出中止执行施工合同的详细报告，供业主采取措施或做出相应的决定。

2. 施工单位的职责与权限

①工程部负责组织本单位有关部门加强对项目的进度的检查考评工作。

②项目经理组织编写施工组织设计，制定总进度计划和分期进度计划。

③施工员控制分部工程进度按单位工程的部署，编制分部（分项）工程进度计划。落实完成进度计划所需的各项资源。不断优化各作业点的劳动组合。每天（每周）检查进度完成情况及资源消耗情况，以控制进度。

3. 建设单位职责与权限

（1）建立在施工程例会制度

①为保证工程顺利进行，在施工现场定期（每周）召开工程例会。

②根据工程进度的实际需要组织参加会议人员。

③例会后形成纪要转发与会各方，并上报总工。

（2）建立工作日志制

由专人认真记录每日工作情况，详细记载工程进度、工程质量，部门经理要定期检查、抽查，日志要编册保存，定期上报行政人事部，个人不得存留。

（3）建立在施工程的技术档案管理制度

①整理、编制、组卷基建技术文件及洽商资料，每月归档。

②审查乙方的施工技术文件。

③对施工图纸的管理制定专门的管理办法，妥善使用。

④建立月、季工作总结报告制度。

⑤月末、季末总结工程部工作，形成报告后上报总工。

⑥建立月、季工程进度报告。

6.2.4 施工阶段进度控制的工作内容

1. 监理单位的主要工作内容

建设工程施工阶段进度控制工作从审核承包单位提交的施工进度计划开始，直至建设工程保修期满为止，其主要工作内容有：

（1）编制施工进度控制工作细则

施工进度控制工作细则是在建设工程监理规划的指导下，由进度控制部门的监理工程师负责编制的更具有实施性和操作性的监理业务文件。其主要内容包括：

①施工进度控制的目标分解图。

②施工进度控制的主要工作内容和深度。

③进度控制人员的职责分工。

④与进度控制有关各项工作的时间安排及工作流程。

⑤进度控制的方法（包括进度检查周期、数据采集方式、进度报表格式、统计分析方法等）。

⑥进度控制的具体措施（包括组织措施、技术措施、经济措施及合同措施等）。

⑦施工进度控制目标实现的风险分析。

⑧尚待解决的有关问题。

（2）编制或审核施工进度计划

为了保证建设工程的施工任务按期完成，监理工程师必须严格审核承包单位提交的施工进度计划。对于采取平行承发包模式发包的某些大型建设工程，或单位工程较多，业主采取分批发包模式的建设工程，由于其没有一个负责全部工程的总承包单位，这时业主的协调工作增加，而接受业主委托进行监理的监理工程师就要编制施工总进度计划；当建设工程有一个总负责的总承包单位时，监理工程师只需对其提交的施工总进度计划进行审核而不需要编制。

监理工程师在审核施工进度计划时的内容主要有：

①审核进度安排是否符合工程项目建设总进度计划中总目标和分目标的要求，是否符合施工合同中开工日期、竣工日期的规定。

②审核施工总进度计划中的项目是否有遗漏，分期施工是否满足分批动用的需要和配套动用的要求。

③审核施工顺序的安排是否符合施工工艺的要求。

④审核劳动力、材料、构配件、设备及施工机具、水、电等生产要素的供应计划是否能保证施工进度计划的实现，供应是否均衡及资源需求高峰期是否有足够能力实现计划供应。

⑤审核总包、分包单位分别编制的各项单位工程施工进度计划之间是否相协调，专业分工与计划衔接是否明确合理。

⑥审核对于业主负责提供的施工条件（包括资金、施工图纸、施工场地、采供的物资等），在施工进度计划中安排得是否明确、合理，是否有造成因业主违约而导致工程延期和费用索赔的可能存在。

如果监理工程师在审查施工进度计划的过程中发现问题，应及时向承包单位提出书面整改意见，重大问题要及时通知业主，也可以协助承包单位修改，修改完之后要求承包单位提交并按原审核程序进行审核，直至通过。

（3）按年、季、月编制工程综合计划

在按计划期编制的进度计划中，监理工程师应着重解决各承包单位施工进度计划之间、施工进度计划与资源（包括资金、设备、机具、材料及劳动力）保障计划之间及外部协作条件的延伸性计划之间的综合平衡与相互衔接问题，并根据上期计划的完成情况对本期计划做必要的调整，从而作为承包单位近期执行的指令性计划。

（4）下达工程开工令

总监理工程师应根据承包单位和业主双方关于工程开工的准备情况，在满足以下必要开工条件时发布工程开工令。

①施工许可证已获政府主管部门批准。

②征地拆迁工作能满足工程进度的需要。

③施工组织设计已批准。

④承包单位现场管理人员已到位，机具、施工人员已进场，主要材料已落实。

⑤进场道路及水、电、通讯等已满足开工要求。

为了检查双方的准备情况，总监理工程师应参加由业主主持召开的第一次工地会议。第一次工地会议应包括以下主要内容：

①建设单位、承包单位和监理单位分别介绍各自驻施工现场的组织机构、人员及其分工。

②建设单位根据委托监理合同宣布对总监的授权。

③建设单位介绍开工准备情况。

④承包单位介绍施工准备情况。

⑤建设单位和总监理工程师对施工准备情况提出意见和要求。

⑥总监理工程师介绍监理规划的主要内容。

⑦研究确定各方在施工过程中参加工地例会的主要人员，召开工地例会的周期、地点及主要议题。

(5) 协助承包单位实施进度计划

监理工程师要随时对建设工程进度进行跟踪检查，及时发现对进度计划在实施过程中所存在的问题，并向承包单位提出。当承包单位内外协调能力薄弱时，应适当帮助承包单位，解决存在的进度问题。

(6) 监督施工进度计划的实施

监理人员应在建设工程施工过程中做好监理日志及监理工作记录，进行现场监督和旁站监理，监督好每一道工序、每一个分部分项工程的实施进度，从而保证项目整体进度计划的实施与实现。

(7) 组织现场协调会

监理工程师应定期、根据需要及时组织召开不同层级的现场协调会议，以解决工程施工过程中的相互协调配合问题。其内容主要包括：

①承包人报告近期的施工活动，提出近期的施工计划安排和要求，简要陈述发生或存在的问题。

②监理单位就施工进度和质量予以简要评述，并根据承包人提出的施工活动安排和要求，安排监理人员进行施工监理和相关方之间的协调工作。

在平行、交叉施工单位多，工序交接频繁且工期紧迫的情况下，现场协调会甚至需要每日召开。

对于某些未曾预料的突发变故或问题，监理工程师还可以通过发布紧急协调指令，督促有关单位采取应急措施维护施工的正常秩序。

(8) 签发工程进度款支付凭证

监理工程师应对承包单位申报的已完分项工程量进行核实，在质量监理人员检查验收后，签发工程进度款支付凭证。

(9) 审批工程延期

造成工程进度拖延的原因有两个：一是由于承包单位自身的原因；二是由于承包单位以外的原因。前者所造成的进度拖延称为工程延误，而后者所造成的进度拖延称为工程延期。

①工程延误。

当出现工期延误时，监理工程师有权要求承包单位采取有效措施加快施工进度。如果经过一段时间后，实际进度没有明显改进，仍然拖后于计划进度，而且显然影响工程按期竣工时，监理工程师应要求承包单位修改进度计划，并提交给监理工程师重新确认。监理工程师对修改后的施工进度计划的确认，并不是对工程延期的批准，只是要求承包单位在合理的状态下施工。因此，监理工程师对进度计划的确认，并不能解除承包单位应负的一切责任，承包单位需要承担赶工的全部额外开支和误期损失赔偿。

②工程延期。

如果由于承包单位以外的原因造成工期拖延，承包单位有权提出延长工期的申请。监理工程师应根据合同规定，审批工程延期时间。经监理工程师核实批准的工程延期时间，应纳入合同工期，作为合同工期的一部分。即新的合同工期应等于原定的合同工期加上监理工程师批准的工程延期时间。

（10）向业主提供进度报告

监理工程师应随时整理进度资料，并做好工程记录，定期向业主提交工程进度报告。

（11）督促承包单位整理技术资料

监理工程师要根据工程进展情况，督促承包单位及时整理有关技术资料。

（12）签署工程竣工报验单、提交质量评估报告

当单位工程达到竣工验收条件后，承包单位在自行预验的基础上提交工程竣工报验单，申请竣工验收。监理工程师在对竣工资料及工程实体进行全面检查；验收合格后，签署工程竣工报验单，并向业主提出质量评估报告。

（13）整理工程进度资料

在工程完工以后，监理工程师应将工程进度资料收集起来，进行归类、编目和建档，以便为今后其他类似工程项目的进度控制提供参考。

（14）工程移交

监理工程师应督促承包单位办理工程移交手续，颁发工程移交证书。在工程移交后的保修期内，还要处理验收后质量问题的原因及责任等争议问题，并督促责任单位及时修理。当保修期结束且再无争议时，建设工程进度控制的任务即告完成。

2. 施工单位进度控制的工作内容

施工进度控制是各项目标实现的重要工作，其任务是实现项目的工期或进度目标，主要分为进度的事前控制、事中控制和事后控制。

（1）进度的事前控制内容

①编制项目实施总进度计划，确定工程目标，作为合同条款和审核施工计划的依据。

②审核施工进度计划，看其是否符合总工期控制的目标要求。

③审核施工方案的可行性、合理性和经济性。

④编制主要材料、设备的采购计划。

⑤审核施工总平面图，看其是否合理、经济。

⑥完成现场的障碍物拆除，进行“七通一平”，创造必要的施工条件。

⑦按合同规定接受设计文件、资料及地方政府和上级的批文。

⑧按合同规定准备工程款项。

（2）进度的事中控制内容

①进行工程进度的检查。审核每旬、每月的施工进度报告，一是审核计划进度和实际进度的差异；二是审核形象进度、实物工程量与工程量指标完成情况的一致性。

②进行工程进度的动态管理，即分析进度差异的原因，提出调整的措施和方案，相应调整施工进度计划、设计计划、材料供应计划和资金计划，必要时调整工期计划。

③组织现场的协调会，实施进度计划调整后的安排。

④定期向业主、监理单位及上级机关报告工程进展情况。

(3) 进度的事后控制内容

当实际进度与计划进度发生差异时，在分析原因的基础上采取以下措施：制定保证总工期不突破的对策措施；制定总工期突破后的补救措施；调整相应的施工计划，并组织协调和平衡。

(4) 项目经理部的进度控制程序

①根据施工合同确定的开工日期、总工期和竣工期确定施工目标，明确计划开工日期、计划总工期和计划竣工日期，确定项目分期分批的开工、竣工日期。

②编制施工进度计划，具体安排实现前述目标的工艺关系、组织关系、搭接关系、起止时间、劳动力计划、材料计划、机械计划、其他保证性计划。

③向监理工程师提出开工报告，按监理工程师开工令指定的开工日期开工。

④实施施工进度计划，在实施中加强协调和检查，若出现偏差（不必要的提前或延误）及时进行调整，并不断地预测未来的进度情况。

⑤项目竣工验收前抓紧收尾阶段进度控制，全部任务完成前后进行进度控制总结，并编写进度控制报告。

6.3 施工进度计划监测与调整的系统过程

网络计划的依据信息在施工项目实施过程中，往往由于某些因素的干扰，造成实际进度与计划进度不能始终保持一致，恰如常言，进度计划不变只是相对的，变化是绝对的。因此，为保证按期实现进度目标，在项目实施过程中，就需要不断对实际进度进行监测，将其进展情况与计划进度比较。

6.3.1 进度监测的系统过程

在工程实施过程中，监理工程师应根据建设工程进度监测系统过程（图 6.3）经常地、定期地对进度计划的执行情况进行跟踪检查，发现问题后及时采取措施加以解决。

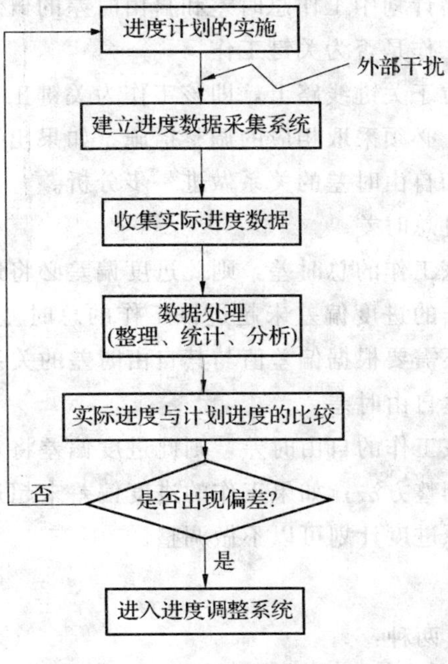

图 6.3 建设工程进度监测系统过程

为了全面、准确地掌握进度计划的执行情况，监理工程师应认真做好以下 3 方面的工作：

①定期收集进度报表资料。进度报表是反映工程实际进度的主要方式之一。进度计划执行单位

应按照进度监理制度规定的时间和报表内容，定期填写进度报表。监理工程师通过收集进度报表资料掌握工程实际进展情况。

②现场实地检查工程进展情况。派监理人员常驻现场，随时检查进度计划的实际执行情况，这样可以加强进度监测工作，掌握工程实际进度的第一手资料，使获取的数据更加及时、准确。

③定期召开现场会议。定期召开现场会议，监理工程师通过与进度计划执行单位的有关人员面对面地交谈，既可以了解工程实际进度状况，同时也可以协调有关方面的进度关系。

6.3.2 进度调整的系统过程

在建设工程实施过程中，进度调整的系统过程如图 6.4 所示。

1. 产生偏差的原因分析

(1) 计划欠周密

(2) 工程实施条件发生变化

(3) 管理工作失误

①计划部门与执行部门缺少信息沟通，从而导致进度失控。

②施工承包企业进度控制水平较差。

③对参建各方协调不力，使计划实施脱节。

④对项目资源供应不及时，使进度严重偏离。

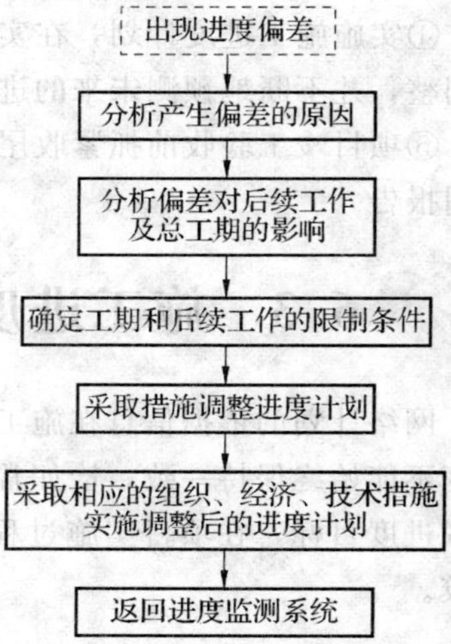

图 6.4 建设工程进度调整的系统过程

2. 分析进度偏差给后续工作及总工期的影响

在工程项目实施过程中，当通过实际进度与计划进度的比较，发现有进度偏差时，需要分析该偏差对后续工作及总工期的影响，从而采取相应的调整措施对原进度计划进行调整，以确保工期目标的顺利实现。进度偏差的大小及其所处的位置不同，对后续工作和总工期的影响程度是不同的，分析时需要利用网络计划中工作总时差和自由时差的概念进行判断。分析步骤如下：

(1) 分析出现进度偏差的工作是否为关键工作

如果出现进度偏差的工作位于关键线路上，即该工作为关键工作，则无论其偏差有多大，都将对后续工作和总工期产生影响，必须采取相应的调整措施；如果出现偏差的工作是非关键工作，则需要根据进度偏差值与总时差和自由时差的关系做进一步分析。

(2) 分析进度偏差是否超过总时差

如果工作的进度偏差大于该工作的总时差，则此进度偏差必将影响其后续工作和总工期，必须采取相应的调整措施；如果工作的进度偏差未超过该工作的总时差，则此进度偏差不影响总工期。至于对后续工作的影响程度，还需要根据偏差值与其自由时差的关系做进一步分析。

(3) 分析进度偏差是否超过自由时差

如果工作的进度偏差大于该工作的自由时差，则此进度偏差将对其后续工作产生影响，此时应根据后续工作的限制条件确定调整方法；如果工作的进度偏差未超过该工作的自由时差，则此进度偏差不影响后续工作，因此，原进度计划可以不做调整。

3. 进度计划的调整方法

进度计划的调整方法主要有两种：

(1) 改变某些工作间的逻辑关系

当工程项目实施中产生的进度偏差影响到总工期，且有关工作的逻辑关系允许改变时，可以改变关键线路和超过计划工期的非关键线路上的有关工作之间的逻辑关系，达到缩短工期的目的。例如，将顺序进行的工作改为平行作业、搭接作业以及分段组织流水作业等，都可以有效地缩短工期。

(2) 缩短某些工作的持续时间

这种方法是不改变工程项目中各项工作之间的逻辑关系，而通过采取增加资源投入、提高劳动效率等措施来缩短某些工作的持续时间，使工程进度加快，以保证按计划工期完成该工程项目。这些被压缩持续时间的工作是位于关键线路和超过计划工期的非关键线路上的工作。同时，这些工作又是其持续时间可被压缩的工作。这种调整方法通常可以在网络图上直接进行。

【例 6.1】某开发商开发甲、乙、丙、丁 4 幢住宅楼，分别与监理单位和施工单位签订了监理合同和施工合同。地下室为混凝土箱形结构、1～6 层为砖混结构。施工单位确定的基础工程进度安排见表 6.2。

表 6.2 基础工程进度安排

施工过程	各幢住宅基础施工时间/周			
	甲	乙	丙	丁
土方开挖	3	2	1	2
基础施工	4	5	2	5
基坑回填	2	2	1	2

(1) 试根据表 6.2 的时间安排，以双代号网络图编制该工程的施工进度计划。

(2) 从工期目标控制的角度来看，该工程的重点控制对象是哪些施工过程？工期为多长？

(3) 在甲幢基坑土方开挖时发现土质不好，需在基坑一侧（临街）打护桩，致使甲幢基坑土方开挖时间增加 1 周；同时业主对乙、丁两幢地下室要求设计变更，将原来地下室改为地下车库。由于该变更将会使该两幢住宅每幢基坑土方开挖时间增加 0.5 周，基础施工时间均增加 1 周；甲、乙、丁每幢基坑回填时间增加 0.5 周。该工程的工期将变为多长？

(4) 现要缩短工期，如何调整？

解

(1) 以双代号网络图的形式编制该工程的施工进度计划，如图 6.5 所示。

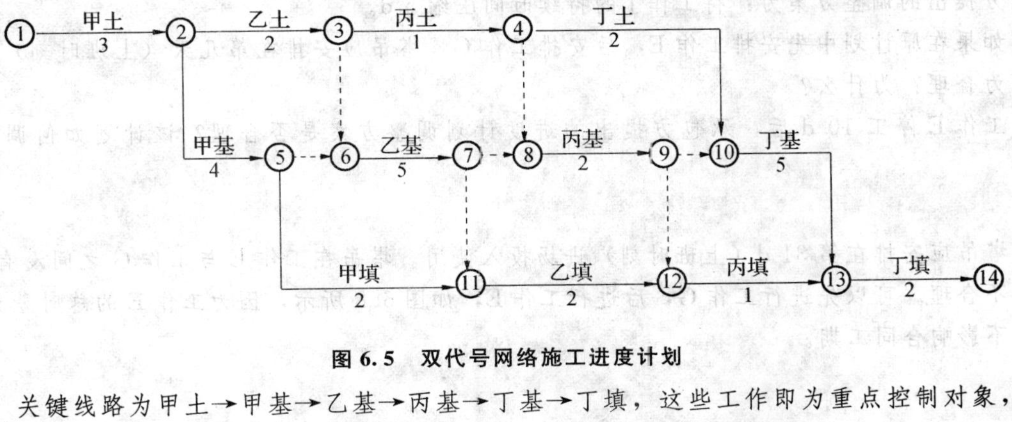

图 6.5 双代号网络施工进度计划

(2) 关键线路为甲土→甲基→乙基→丙基→丁基→丁填，这些工作即为重点控制对象，工期为 21 周。

(3) 由于施工过程中的打护坡桩和设计变更等事项的发生，致使工期延长了 3.5 周，实际总工期为 24.5 周，如图 6.6 所示。

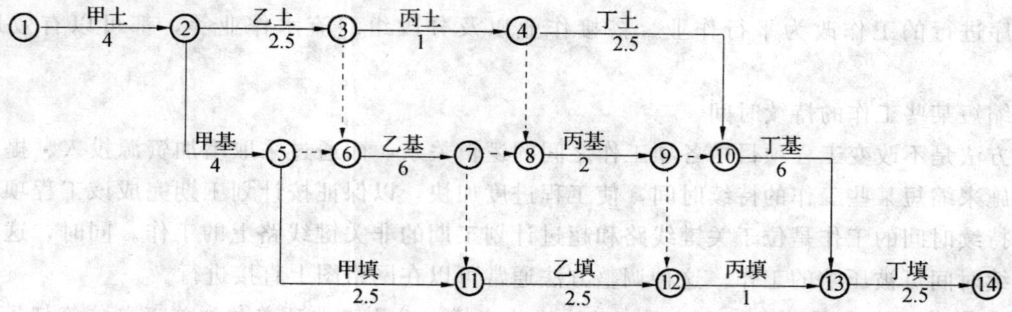

图 6.6　变更后的施工进度计划

(4) 可以采取压缩某些工作持续时间的方法，应考虑压缩关键线路上的施工过程的施工时间，即压缩甲基、乙基、丙基、丁基、丁填的施工时间。

【例 6.2】某工程项目开工之前，承包方向监理工程师提交了施工进度计划，如图 6.7 所示，该计划满足合同工期 100 d 的要求。

在此施工进度计划中，由于工作 E 和工作 G 共用一台塔吊（塔吊原计划在开工第 25 d 后进场投入使用）必须顺序施工，使用的先后顺序不受限制（其他工作不使用塔吊）。

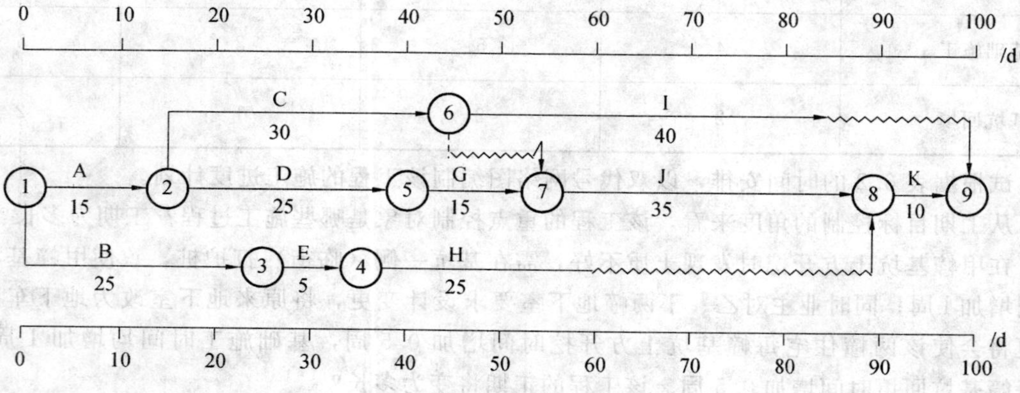

图 6.7　某项目施工进度计划

在施工过程中，由于业主要求变更设计图纸，使工作 E 停工 10 d（其他工作持续时间不变），监理工程师及时向承包方发出通知，要求承包方调整进度计划，以保证该工程按合同工期完工。

承包方提出的调整方案为：将工作 J 的持续时间压缩 5 d。

(1) 如果在原计划中先安排工作 E，后安排工作 G，塔吊应安排在第几天（上班时刻）进场投入使用较为合理？为什么？

(2) 工作 E 停工 10 d 后，承包方提出的进度计划调整方案是否合理？该计划如何调整更为合理？

解

(1) 塔吊应安排在第 31 d（上班时刻）进场投入使用。塔吊在工作 E 与工作 G 之间没有闲置。

(2) 不合理。可以先进行工作 G，后进行工作 E，如图 6.8 所示，因为工作 E 的总时差为30 d，这样安排不影响合同工期。

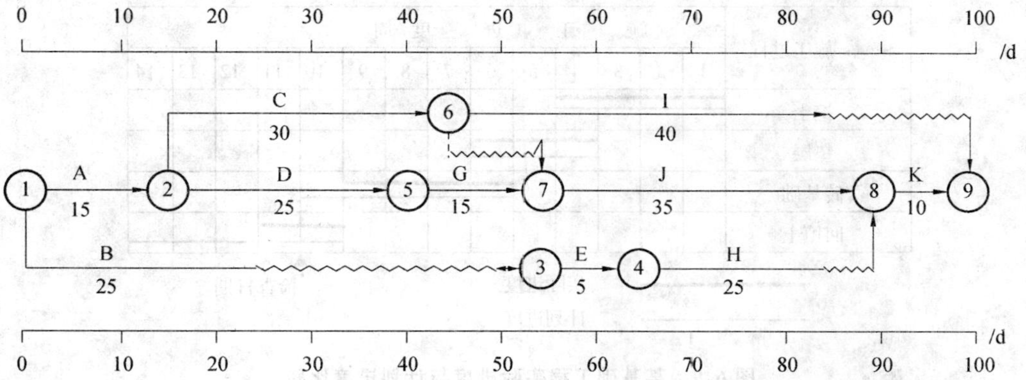

图 6.8 调整后的施工进度计划

6.4 实际进度与计划进度的比较方法

6.4.1 横道图比较法

1. 横道图比较法的特点与应用

横道图比较法是把在项目施工中检查实际进度收集的信息，经整理后直接用横道线并列标于原计划的横道线，进行直观比较的方法。

横道图比较法比较简单，通俗易懂，形象直观，易于掌握，但由于其以横道图为基础，因而带有不可克服的局限性。在横道计划中，各项工作之间的逻辑关系表示不明确，关键工作和关键线路无法确定。一旦某些工作实际进度出现偏差时，难以预料其对后续工作及工程总工期的影响，从而无法确定相应的进度计划调整方法。因此，横道图比较法主要用于某些局部工作实际进度与计划进度的比较。

完成任务量可以用实物工程量、劳动消耗量和工作量 3 种物理量表示。为了比较方便，一般用它们实际完成量的累计百分比与计划应完成量的累计百分比进行比较。

2. 匀速施工横道图比较法

匀速施工是指项目施工中，每项工作的施工进展速度都是匀速的，即在单位时间内完成的任务量都是相等的，累计完成的任务量与时间呈直线变化。其具体步骤为：

①编制横道图进度计划。

②在进度计划上标出检查日期。

③将检查收集的实际进度数据，按比例用涂黑的粗线标于计划进度线的下方。

④比较分析实际进度与计划进度，可能会出现以下几种情况：

a. 涂黑的粗线右端与检查日期相重合，表明实际进度与施工计划进度相一致。

b. 涂黑的粗线右端在检查日期的左侧，表明实际进度拖后。

c. 涂黑的粗线右端在检查日期的右侧，表明实际进度超前。

【例 6.3】已知某基础工程实际进度与计划进度比较如图 6.9 所示，其中细实线表示计划进度，粗实线表示实际进度。假设各施工过程均为匀速进展，即每项工作在单位时间内完成的任务量都相等，要求比较各施工过程在第 10 周末时刻计划进度与实际进度的差别。

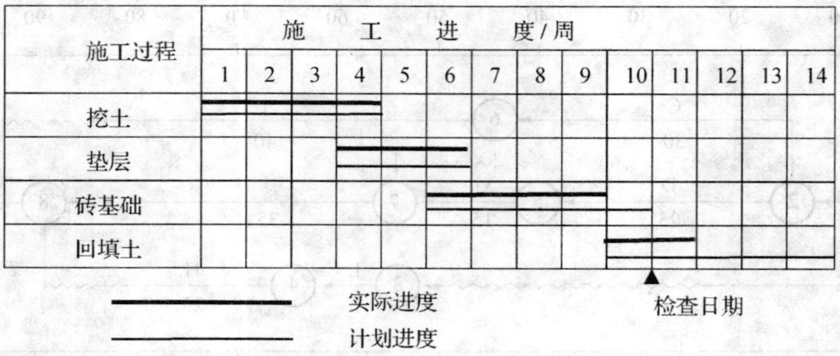

图 6.9　某基础工程实际进度与计划进度比较

解　从图 6.9 中可以看出，在第 10 周末检查时，挖土、垫层两项工作已经完成，砖基础实际进度比计划进度拖延了 1 周，任务量拖欠 20%，回填土实际进度比计划进度提前了 1 周，任务量超额完成 20%。

该方法适用条件为各施工过程均为匀速进展的情况，如果各过程进展速度不一样，则不能采用该方法，而应采用非匀速进展的横道图比较方法。

6.4.2　S 形曲线比较法

S 形曲线比较法，是以横坐标表示进度时间，纵坐标表示累计完成任务量，而绘制出一条按计划时间累计完成任务量的 S 形曲线，将施工项目的各检查时间实际完成的任务量与 S 形曲线进行实际进度与计划进度相比较的一种方法。

从整个施工项目的施工全过程而言，一般是开始和结尾阶段，单位时间投入的资源量较少，中间阶段单位时间投入的资源量较多，与其相关，单位时间完成的任务量也是呈同样变化的，而随时间进展累计完成的任务量，则应该呈 S 形变化。

1. S 形曲线的绘制

(1) 确定工程进展速度曲线

根据每单位时间内完成的任务量（实物工程量、投入劳动量或费用），计算出单位时间的计划的任务量值。

(2) 计算规定时间内累计完成的任务量

其计算方法是将各单位时间完成的任务量累加求和，即

$$Q_j = \sum_{t=1}^{j} q_t$$

式中　Q_j——j 时刻的计划累计完成任务量；

q_t——单位时间计划完成任务量。

(3) 绘制 S 形曲线

按各规定的时间及其对应的累计完成任务量 Q_j 绘制 S 形曲线。

2. S 形曲线比较

S 形曲线比较法，同横道图一样，是在图上直观地进行施工项目实际进度与计划进度比较，如图 6.10 所示。一般情况，计划进度控制人员在计划时间前绘制出 S 形曲线。在项目施工过程中，按规定时间将检查的实际完成情况绘制在与计划 S 形曲线同一张图上，可得出实际进度 S 形曲线，比较两条 S 形曲线可以得到如下信息：

①项目实际进度与计划进度比较，当实际工程进展点落在计划 S 形曲线左侧则表示此时实际进度比计划进度超前；若落在其右侧，则表示拖欠；若刚好落在其上，则表示二者一致。

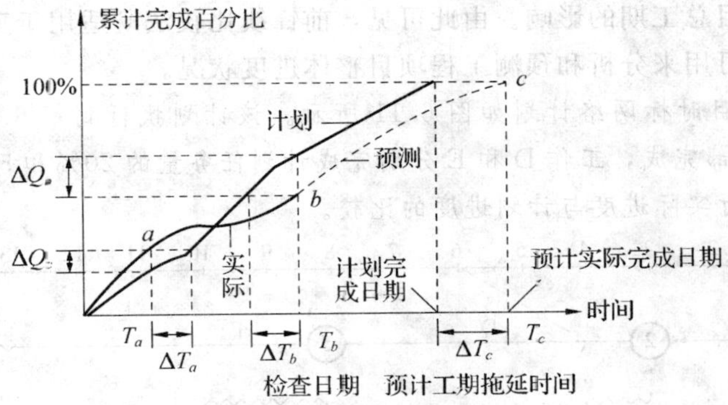

图 6.10　S 型曲线比较分析

②项目实际进度比计划进度超前或拖后的时间。

③任务量完成情况，即工程项目实际进度比计划进度超额或拖欠的任务量。

④后期工程进度预测。

6.4.3 前锋线比较法

前锋线比较法是通过绘制检查时刻工程项目实际进度前锋线，进行工程实际进度与计划进度比较的方法，它主要适用于时标网络计划。前锋线比较法就是通过实际进度前锋线与原进度计划中各工作箭线交点的位置来判断工作实际进度与计划进度的偏差，进而判定该偏差对后续工作及总工期影响程度的一种方法。

采用前锋线比较法进行实际进度与计划进度的比较，其步骤如下：

1. 绘制时标网络计划图

工程项目实际进度前锋线是在时标网络计划图上表示，为清楚起见，可在时标网络计划图的上方和下方各设一时间坐标。

2. 绘制实际进度前锋线

一般从时标网络计划图上方时间坐标的检查日期开始绘制，依次连接相邻工作的实际进度点位置，将检查时刻正在进行工作的实际进度点依次连接起来，最后与时标网络计划图下方坐标的检查日期相连接，组成一条一般为折线的前锋线。

工作实际进度点位置的标定方法有两种：

(1) 按该工作已完成任务量比例进行标定

假设工程项目中各项工作均为匀速进展，根据实际进度检查时刻该工作已完成任务量占其计划完成总任务量的比例，在工作箭线上从左至右按相同的比例标定其实际进度点位置。

(2) 按尚需作业时间进行标定

当某些工作的持续时间难以按实物工程量来计算而只能凭经验估算时，可以先估算出检查时刻到该工作全部完成尚需作业的时间，然后在该工作箭线上从右向左逆向标定其实际进度点位置。

3. 进行实际进度与计划进度的比较

前锋线可以直观地反映出检查日期有关工作实际进度与计划进度之间的关系。对某项工作来说，其实际进度与计划进度之间的关系可能存在以下两种情况：

①工作实际进度点位置落在检查日期的左侧（右侧），表明该工作实际进度拖后（超前），拖后（超前）的时间为二者之差。

②工作实际进度点位置与检查日期重合，表明该工作实际进度与计划进度一致。

4. 预测进度偏差对后续工作及总工期的影响

通过实际进度与计划进度的比较确定进度偏差后，还可根据工作的自由时差和总时差预测该进度偏差对后续工作及项目总工期的影响。由此可见，前锋线比较法既适用于工作实际进度与计划进度之间的局部比较，又可用来分析和预测工程项目整体进度状况。

【例 6.4】某工程项目时标网络计划如图 6.11 所示。该计划执行到第 6 周末检查实际进度时，发现工作 A 和 B 已经全部完成，工作 D 和 E 分别完成计划任务量的 20%和 50%，工作 C 尚需 3 周完成，试用前锋线法进行实际进度与计划进度的比较。

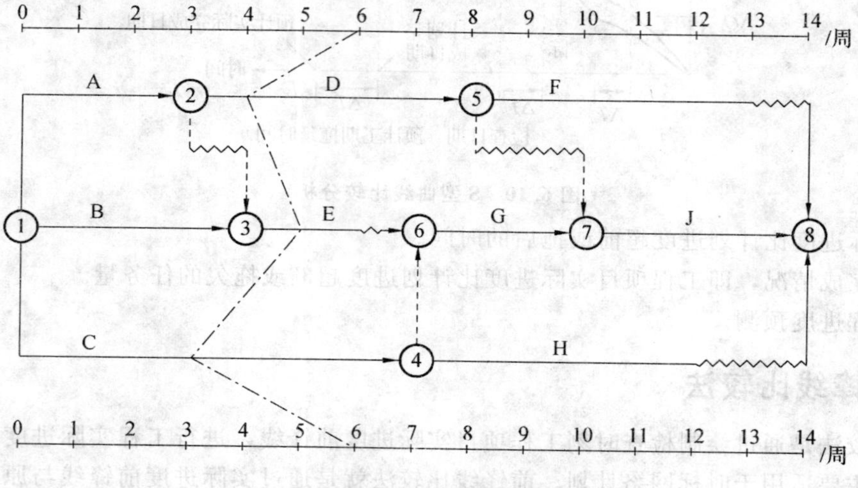

图 6.11　某工程项目前锋线比较

解　根据第 6 周末实际进度的检查结果绘制前锋线，如图 6.11 中点画线所示。通过比较可以看出：

①工作 D 实际进度拖后 2 周，将使其后续工作 F 的最早开始时间推迟 2 周，并使总工期延长 1 周。

②工作 E 实际进度拖后 1 周，既不影响总工期，也不影响其后续工作的正常进行。

③工作 C 实际进度拖后 3 周，将使其后续工作 G、H、J 的最早开始时间推迟 3 周。由于工作 C 为关键工作，从而使总工期延长 3 周。

综上所述，如果不采取措施加快进度，该工程项目的总工期将延长 3 周。

6.4.4 香蕉曲线比较法

香蕉曲线是由两条 S 形曲线组合而成的闭合曲线。工程项目累计完成的任务量与计划时间的关系，可以用一条 S 形曲线表示。对于一个工程项目的网络计划来说，如果以其中各项工作的最早开始时间安排进度而绘制 S 形曲线，称为 ES 曲线；如果以其中各项工作的最迟开始时间安排进度而绘制 S 形曲线，称为 LS 曲线。这两条 S 形曲线具有相同的起点和终点，因此，这两条曲线是闭合的。在一般情况下，ES 曲线上的其余各点均落在 LS 曲线的相应点的左侧。由于该闭合曲线形似“香蕉”，故称为香蕉曲线，如图 6.12 所示。

1. 香蕉曲线比较法的作用

香蕉曲线比较法能直观地反映工程项目的实际进展情况，并可以获得比 S 曲线更多的信息。其主要作用有：

(1) 合理安排工程项目进度计划

如果工程项目中的各项工作均按其最早开始时间安排进度，将导致项目的投资加大；而如果各项工作都按其最迟开始时间安排进度，则一旦受到进度影响因素的干扰，又将导致工期拖延，使工程进度风险加大。因此，一个科学合理的进度计划优化曲线应处于香蕉曲线所包络的区域之内，如图 6.12 中的点画线所示。

(2) 定期比较工程项目的实际进度与计划进度

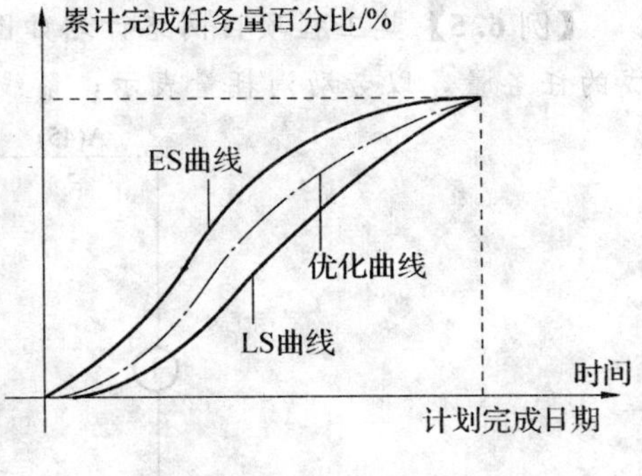

图 6.12 香蕉曲线比较

在工程项目的实施过程中，根据每次检查收集到的实际完成任务量，绘制出实际进度S形曲线，便可以与计划进度进行比较。工程项目实施进度的理想状态是任一时刻工程实际进展点应落在香蕉曲线图的范围之内。如果工程实际进展点落在ES曲线的左侧，表明此刻实际进度比各项工作按其最早开始时间安排的计划进度超前；如果工程实际进展点落在LS曲线的右侧，则表明此刻实际进度比各项工作按其最迟开始时间安排的计划进度拖后。

(3) 预测后期工程进展趋势

利用香蕉曲线可以对后期工程的进展情况进行预测。例如在图6.13中，该工程项目在检查日实际进度超前。检查日期之后的后期工程进度安排如图中虚线所示，预计该工程项目将提前完成。

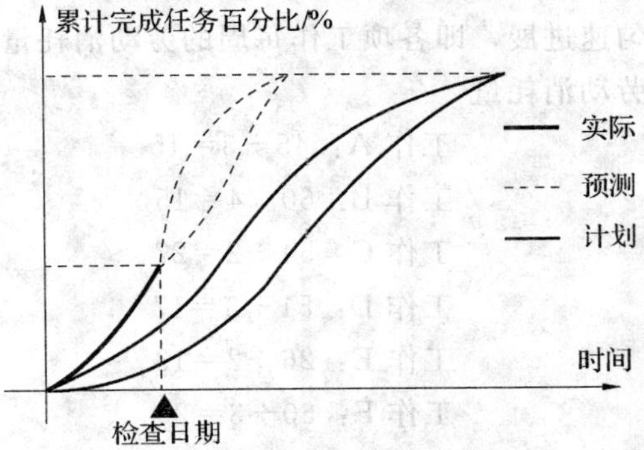

图 6.13 工程进展趋势预测

2. 香蕉曲线的绘制方法

香蕉曲线的绘制方法是以工作按最早开始时间安排进度和按最迟开始时间安排进度分别绘制的两条S形曲线组合而成，其具体步骤如下：

①以工程项目的网络计划为基础，计算各项工作的最早开始时间和最迟开始时间。

②确定各项工作在各单位时间的计划完成任务量，如工时消耗、材料消耗、完成产量等。分别按以下两种情况考虑：

a. 以工程项目的最早时标网络图为准，确定各工作在各单位时间的计划完成任务量。

b. 以工程项目的最迟时标网络图为准，确定各工作在各单位时间的计划完成任务量。

③计算工程项目总任务量，即对所有工作在各单位时间内计划完成的任务量累加求和。

④分别根据各项工作最早开始、最迟开始时间安排进度计划，确定工程项目在各单位时间计划完成的任务量，即对各项工作在某一单位时间内计划完成的任务量求和。

⑤分别根据各项工作按最早开始、最迟开始时间安排进度计划，确定不同时间累计完成的任务量或任务量的百分比。

⑥绘制香蕉曲线。分别根据各项工作按最早开始、最迟开始安排的进度计划而确定的累计完成任务量或任务量的百分比描绘各点，并连接各点得到ES曲线和LS曲线，由ES曲线和LS曲线组成香蕉曲线。

在工程项目实施过程中，根据检查得到的实际累计完成任务量，在原计划香蕉曲线图上绘出实际进度曲线，便可以进行实际进度与计划进度的比较。

【例 6.5】某工程项目网络计划如图 6.14 所示，图中箭线上方括号内数字表示各项工作计划完成的任务量，以劳动消耗量表示；箭线下方数字表示各项工作的持续时间（周）。试绘制香蕉曲线。

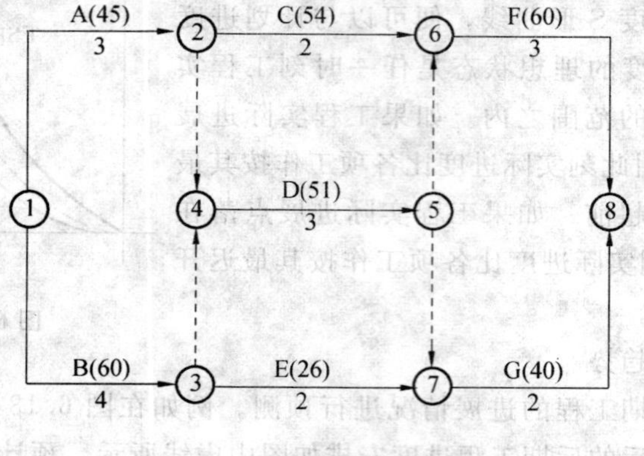

图 6.14　某工程项目网络计划

解　假设各项目工作都以匀速进展，即各项工作每周的劳动消耗量相等。

（1）确定各项工作每周的劳动消耗量

工作 A：45÷3＝15

工作 B：60÷4＝15

工作 C：54÷2＝27

工作 D：51÷3＝17

工作 E：26÷2＝13

工作 F：60÷3＝20

工作 G：40÷2＝20

（2）计算工程项目劳动消耗总量

$$Q=45+60+54+51+26+60+40=336$$

根据各项工作按最早开始时间安排的进度计划，确定工程项目每周计划劳动消耗量及各周累计劳动消耗量，如图 6.15 所示。

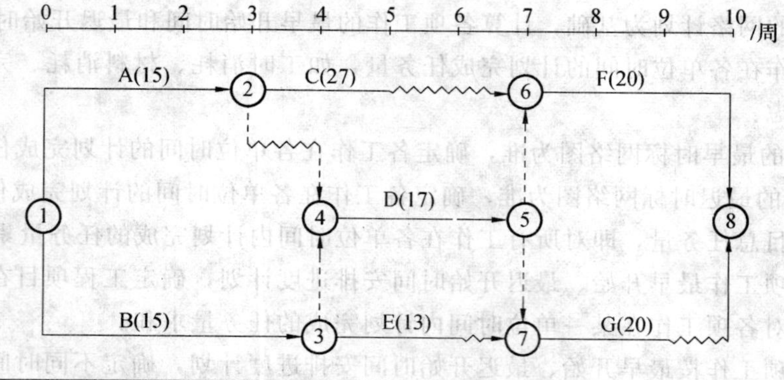

每周劳动消耗量	30	30	30	42	57	30	17	40	40	20
累计劳动消耗量	30	60	90	132	189	219	236	276	316	336

图 6.15　按工作最早开始时间安排的进度计划及劳动消耗量

根据各项工作按最迟开始时间安排的进度计划，确定工程项目每周计划劳动消耗量及各周累计劳动消耗量，如图 6.16 所示。

根据不同的累计劳动消耗量分别绘制 ES 曲线和 LS 曲线，便得到香蕉曲线，如图 6.17 所示。

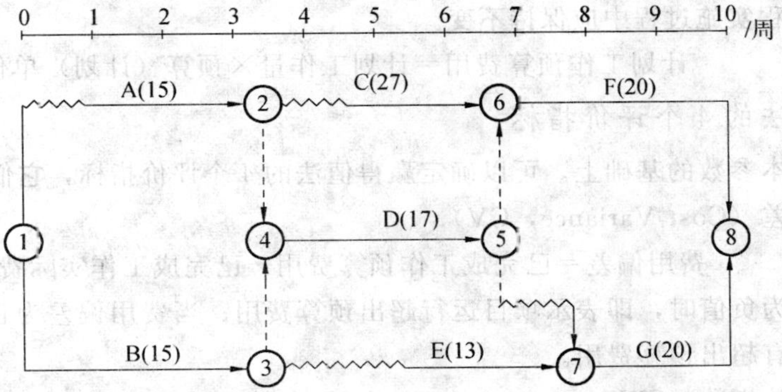

每周劳动消耗量	15	30	30	30	17	44	57	33	40	40
累计劳动消耗量	15	45	55	105	122	166	223	256	296	336

图 6.16　按工作最迟开始时间安排的进度计划及劳动消耗量

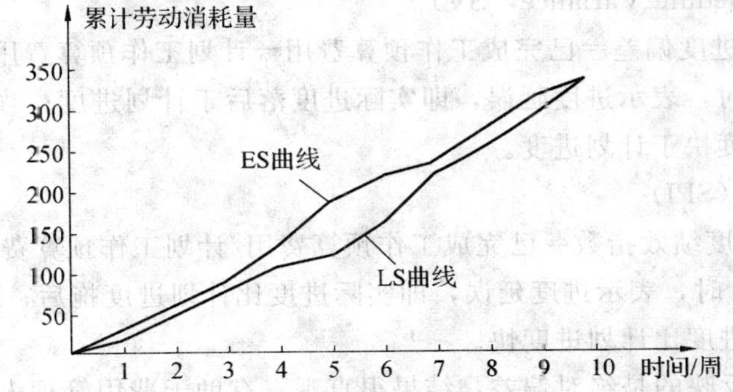

图 6.17　香蕉曲线

6.5　赢得值法在进度控制中的应用

赢得值法（Earned Value Management，EVM）作为一项先进的项目管理技术，最初是美国国防部于 1967 年首次确立的。到目前为止国际上先进的工程公司已普遍采用赢得值法进行工程项目的费用、进度综合分析控制。用赢得值法进行费用、进度综合分析控制，基本参数有 3 项，即已完成工作实际费用、已完成工作预算费用及计划工作预算费用。

1. 赢得值法的 3 个基本参数

(1) 已完成工作实际费用

已完成工作实际费用（Actual Costfor Work Performed，ACWP），是指到某一时刻为止，已完成的工作（或部分工作）实际所花费的总金额。

已完成工作实际费用＝已完成工作量×实际单价

(2) 已完成工作预算费用

已完成工作预算费用（Budgeted Costfor Work Performed，BCWP），是指在某一时间已经完成的工作（或部分工作），以批准认可的预算为标准所需要的资金总额。由于业主正是根据这个值为承包人完成的工作量支付相应的费用，也就是承包人获得（挣得）的金额，故称为赢得值或挣值。

已完成工作预算费用＝已完成工作量×预算（计划）单价

(3) 计划工作预算费用

计划工作预算费用（Budgeted Costfor Work Scheduled，BCWS），是指根据进度计划，在某一时刻应当完成的工作（或部分工作），以预算为标准所需要的资金总额，一般来说，除非合同有变更，BCWS在工程实施过程中应保持不变。

计划工作预算费用＝计划工作量×预算（计划）单价

2. 赢得值法的4个评价指标

在这3个基本参数的基础上，可以确定赢得值法的4个评价指标，它们也都是时间的函数。

(1) 费用偏差（Cost Variance，CV）

费用偏差＝已完成工作预算费用－已完成工作实际费用

当费用偏差为负值时，即表示项目运行超出预算费用；当费用偏差为正值时，表示项目运行节支，实际费用没有超出预算费用。

(2) 费用绩效指数（CPI）

费用绩效指数＝已完成工作预算费用/已完成工作实际费用

当费用绩效指数＜1时，表示超支，即实际费用高于预算费用；当费用绩效指数＞1时，表示节支，即实际费用低于预算费用。

(3) 进度偏差（Schedule Variance，SV）

进度偏差＝已完成工作预算费用－计划工作预算费用

当进度偏差为负值时，表示进度延误，即实际进度落后于计划进度；当进度偏差为正值时，表示进度提前，即实际进度快于计划进度。

(4) 进度绩效指数（SPI）

进度绩效指数＝已完成工作预算费用/计划工作预算费用

当进度绩效指数＜1时，表示进度延误，即实际进度比计划进度拖后；当进度绩效指数＞1时，表示进度提前，即实际进度比计划进度快。

费用（进度）偏差反映的是绝对偏差，结果很直观，有助于费用管理人员了解项目费用出现偏差的绝对数额，并依此采取一定措施，制定或调整费用支出计划和资金筹措计划。但是，绝对偏差有其不容忽视的局限性。如同样是10万元的费用偏差，对于总费用1 000万元的项目和总费用1亿元的项目而言，其严重性显然是不同的。因此，费用（进度）偏差仅适合于对同一项目做偏差分析。费用（进度）绩效指数反映的是相对偏差，它不受项目层次的限制，也不受项目实施时间的限制，因而在同一项目和不同项目比较中均可采用。

在项目的费用、进度综合控制中引入赢得值法，可以克服过去进度、费用分开控制的缺点，即当我们发现费用超支时，很难立即知道是由于费用超出预算，还是由于进度提前。相反，当我们发现费用低于预算时，也很难立即知道是由于费用节省，还是由于进度拖延。而引入赢得值法即可定量地判断进度、费用的执行效果。

3. 曲线法

在项目实施过程中，以上3个参数可以形成3条曲线，即计划工作预算费用（*BCWS*）、已完成工作预算费用（*BCWP*）、已完成工作实际费用（*ACWP*）曲线，如图6.18所示。

如图6.18所示：$CV=BCWP-ACWP$，由于两项参数均以已完成工作为计算基准，所以两项参数之差，反映项目进展的费用偏差。

$SV=BCWP-BCWS$，由于两项参数均以预算值（计划值）作为计算基准，所以两者之差，反映项目进展的进度偏差。

采用赢得值法进行费用、进度综合控制，还可以根据当前的进度、费用偏差情况，通过原因分析，对趋势进行预测，预测项目结束时的进度、费用情况。

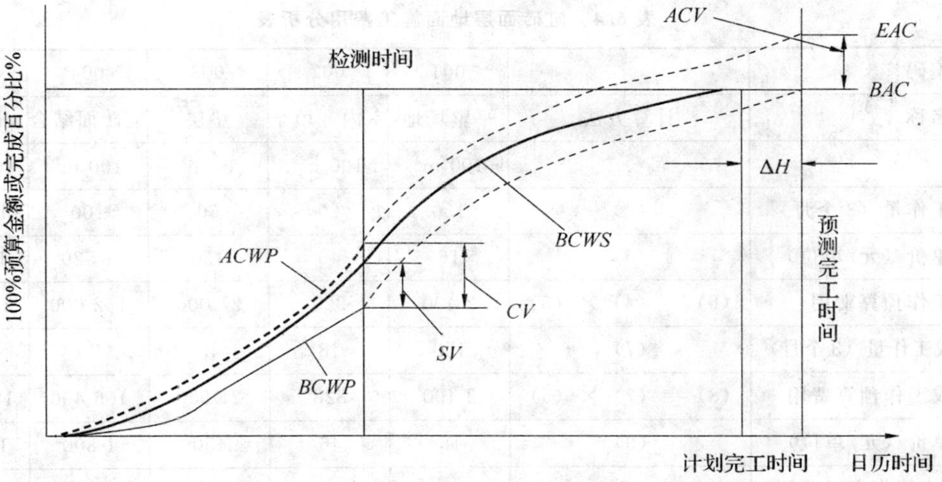

图 6.18 赢得值分析

项目完工预算（Budget at Completion，BAC）指编计划时预计的项目完工费用；预测的项目完工估算（Estimate at Completion，EAC）指计划执行过程中根据当前的进度、费用偏差情况预测的项目完工总费用；预测项目完工时的费用偏差（at Completion Variance，ACV），即

$$ACV = BAC - EAC$$

【例 6.6】 某工程项目有 2 000 m^2 缸砖面层地面施工任务，交由某分包商承担，计划于 6 个月内完成，计划的各工作项目单价和计划完成的工作量见表 6.3。该工程进行了 3 个月以后，发现某些工作项目实际已完成的工作量及实际单价与原计划有偏差，其数值见表 6.3。

表 6.3 各工作项目单价和计划完成的工作量表

工作项目名称	平整场地	室内夯填土	垫层	缸砖面砂浆结合	踢脚
单位	100 m^2	100 m^2	10 m^2	100 m^2	100 m^2
计划工作量（3 个月）	150	20	60	100	13.55
计划单价（元/单位）	16	46	450	1 520	1 620
已完成工作量（3 个月）	150	18	48	70	9.5
实际单价（元/单位）	16	46	450	1 800	1 650

问题：

(1) 试计算出并用表格法列出至第三个月末时各工作的计划工作预算费用、已完成工作预算费用、已完成工作实际费用，并分析费用局部偏差值、费用绩效指数、进度局部偏差值、进度绩效指数以及费用累计偏差和进度累计偏差。

(2) 用横道图法表明各项工作的进展以及偏差情况，分析并在图上标明其偏差情况。

(3) 用曲线法表明该项施工任务总的计划和实际进展情况，标明其费用及进度偏差情况（说明：各工作项目在 3 个月内均是以等速、等值进行的）。

解 (1) 用表格法分析费用偏差，见表 6.4。

表 6.4　缸砖面层地面施工费用分析表

(1) 项目编码		001	002	003	004	005	总计
(2) 项目名称	计算方法	平整场地	室内夯填土	垫层	缸砖面结合	踢脚	
(3) 单位		100 m^2	100 m^2	10 m^2	100 m^2	100 m^2	
(4) 计划工作量（3 个月）	(4)	150	20	60	100	13.55	
(5) 计划单价（元/单位）	(5)	16	46	450	1 520	1 620	
(6) 计划工作预算费用	(6) ＝ (4) × (5)	2 400	920	27 000	152 000	21 951	204 271
(7) 已完成工作量（3 个月）	(7)	150	18	48	70	9.5	
(8) 已完成工作预算费用	(8) ＝ (7) × (5)	2 400	828	21 600	106 400	15 390	146 618
(9) 实际单价（元/单位）	(9)	16	46	450	1 800	1 650	
(10) 已完成工作实际费用	(10) ＝ (7) × (9)	2 400	828	21 600	12 600	15 675	166 503
(11) 费用局部偏差	(11) ＝ (8) － (10)	0	0	0	－19 600	－285	
(12) 费用绩效指数 CPI	(12) ＝ (8) ÷ (10)	1.0	1.0	1.0	0.847	0.98	
(13) 费用累计偏差	(13) ＝ ∑ (11)			－19 885			
(14) 进度局部偏差	(14) ＝ (8) － (6)	0	－92	－5 400	－45 600	－6 561	
(15) 进度绩效指数 SPI	(15) ＝ (8) ÷ (6)	1.0	0.90	0.8	0.70	0.70	
(16) 进度累计偏差	(16) ＝ ∑ (14)			－57 653			

(2) 根据上述案例，采用横道图偏差分析方法，见表 6.5。其中各横道形式表示为：计划工作预算费用 ；已完成工作预算费用 ；已完成工作实际费用 。

注：因空间所限，表 6.5 中各项工作的横道比例尺大小不同。

表 6.5　偏差分析

项目编号	项目名称	费用数额	万元	费用偏差/万元	进度偏差/万元
001	平整场地	2.40 2.40 2.40	0	0	
002	夯填土	0.92 0.83 0.83	0	－0.09	
003	垫层	27.00 21.60 21.60	0	－5.40	
004	缸砖面结合	152.00 106.40 126.00	－19.6	－45.60	
005	踢脚	21.95 15.39 15.68	－0.29	－6.56	
	合计	204.27 146.62 166.50	－19.89	－57.65	

(3) 曲线法偏差分析。用曲线法表明该项施工任务在第 3 个月末时，其费用及进度的偏差情况如图 6.19 所示。

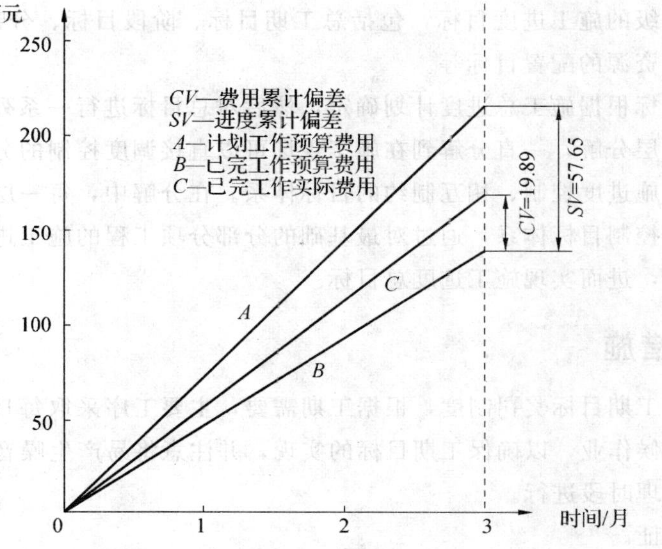

图 6.19 偏差分析图

用曲线法分析时，由于假定各项工作均是等速进行，故所绘曲线呈直线形，如图 6.19 所示。

6.6 施工进度计划的控制措施

6.6.1 组织措施

施工进度组织系统是实现施工进度计划的组织保证。项目部及各分包商的各级负责人，从项目经理、项目副经理、项目总工及各专业负责人、各分包负责人、班组长和有关人员组成了项目进度组织系统。

(1) 施工进度控制组织系统的主要职责

严格执行进度计划要求、落实和完成各自的职责和任务，又要随时检查、分析计划的执行情况，以发现实际进度与计划进度发生偏离时，能及时采取有效措施进行调整、解决。即施工进度组织系统既是施工进度的实施组织系统，又是施工项目进度的控制组织系统，既要承担计划实施赋予的生产管理和施工任务，又要承担进度控制目标，对进度控制负责，以保证总进度目标实现。

(2) 施工进度控制的组织措施

①推行项目法与职能并进的复合式总承包管理模式，实行项目经理负责制，负责施工的全过程。项目部根据工程的实际情况以及公司的各程序文件，编制项目部《管理制度汇编》，项目部每位成员明确职责，各负其责确保工期目标的实现。在《管理制度汇编》中，明确项目员工的工作原则、工作范围，力求做到责、权、利明确、统一。

②订立进度控制工作制度，制度内容包括：进度计划执行情况的检查时间、检查方法；建立生产例会制度；在总进度计划控制下，安排周、日作业计划，在例会上对进度控制点进行检查是否落实；每日各专业施工进度、施工区域情况汇总提供给各专业施工方和分包商，以便互相做好协调工作，以免互相发生冲突。

③落实各层次进度控制人员的具体任务和工作职责：项目经理对工程总工期负全面责任，项目副经理对工程总工期的日常执行情况及阶段目标负负责；生产经理对月计划、阶段计划的执行负直

接责任；职能部门及各分包负责人对周计划、月计划的执行情况负责；项目总工程师负责组织进度计划的策划、制订、检查、分析、更新。

④确定多个层级的施工进度目标，包括总工期目标、阶段目标、分部分项工程目标、月（周）进度目标以及相关资源的配置目标等。

施工进度总目标根据施工总进度计划确定，然后对总目标进行一系列的从总体到局部、从高层次到基础层次的层层分解，一直分解到在施工现场可以直接调度控制的分部分项工程或作业过程的施工为止，形成实施进度控制、相互制约的目标体系。在分解中，每一层次的进度控制目标都限定了下一层次的进度控制目标体系，通过对最基础的分部分项工程的施工进度控制来保证阶段工程进度控制目标的完成，进而实现施工进度总目标。

6.6.2 经济措施

①实行合理的工期目标奖罚制度，根据工期需要，主要工序采取每日两班作业制。劳动力相对独立，按两班全天候作业，以确保工期目标的实现，并注意将易产生噪音的工作安排在经与有关部门共同协商后的合理时段进行。

②资金管理保证。

a. 划拨专项工程储备金，在业主工程款出现滞后的情况下及时启动，保证材料设备及人员工资的资金充足，保障工程顺利进行。

b. 对项目部设立阶段工期奖励基金，按 3 个阶段验收及竣工验收 4 个目标进行奖励，提高全体员工的工作积极性。

c. 按时发放民工工资，设立专项民工工资保障资金，在进行集体工伤保险的情况下另外成立民工二伤救助基金。

d. 设立专门款项，在农忙季节提高民工工资待遇，发放生活福利品，安定民心，提高施工效率。

6.6.3 技术措施

（1）提前完善各主要分部分项工程和重点、难点的施工方案

分析本工程在施工中需控制的重点和难点，这些均对整个施工进度有重大影响，因此进行深入细致的探讨，确定现阶段较可行的方案。进场后，总工将组织技术部各专业技术人员，进一步针对现场条件和施工生产情况，进行研究，确定方案的可行性和可操作性，并报监理和业主审批。

（2）提前做好季节性、特殊环境（如室内照明、施工用电等）有针对性的施工前准备工作

做出各种紧急情况下的应急预案，以便在计划外的意外条件发生时，能适时启动应急方案，将意外情况对进度的不利影响降至最小。

（3）交叉施工作业

面对工程工期紧的压力，如何解决好各工序间的交叉配合及尽可能地利用空间和时间资源，是保证工期的关键。

①结构施工与粗装修的交叉施工。

为使本工程保质保量按期完成，提前插入粗装修工程、机电工程和外立面装修工程，以保证装修有充裕的时间。要充分体现结构快、砌筑和机电安装早插入、装修紧张有序的原则，在具备施工作业面的情况下组织实施。按照上述原则，采取分段施工的方法，抓紧砌筑工程施工，在主体结构框架分阶段施工完成后，及早进行分阶段结构验收，以便机电管道、管线安装和粗装修工作的及时插入。

a. 工作面交叉。砌筑和机电管道安装插入后要与结构工作面适当隔离，划分区域，有一定的独立性，避免过多的干扰，以不影响结构施工为原则。

b. 安全防护设施方面的交叉。在施工过程中可能会存在局部防护设施妨碍施工，在此情况下可申报现场安全总监请求临时拆除，施工完后再及时恢复，同时在施工过程中采取其他安全防护措施。严禁私自拆除必要的防护设施，以保证结构施工过程中的安全。

②装修与安装之间的交叉施工。

装修与安装之间的交叉施工，历来是工程施工中工序交叉矛盾最多的施工阶段，装修与安装交叉工作面大，内容复杂，如处理不当将出现相互制约、相互破坏、相互推诿的不利局面，土建与安装的工序交叉问题是一切工序交叉中的重点，必须重点解决。解决此矛盾的原则：

a. 安装进度必须服从总体进度计划。保证主导工序的施工进度，选择合理的穿插时机，必须根据总体进度计划进行统一组织、安排和协调，使整个工程形成一个和谐高效的有机整体。

b. 明确责任，正确划分利益关系。土建和安装正确合理的工序排列，虽然有时会使土建或安装单独一个专业遭受工期费用上的损失，但从工程整体上却能加快施工进度或降低整体工程造价。

c. 建立固定的协调制度。当工程施工进入多个专业交叉施工阶段，总包方定期组织召开各专业施工方参加的工程协调会，以协调解决各专业施工方施工过程中的制约因素。

d. 一切从工程全局出发，各专业施工方应在总包商的统一组织管理和协调下开展施工，互相帮助相互谅解，土建施工要为装饰、安装创造条件，装饰、安装要注意对土建成品及半成品的保护。

（4）进度计划的贯彻、交底与培训

进度计划是指导某一阶段的纲领，是实施进度的必要条件，只有让人人做到心里有数，计划落实才能得到有效的贯彻，在各分包队伍直接组织的劳务队进场后，都必须进行计划的交底和培训工作。

总进度计划开工后一个月内提交于业主与监理，二级进度计划由各专业工程师和部门严格贯彻，三级进度计划在监理月总结前提交，在监理会上交底，四级进度计划主要是每日的工作安排，在周例会上进行培训与学习。

（5）做好现场调度工作

现场调度工作是各项资源调配综合利用的核心部分，现场的调度以计划为主线，调度与实施计划相关各类资源的利用是进度实施的重要方面。在工程实施中，公司派经验丰富的人员进行现场指挥，并常驻工地，随时解决调配之间的矛盾。做好施工现场的分配与综合利用、各项材料计划进场与出场安排、劳动力人数的现场监测等。

（6）集中优势资源抓关键工作

制定本工程的总进度计划后，确定关键性线路，对所有关键线路上的各项工作，进行综合分析，确保总工期的实现。

在资源配给方面，对关键线路上的工序由副经理在管理和资源上优先供给。

（7）采用先进的施工工艺与方法

工程在施工时，尽可能采用先进施工技术、方法和新材料、新工艺，采用先进的工艺与施工方法，是确保施工进度重要保证。在选择施工方法上，尽量科学合理，采用现代成熟先进的工艺与施工方法。

组建现场局域网，提高信息化程度，项目施工进度控制、钢材放样、工程预算、财务报表、成本控制、材料管理、技术资料管理等方面运用计算机进行动态管理，利用现场办公局域网络共享各种信息资源，及时反映施工现场各方面管理的情况，预测未来发展趋势，为科学管理、科学决策提供强有力的技术保证。

6.6.4 管理措施

施工进度控制过程中，应通过施工部署、组织协调、生产调度和指挥、改善施工程序和方法的决策等，应用技术、经济和动态控制原理、信息反馈原理、封闭循环原理等科学管理手段，实现有效的进度控制。

①项目部施工技术人员深入工程第一线，及时发现问题，解决问题，调解各施工队在场地、机械、材料使用方面的矛盾，充分协调队与队之间，施工队同项目各业务人员之间的关系，保证施工顺利进行。

②每周召开工程例会，检查生产任务完成情况，对存在的问题，责令责任人落实整改措施。

③加强对各专业施工队伍的管理，专业施工进度必须服从土建工程的总体施工进度。

④加强“自检、互检、交接检”的三检制度和施工过程控制和管理，注重过程检查和验收。

⑤项目部首先要建立进度实施、控制的科学组织系统和严密的工作制度，然后依据施工进度控制目标体系，对施工的全过程进行系统控制。

进度实施系统应发挥监测、分析职能并循环运行，即随着施工活动的进行，信息管理系统会不断地将施工实际信息反馈给生产经理（进度控制者），经过统计整理，比较分析后，确认进度无偏差，则系统继续运行；一旦发现实际进度与计划进度有偏差，系统将发挥调控职能，分析偏差产生的原因，及对后续施工和总工期的影响。必要时，项目总工程师应对原计划进行调整，提出纠偏措施方案和实施的技术、经济、合同保证措施，以及取得业主、监理及分包等相关单位的支持与配合的协调措施，经业主、监理工程师确认切实可行后，将调整后的新进度计划输入到进度实施系统，施工活动继续在新的控制下运行。重复以上流程，直到完成全部施工内容的进度计划。

⑥施工进度计划控制的合同措施即以合同形式保证工期进度的实现，主要措施有：随时检查更新进度计划，使总进度控制目标与合同总工期相一致；分包合同的工期要求与总合同的工期相一致。其分包工程进度计划的制订、进度控制目标的制订依据为总工期目标的分解；材料、设备的供货、运输、构件加工等合同规定的提供服务时间须与有关的进度控制目标一致。

⑦做好对各分包的管理，对专业分包队伍的调配需严格按计划执行。在与分包签订合同时，严格明确进场时间，并严格按照二级计划执行，设置监控点，进行动态监测，并做好协商。对业主指定分包单位，对不能按要求完成其内容的，必要时，请业主共同解决。在工程例会上，各分包单位必须将每天的进度进行汇报，总包提供一切可能的施工条件。

【知识拓展】

施工项目进度控制受以下原理支配：

（1）动态控制原理

施工项目进度控制是一个不断进行的动态控制，也是一个循环进行的过程。它是从项目施工开始，实际进度就出现了运动的轨迹，也就是计划进入执行的动态。实际进度按照计划进度进行时，两者相吻合；当实际进度与计划进度不一致时，便产生超前或落后的偏差。分析偏差的原因，采取相应的措施，调整原来的计划，使两者在新起点上重合，继续按其进行施工活动，并且充分发挥组织管理的作用，使实际工作按计划进行。但是在新的干扰因素作用下，又会产生新的偏差。施工进度计划的控制就是采用这种动态循环的控制方法。

（2）系统原理

①施工项目计划系统。

为了对施工项目实际进度计划控制，首先必须编制施工项目的各种进度计划。其中有施工项目总进度计划、单位工程进度计划、分部分项工程进度计划、季度和月（旬）作业计划，这些计划组成一个施工项目进度计划系统。计划的编制对象由大到小，计划的内容从粗到细。编制时从总体计划到局部计划，逐层进行控制目标分解，以保证计划控制目标落实。执行计划时，从月（旬）作业计划开始实施，逐级按目标控制，从而达到对施工项目整体进度目标控制。

②施工项目进度实施组织系统。

施工项目实施的全过程，各专业队伍都是按照计划规定的目标去努力完成一个个任务。施工项目经理和有关劳动调配、材料设备、采购运输等职能部门都按照施工进度规定的要求进行严格管理、落实和完成各自的任务。施工组织各级负责人，从项目经理、施工队长、班组长及其所属全体成员组成了施工项目实施的完整组织系统。

③施工项目进度控制组织系统。

为了保证施工项目进度实施，还有一个项目进度的检查控制系统。从公司经理、项目经理，一直到作业班组都设有专门职能部门或人员负责检查，统计、整理实际施工进度的资料，并与计划进度比较分析和进行调整。当然不同层次人员负有不同进度控制职责，分工协作，形成一个纵横连接的施工项目控制组织系统。事实上有的领导可能既是计划的实施者又是计划的控制者。实施是计划控制的落实，控制是保证计划按期实施。

（3）信息反馈原理

信息反馈是施工项目进度控制的主要环节，施工的实际进度通过信息反馈给基层施工项目进度控制的工作人员，在分工的职责范围内，经过对其加工，再将信息逐级向上反馈，直到主控制室，主控制室整理统计各方面的信息，经比较分析做出决策，调整进度计划，使其符合预定工期目标。若不应用信息反馈原理，不断地进行信息反馈，则无法进行计划控制。施工项目进度控制的过程就是信息反馈的过程。

（4）弹性原理

工程项目施工的工期长、影响进度的因素多，其中有的已被人们掌握。根据统计资料和经验，可以估计出影响进度的程度和出现的可能性，并在确定进度目标时，进行实现目标的风险分析。在计划编制者具备了这些知识和实践经验之后，编制施工项目进度计划时就会留有余地，即使施工进度计划具有弹性。在进行施工项目进度控制时，便可以利用这些弹性，缩短有关工作的时间，或者改变它们之间的搭接关系，使检查之前拖延的工期，通过缩短剩余计划工期的方法，达到预期的计划目标。这就是施工项目进度控制中对弹性原理的应用。

（5）封闭循环原理

项目进度计划控制的全过程是计划、实施、检查、比较分析、确定调整措施、再计划。从编制项目施工进度计划开始，经过实施过程中的跟踪检查，收集有关实际进度的信息，比较和分析实际进度与施工计划进度之间的偏差，找出产生原因和解决办法，确定调整措施，再修改原进度计划，形成一个封闭的循环系统。

6.7 施工进度计划的调整方法

6.7.1 分析进度偏差对后续工作及总工期的影响

在工程项目实施过程中当通过实际进度与计划进度的比较，发现有进度偏差时，需要分析该偏差对后续工作及总工期的影响，从而采取相应的调整措施对原进度计划进行调整，以确保工期目标的顺利实现。进度偏差的大小及所处的位置不同，对后续工作和总工期的影响程度也是不相同的，分析时需要利用网络计划中工作总时差和自由时差的概念进行判断。分析步骤如下：

（1）分析进度偏差的工作是否为关键工作

如果出现进度偏差的工作位于关键线路上，即该工作为关键工作，则无论其偏差有多大，都对后续工作和总工期产生影响，必须采取相应的调整措施；如果出现偏差的工作是非关键工作，则需要根据进度偏差值与总时差和自由时差的关系做进一步分析。

（2）分析进度偏差是否超过总时差

如果工作的进度偏差大于该工作的总时差，则此进度偏差必将影响其后续工作和总工期，必须采取相应的调整措施；如果工作的进度偏差未超过该工作的总时差，则此进度偏差不影响总工期。至于对后续工作的影响程度，还需要根据偏差值与其自由时差的关系做进一步分析。

（3）分析进度偏差是否超过自由时差

如果工作的进度偏差大于该工作的自由时差，则此进度偏差将对其后续工作产生影响，此时应根据后续工作的限制条件确定调整方法；如果工作的进度偏差未超过该工作的自由时差，此时进度偏差不影响后续工作，因此，原进度计划可以不调整。

6.7.2 进度计划的调整方法

对进度计划进行检查之后，发现有偏差时，需要进一步分析偏差对后续工作以及总工期的影响（见进度计划的检查），从而采取相应的措施对原进度计划进行调整，以确保工期目标得以实现。

网络计划调整时间一般应与网络计划的检查时间相一致，或定期调整，或做应急调整，一般以定期调整为主。施工进度计划在实施过程中的调整必须依据施工进度计划检查结果进行。

进度计划的调整应包括下列 6 项内容：施工内容、工程量、起止时间、持续时间、工作关系、资源供应。进度计划调整的方法主要包括调整逻辑关系、调整工作持续时间、调整非关键工作的时差、增加工作项目。

1．调整逻辑关系

若检查的实际施工进度产生的偏差影响了总工期，在工作之间的逻辑关系允许改变的条件下，可改变关键线路和超过计划工期的非关键线路上的有关工作之间的逻辑关系，达到缩短工期的目的。用这种方法调整的效果是很显著的，例如可以把依次进行的有关工作改成平行的或互相搭接的，以及分成几个施工段进行流水施工的等，都可以达到缩短工期的目的。

2．调整工作持续时间

第一种情况是进度偏差的工作是关键工作时，分为以下两种形式：

①当关键线路的实际进度比计划进度提前时，有以下两种情况区别对待：

a. 不计划缩短工期，则应选择后续关键工作中，资源强度大或直接费率高的工作适当延长，从而降低资源强度或费用。

b. 若计划缩短工期，则将未完部分作为一个新的计划，重新确定计划。

②当关键线路的实际进度比计划进度拖延时，有以下 3 种情况区别对待：

a. 若不能延长工期，则在未完部分的关键线路中选择资源强度小或费用率低的关键工作，缩短其持续时间，并把未完成的部分作为一个新的计划，按照“工期优化”的方法进行调整。

b. 若能延长时间，则以实际数据替代原计划数据，重新绘制实际进度检查日期之后的进度计划即可。

c. 若能延长时间，但延长的时间有限。若实际进度拖延时间没有超过此限制时，可以不做调整；若实际进度拖延时间超过此限制时，则以限制时间为规定工期，对检查日期之后的进度计划进行“工期优化”。

第二种情况是进度偏差的工作是非关键工作，且偏差大于总时差，当拖延时间发生在非关键线路上，且拖延时间超过总时差，则此偏差一定影响后续工作的施工和总工期，此时，进度计划的调整又分为下列 3 种情况：

a. 项目总工期不许拖延。

b. 项目总工期可以拖延。

c. 项目总工期可以拖延的时间有限。

第三种情况是出现偏差的工作位于非关键工作上，且偏差小于等于工作总时差，则对工期无影响，对于后续工作是否有影响，应当分析偏差与自由时差的关系来确定。

a. 如果工作的进度偏差大于该工作的自由时差，则此偏差必然影响到紧后工作的最早可能开始时间，此时是否需要采取调整措施要视后续工作的限制条件而定。

b. 如果工作的进度偏差小于等于该工作的自由时差，则说明此偏差对紧后工作无影响，在这种情况下，一般不做调整。

【例 6.7】 已知某工程网络计划，执行到 40 d 下班时检查，实际进度情况如图 6.20 的所示。试分析目前实际进度对后续工作和总工期的影响，并提出相应的调整措施。

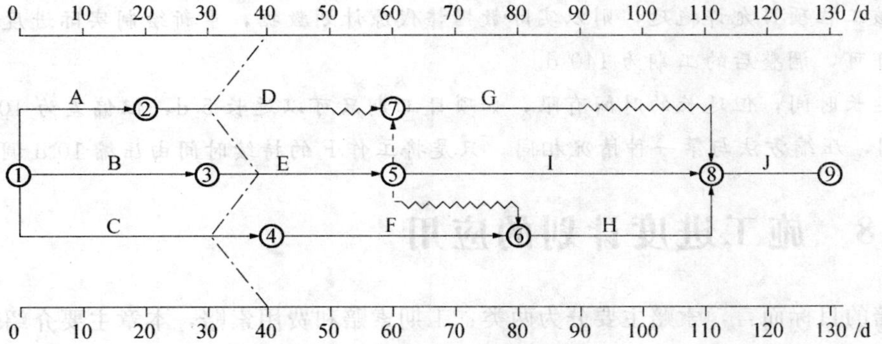

图 6.20　某工程带有进度前锋线的网络计划

解　从图 6.20 中可以看出：

①工作 D 是非关键工作，拖后 10 d，但其总时差为 30 d，不影响工期。

②工作 E 是关键工作，实际进度与计划进度一致，既不影响后续工作也不影响工期。

③工作 C 是关键工作，拖后 10 d，由于它是关键工作，所以影响后续工作开工时间，拖延工期 10 d。

综上所述，目前实际进度如果不调整，则工期延长 10 d。

3. 非关键工作时差的调整

①将工作在其最早开始时间与最迟完成时间范围内移动，来均衡资源的使用。

②在自由时差或总时差范围内，适当延长某些工作的持续时间，以降低资源强度或直接费用。

③缩短某些工作的持续时间，以消除对后续工作的影响，满足后续工作的限制条件。

在网络计划实施过程中，需增加某些工作项目时，应符合下列要求：

①尽量不打乱原网络计划中的逻辑关系，只对局部逻辑关系进行调整。

②重新计算时间参数，分析新增项目对原网络计划的影响，必要时采取措施，以保证计划的工期不变。

【知识拓展】

根据检查的情况，需要区分以下 3 种不同情况，对进度计划加以调整。

①如果该工程项目不允许拖延，则在未完部分的关键线路中选择资源强度小或费用率低的关键工作。具体选择压缩工作时，考虑 3 项因素：第一，缩短持续时间对质量和安全影响不大的工作；

第二，有充足的备用资源的工作；第三，缩短持续时间所需增加的费用最少的工作。假设后续工作F、H、J综合比较考虑，将工作F的持续时间压缩10 d增加的费用最少，且对质量安全影响不大，又有充足的备用资源。调整后的网络计划如图6.21所示。

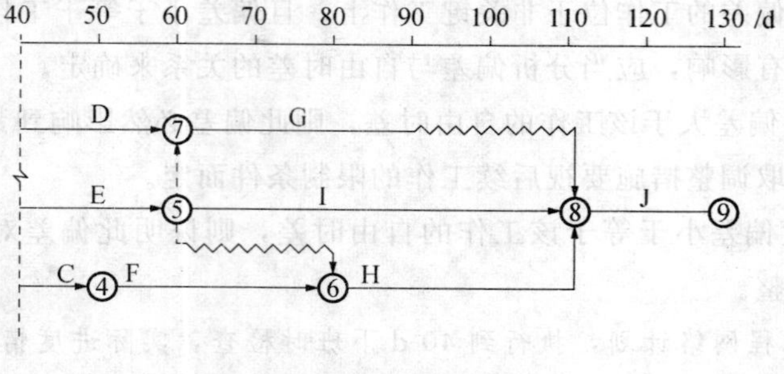

图6.21 调整后不拖延工期的网络计划

②如果该工程项目允许拖延，则以实际数据替代原计划数据，重新绘制实际进度检查日期之后的进度计划即可，调整后的工期为140 d。

③若能延长时间，但延长的时间有限，如项目工期只可以延长5 d，但偏差为10 d，因此必须压缩5 d时间，压缩方法与第一种情况相同，只是将工作F的持续时间由压缩10 d调整为压缩5 d。

6.8 施工进度计划的应用

按照索赔的目标而言，索赔主要分为两类：工期索赔和费用索赔，本章主要介绍工期索赔。所谓工期索赔是指合同的一方根据工程项目合同的规定，在工期超出合同规定的条件下，提出的工期补偿要求，以弥补本身遭受的损失。所谓工期是指建筑工程合同中规定的从工程开工到工程竣工的时间，工程开工日期根据每个具体合同条件规定的不同而异。一般来说，开工日期是指承包商收到业主开工通知的日期。合同规定的“竣工时间”由投标书附录规定的竣工时间加上按合同规定承包商有理由延长的工期。

6.8.1 工期延误索赔的进度分析

进度计划是承包商根据业主的招标文件要求，考虑到可能对工程产生影响的各种因素，并结合自己的管理水平、技术水平而编制的工程施工时间安排。进度计划在延误索赔管理中是非常重要的。因为合同双方都要受计划约束，无论哪一方面偏离了计划，都会对整个的工程项目产生或多或少的影响，如发生在关键线路上的偏离，则必然会带来进度的延误，那么，延误一方就要对此给对方造成的损失予以补偿。如果查出有关非承包商责任造成了工期延误，承包商就比较容易寻找索赔机会。一般情况下，对承包商来说，施工进度分析的方法及步骤如下：

①制定详细、具体的施工进度计划，并获得工程师批准。一般来说，承包商在工程师发出开工令后28 d（或合同规定的时间）内提交一份实现合同工期的明细计划。对于每个单位工程，承包商还要在该工程开工前提交具体工作进度计划，作为上述总进度计划的支持与补充。承包商的所有计划都需要征得工程师的同意（包括修改的进度计划）。

②与实际进度比较。承包商通过编制工程施工实际进度表来反映施工的实际进度。实际进度表要能反映与计划进度表不同的有关工期、工序与逻辑关系的变化，要保持连续、准确、完全的记录。

③进度因素分析（CPM分析）。通过实际进度表与计划进度表的简单对比，并不能为索赔提供有力的支持，因为这种比较往往无法反映出造成延误的原因。因此，为了进行有效的分析，需要把

各种无争议事件——编制出“调整关键线路计划”。这种最新的调整计划，应该把所发生的气候障碍、客观障碍及其他双方同意的、由变更情况而造成的对工期影响，都单独分离出来加以反映。调整计划不但要反映业主原因造成的延误，也要反映承包商自己造成的延期。这样就能说明没有业主的延期，承包商本来可以在多长时间内完成工作任务。

④差异分析。导致实际进度、调整计划与原进度计划之间差异的原因是多种多样的。但就某一方面，一般都可以对延期原因做出某种解释，通过这种合理的解释，来确定延期责任。如果是由于业主原因或不可抗力，可分别提出工期索赔和费用索赔。

总之，在进行进度延误索赔的工作中，努力寻找和把握索赔机会，是取得索赔成功的前提。对于承包商来说，做好索赔时间的预测分析工作，从不同角度对影响进度因素进行分析，掌握索赔分析的方法，这无疑为寻找索赔机会和取得索赔成功打下了坚实的基础。

6.8.2 工期索赔的处理方法

1. 按初始事件原则计算

初始事件原则是指，在多事件交叉时段之前已发生的事件，承担交叉时段内的全部责任。根据这一处理原则，凡是在同一时间段内由于两种以上原因造成的拖期，首先判别造成拖期的哪一种原因是最先发生的，即确定“初始延误”者，它应对工程拖期负责。在初始延误发生作用期间，其他并发的延误者不承担拖期责任。

2. 按责任均摊原则计算

责任均摊原则是指，当交叉时段内的事件由业主、承包商分别承担责任时，按各干扰事件对干扰结果的影响均摊责任，并由干扰事件的责任方承担。

这种折中的处理，符合公平的原则。它与前两种原则正相反，问题在于没有定量的概念，责任比例的确定即使是在理论上也是十分困难的。

3. 按“工期从宽—费用从严”原则计算

施工合同实施的根本目标是建造并完成一个符合合同意图的工程，这一目标是双方的根本利益所在，基于此分析，提出在多事件交叉时：工期索赔业主责任优先，费用索赔承包商责任优先，或者简单表述为“工期从宽-费用从严”原则。

这一原则的含义是在多事件交叉时段内，对于工期索赔，只要存在业主责任或业主风险，即给予承包商工期补偿。而对于费用索赔则正好相反，只要在交叉时段内存在承包商责任或风险，则承包商的施工索赔均不成立；同时存在承包商责任时，业主的索赔成立。

4. 按比例计算法计算

在实际工程中，干扰事件常常仅影响某些单项工程、单位工程或分部分项工程的工期，要分析它们对总工期的影响，可以采用较简单的比例计算法计算。这种方法计算简单、方便，不需要做复杂的网络分析，但不适用于变更施工、加速施工、删减工程量等事件的索赔，同时也常常不符合复杂工程的实际情况，不够科学。

常用的计算公式为：

①对于已知部分工程延期的时间计算公式为

工期索赔值＝受干扰部分工程的合同价÷原合同总价×该部分工程受干扰部分工期拖延时间量

②对于已知额外增加工作量的价格计算公式为

工程索赔值＝额外增加的工程量的价格÷原合同总价×原合同总工期

5.“有效期”责任分摊原则下的方法

(1) 网络分析法

网络分析法是通过分析索赔事件发生前后的网络计划，对比前后两种工期计算的结果计算出索赔值。按照 FIDIC 合同规定，基于网络计划技术进行工期索赔分析提供了更为有效的方法，为工程师公平、公正地处理工期索赔提供了可靠、准确的依据，它的应用有利于有效地维护业主和承包商的合法权益。

工程项目工期索赔处理中，利用网络计划技术分析，要注意各个因素单独考虑与综合考虑，可能会得出不同的结果。不同的因素组合会产生不同的影响，这是由于各个因素引起网络计划中的工序持续时间的改变，对最终工期拖延的影响具有“叠加效应”和“发散效应”。这里“叠加效应”是指延期因素综合考虑与局部分别考虑，在网络计划技术分析中的加剧延期的现象，即综合考虑的延期大于局部分别考虑的延期之和。“发散效应”与“叠加效应”相反，它是指延期因素综合考虑与局部分别考虑，在网络计划技术分析中延期出现减弱现象，即综合因素考虑的延期小于各局部因素分别考虑的各延期之和。产生这两个效应的原因，是由于不同因素组合下引起网络计划关键线路的转移。因此，在处理工期索赔时，应以批准的原网络计划为基准，全面综合分析各种因素情况下对工期延期的影响，严格区分和界定引起工期延期的各方责任，准确确定不可原谅延期、可原谅且不予补偿延期和可原谅且可得到经济补偿的延期。

(2) 动态分析法

动态分析法是在网络进度的基础上进行的，在计算每一个延误前，将发生该延误以前的实际进度代入进度计划，其后的进度按正常计划进度代入，由此产生该延误的检验进度。如果该延误在关键线路上，对总工期的影响等于该延误的影响时间；如果该延误在非关键线路上，计算出该延误所在线路的总时差时间，延误影响时间比总时差时间短时不影响总工期，比总时差时间长时对总工期的影响为两者的差值。然后根据延误类型，分清延误责任方。以此方法对所有的延误事件进行计算与分析。

在多事件交叉干扰的情况下，施工组织计划可能产生多个关键路线，这样在分析事件对工期延误的影响时，就会有多种结果，并且每一种结果都代表一种利益的分配方案。在究竟由哪一方承担责任以及承担多大责任的问题上，很难达成一致，更重要的是，会因交差事件对干扰结果的影响无法量化而引起争议，从而使索赔处理陷入僵局。因此，在工程施工索赔的整个过程中，工期索赔的量化是一难点，也是关系索赔成败的关键。

【例 6.8】 某工程的分部工程网络进度计划工期即为要求工期为 29 d，网络进度计划如图 6.22 所示。施工中各工作的持续时间发生改变，具体变化及原因见表 6.6。该分部工程接近要求工期时，承包商提出工期延期 19 d 的索赔要求符合索赔程序。

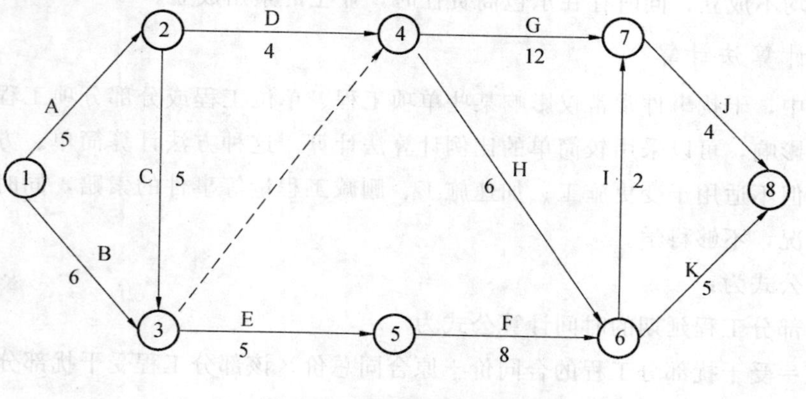

图 6.22 网络进度计划图

表 6.6 各工作的持续时间变化

工作代号	持续时间延长原因及天数/d			持续时间延长值/d
	业主原因	不可抗力原因	承包商原因	
A	1	1	1	3
B	2	1	0	3
C	0	1	0	1
D	1	0	0	1
E	1	0	2	3
F	0	1	0	1
G	2	4	0	6
H	0	0	2	2
I	0	0	1	1
J	1	0	0	1
K	2	1	1	4

问：监理工程师批准的工期延期为多少 d？为什么？

解析 监理工程师处理索赔的要求原则是：实事求是，按合同规定（要求）处理索赔事件。由于非承包原因（业主原因、不可抗力等原因）导致工期拖延的时间，承包商可以索赔，由于承包商原因导致工期拖延的时间，承包商不能索赔。

计算由于业主原因、不可抗力原因使工期拖延后的总工期为 36 d，具体计算结果如图 6.23 所示。

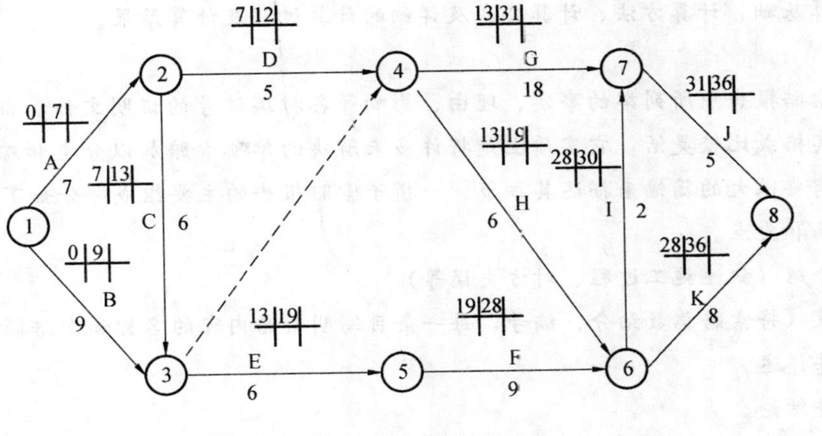

图 6.23 计算结果

所以，监理工程师批准的工期延期为

$$36\ d-29\ d=7\ d$$

【知识拓展】

索赔报告是合同一方向对方提出索赔的书面文件，它全面反映了一方当事人对一个或若干个索赔事件的所有要求和主张，对方当事人也是通过对索赔文件的审核、分析和评价来作认可、要求修改、反驳甚至拒绝的回答，索赔报告也是双方进行索赔谈判或调解、仲裁、诉讼的依据，因此，索赔报告的表达与内容对索赔的解决有重大影响，索赔方必须认真编写索赔文件。

在合同履行过程中，一旦出现索赔事件，承包人应该按照索赔文件的构成内容，及时地向业主提交索赔文件。单项索赔文件的一般格式如下：

(1) 题目

索赔报告的标题应该能够简要、准确地概括索赔的中心内容，如"关于……事件的索赔"。

(2) 事件

详细描述事件过程，主要包括事件发生的工程部位、发生的时间、原因和经过、影响的范围以及承包人当时采取的防止事件扩大的措施、事件持续时间、承包人已经向业主或工程师报告的次数及日期、最终结束影响的时间、事件处置过程中的有关主要人员办理的有关事项等，也包括双方信件交往、会谈，并指出对方如何违约、证据等。

(3) 理由

理由是指索赔的依据，主要是法律依据和合同条款的规定。合理引用法律和合同的有关规定，建立事实与损失之间的因果关系，说明索赔的合理、合法性。

(4) 结论

结论指出事件造成的损失或损害及其大小，主要包括要求补偿的金额及工期，这部分只需列举各项明细数字及汇总数据即可。

(5) 详细计算书（包括损失估价和延期计算两部分）

为了证实索赔金额和工期的真实性，必须指明计算依据及计算资料的合理性，包括损失费用、工期延长的计算基础、计算方法、计算公式及详细的计算过程及计算结果。

(6) 附件

附件包括索赔报告中所列举的事实、理由、影响等各种编过号的证明文件和证据、图表。对于一揽子索赔，其格式比较灵活，它实质上是将许多未解决的单项索赔加以分类和综合整理。一揽子索赔文件往往需要很大的篇幅来描述其细节。一揽子索赔报告的主要组成部分如下：

①索赔致函和要点。

②总情况介绍（叙述施工过程、对方失误等）。

③索赔总表（将索赔总数细分、编号，每一条目写明索赔内容的名称和索赔额）。

④上述事件详述。

⑤上述事件结论。

⑥合同细节和事实情况。

⑦分包人索赔。

⑧工期延长的计算和损失费用的估算。

⑨各种证据材料等。

拓展与实训

职业能力训练

一、简答题

1. 简述建筑工程施工进度控制的概念。
2. 建筑工程施工进度控制的措施有哪些?
3. 简述建筑工程施工进度控制的内容。
4. 简述建筑工程施工进度的检查方式。
5. 什么是横道图比较法?匀速进展与非匀速进展横道图比较法的区别是什么?
6. 香蕉曲线是如何形成的?其作用有哪些?
7. 前锋线比较法是如何绘制的?
8. 如何分析进度偏差对后续工作及总工期的影响?
9. 进度计划的调整方法有哪些?如何调整?
10. 如何控制工程延期?
11. 怎样处理工程延误?

二、案例题

1. 某基础工程施工,土方开挖工作施工进度安排需要 7 d 完成,每天计划完成的任务量百分比如图 6.24 (a) 所示,第 4 天下班检查,实际每天完成的任务量百分比如图 6.24 (b) 所示。试进行横道图比较法分析。

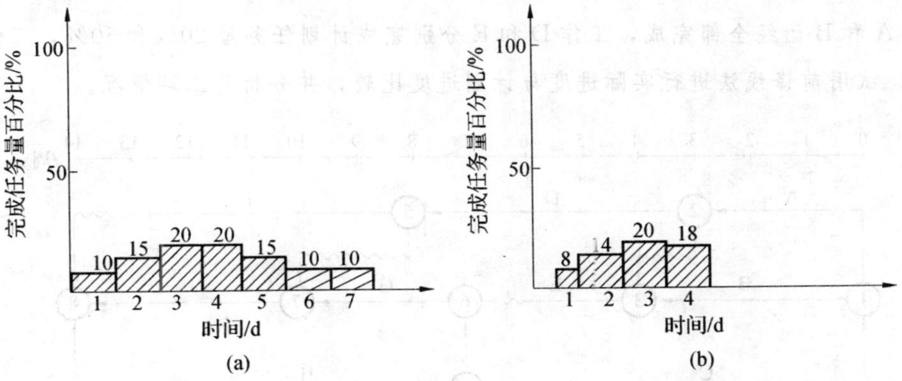

图 6.24 每日完成任务量

2. 某工程混凝土的浇筑总量为 2 000 m^3,按照施工进度计划,共计 9 个月完成,每月计划完成的混凝土浇注量如图 6.25 所示。试绘制该混凝土工程的计划 S 曲线。

3. 某工程施工进度网络计划如图 6.26 所示。图中箭头上方括号内数字表示各项工作计划完成的任务量,以劳动力表示;箭线下方数字表示各项工作的持续时间(周)。试绘制香蕉曲线。

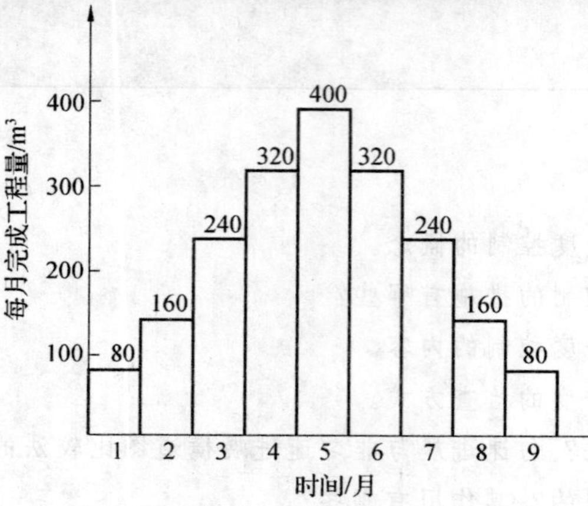

图 6.25 每月计划完成工程量

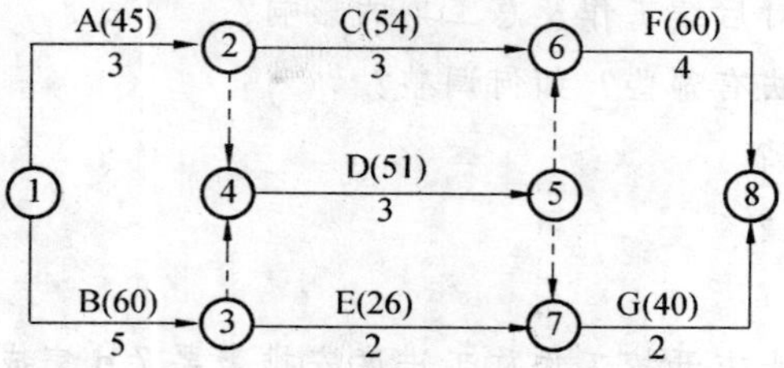

图 6.26 施工进度网络计划

4. 某工程施工进度时标网络计划如图 6.27 所示。该计划执行到第 6 周末检查进度时，发现工作 A 和 B 已经全部完成，工作 D 和 E 分别完成计划任务量 20% 和 50%，工作 C 尚需 4 周完成。试用前锋线法进行实际进度与计划进度比较，并分析总工期情况。

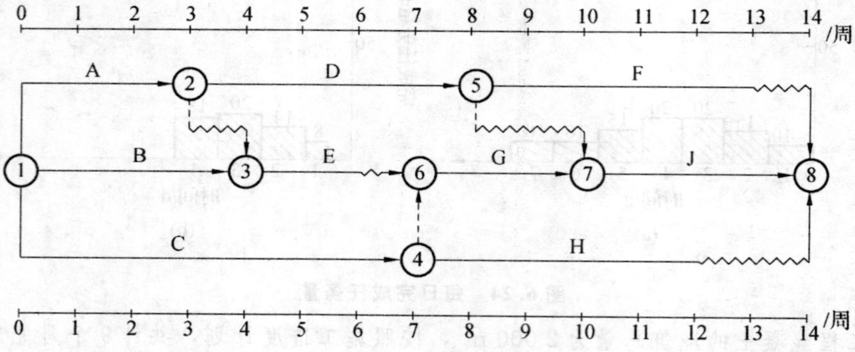

图 6.27 施工进度时标网络计划

5. 某工程施工进度时标网络计划如图 6.27 所示。该计划执行到第 10 周末检查进度时，发现工作 A、B、C、D 和 E 已经全部完成，工作 F 已进行 1 周，工作 G 和工作 H 均已进行了 2 周。试用列表比较法进行实际进度与计划进度的比较。

工程模拟训练

1. 某单位与承包商签订了一项工程施工合同，合同工期为 23 d，合同规定工期提前或拖延 1 d，奖励或罚款 700 元，按照业主要求，承包商在开二前递交了一份施工方案和施工进度计划（图 6.29）并获批准。按照该计划安排，工作 A、K、Q 要使用同一种施工机械，而承包商可供使用的该种机械只有 1 台。在工程施工中，由于业主方负责提供的材料及设计图纸原因，致使 C 工作的持续时间延长了 3 d，由于承包商自身机械设备原因使 N 工作的持续时间延长了 3 d。在该工程竣工前 1 d，承包商向业主提交了工期和费用索赔申请。

问题：

(1) 承包商要求的工期索赔是多少天？

(2) 假设该种机械闲置费用为 280 元/天，则承包商能获得多少合理的费用索赔？

2. 某住宅楼通过公开招标确定了施工单位，合同价款形式为可调价格合同，施工合同按 1999 年建设部颁发的建设工程施工合同示范文本为基础签署。

施工进度计划已经达成一致意见。合同规定由于甲方责任造成施工窝工时，窝工费用按原人工费、机械台班费 60% 计算。

在专用条款中明确 6 级以上大风、大雨、大雪、地震等自然灾害按不可抗力因素处理。工程师应在收到索赔报告之日起 28 d 内予以确认，工程师无正当理由不确认时，自索赔报告送达之日起 28 d 后视为索赔已经被确认。

在施工过程中出现下列事件：

事件 1：因业主不能及时提供图纸，使工期延误 20 d，10 人窝工；

事件 2：因施工机械故障，使工期延误 10 d，5 人窝工；

事件 3：因外部供电故障，使工期延误 2 d，20 人窝工；

事件 4：因遭遇罕见的特大暴雨，工期延误 3 d，20 人窝工。

根据双方商定，人工费定额为 32 元/工日，机械台班费为 2 000 元/台班。

根据上述约定乙方提出工期补偿 35 d、费用 13 056 元（所有事件窝工费用及机械费用之和）索赔的要求。

问题：

(1) 乙方上述要求是否合理？说明理由。

(2) 经工程师认定的索赔工期为多少 d?

(3) 如果工程师未在收到报告后 28 d 内给予答复意见或确认，工期延长多少 d? 结算时费用补偿为多少？

参考文献

[1] 蔡雪峰. 建筑施工组织 [M]. 第 3 版. 武汉：武汉理工大学出版社，2008.

[2] 朱嫣，丛培经. 建筑施工组织 [M]. 北京：科学技术文献出版社，1994.

[3] 危道军. 建筑施工组织 [M]. 第 2 版. 北京：中国建筑工业出版社，2008.

[4] 全国二级建造师执业资格考试用书编写委员会. 建设工程施工管理 [M]. 第 3 版. 北京：中国建筑工业出版社，2012.

[5] 丛培经. 工程项目管理 [M]. 北京：中国建筑工业出版社，2003.

[6] 重庆大学，同济大学，哈尔滨工业大学. 土木工程施工 [M]. 第 2 版. 北京：中国建筑工业出版社，2008.

[7] 蒋红妍. 土木工程施工组织 [M]. 北京：冶金工业出版社，2009.

[8] 刘宗仁. 土木工程施工 [M]. 第 2 版. 北京：高等教育出版社，2009.

[9] 李海涛，赵光磊. 建筑施工组织与管理 [M]. 北京：中国建材工业出版社，2013.

[10] 陈乃佑. 建筑施工组织 [M]. 北京：机械工业出版社，2003.

[11] 程玉兰. 建筑施工组织 [M]. 哈尔滨：哈尔滨工业大学出版社，2012.

[12] 张庭瑞. 建筑施工组织与进度控制 [M]. 北京：北京大学出版社，2012.

[13] 周国恩. 建筑施工组织与管理 [M]. 北京：高等教育出版社，2002.

[14] 蔺石柱，闫文周. 工程项目管理 [M]. 北京：机械工业出版社，2006.

[15] 全国造价工程师执业资格考试培训材料编审委员会. 建设工程造价管理 [M]. 北京：中国计划出版社，2013.

[16] 全国造价工程师执业资格考试培训材料编审委员会. 建设工程造价案例分析 [M]. 北京：中国计划出版社，2013.

[17] 中国建筑学会建筑统筹管理分会. JGJ/T 121—1999 工程网络计划技术规程 [S]. 北京：中国建筑工业出版社，1999.

[18] 洪岩，詹伟，李小林，等. GB/T 13400.1—2012 网络计划技术第 1 部分：常用术语 [S]. 北京：中国标准出版社，2013.

[19] 洪岩，詹伟，李小林，等. GB/T13400.2—2009 网络计划技术第 2 部分：网络图画法的一般规定 [S]. 北京：中国标准出版社，2009.

[20] 洪岩，詹伟，李小林，等. GB/T13400.3—2009 网络计划技术第 3 部分：在项目管理中应用的一般程序 [S]. 北京：中国标准出版社，2009.

[21] 中华人民共和国建设部. GB/T 50326—2006 建设工程项目管理规范 [S]. 北京：中国建筑工业出版社，2006.

[22] 中国建筑技术集团有限公司. GB/T 50502—2009 建筑施工组织设计规范 [S]. 北京：中国建筑工业出版社，2009.